6 — MOMENTUM

Momentum always indicates a tipping point, a crucial phase where energy is condensed or a critical mass created. A turning point beckons thanks to – or because of – people taking a certain road. The turning point rides on choices that, often with hindsight, look decisive in time or space.

7 — TECHNOLOGY

There is no end to the possibilities for innovation. Technological developments always offer new options for innovative design. But innovative design always develops in combination with innovative technology and can thus never be an end onto itself. – Dieter Rams

8 — AESTHETICS

Italian designer-artist and theoretician Bruno Munari described a designer as a "planner with a sense of aesthetics". A designer has to control every element of the project, because the end product has to be coherent to form. A designer who plans carefully with an eye for aesthetics spans a bridge between art and people, and he is aware of the human needs of his time.

9 — SOCIETY

Both design and designers have a responsibility toward society. The design process of Social Design leads to social change. It makes a contribution to human well-being and welfare.

10 — FUTURE

Design is pioneering. It breaks new ground and, whether it is bold or conservative, it always embodies the values of our times. Values based on democracy and industrialisation. Values expressed by the direct merging of beauty and efficiency, the hallmarks of a good design in any age.

historic photographs of previous century (photographer unknown) is created by the same material that has formed this story: charcoal. The rough lines and aquarel, made of that same charcoal, express what's in those photographs, the roughness of life, the passion and fruitful exploitation, the protectionism of Earth's underground and rich material, the letting go and have Earth take back what was hers to start with. *Urth* is what's Underneath Earth.

THE WAYS
SARAH HERMANS

VISUAL OUTRO OF THE BOOK:
Photographer Sarah Hermans seeked out the waterfronts of the Zuid-Willemsvaart (1815-1826) and Albertkanaal (1930-1939), two important waterways which cut through the Limburg countryside, making it accessible: designed, deepened, broadened, branched and fitted with sluices. Water carriers for the coal and steel and other industries, were economic arteries which have now become second nature. What other technique than cyanotype could have been used in this last chapter, the ending, the outro, the good flow out and forward. Sarah Hermans shot this series analog to capture the slow pace of the water, its users and surroundings. These days a must have in a region: time and space to step out of the urban and daily rush.

NEEDLES

ILSE JOOKEN

PINES AND FIRS

SOIL

WHAT HAS BEEN FEEDING US
BEING WOMB TO OUR TURMOIL
AND LAND TO OUR SEASONS

01

The defining elements of Limburg's geological history are sand, clay, gravel and, especially, coal. Limburg's fertile soil has also determined its sociological and economic shape and development. This history fuels its progress to this day.

INNOVATION
IS FOUNDED
WITHIN
ALL THAT
SURROUNDS US,
KNOWLEDGE
OF ITS ROOTS
AND MORE SO,
THE EMBRACE
OF PAST

VAST RICHNESS

IGOR PHILTJENS

Early in the 1980s, Dieter Rams wrote *Ten Principles for Good Design*, also known as the ten commandments. Rams was concerned about the impact design was having on our environment and the way we live, which made him wonder: what does good design mean to me? The answer is his ten rules of thumb, which you can sum up in a single, paradoxical-sounding theme: a good design is one that involves as little design as possible.

This core idea is appropriate for our region and its countryside. Anyone travelling through Limburg will come across a broad range of nature: heath land, coniferous forests, orchards, grain fields, sand flats, valleys, ponds... sometimes wild, overgrown and impenetrable, sometimes panoramic and open. All this nature seems authentic, but is nothing less than the result of human intervention in the environment: a wonderful example of invisible design.

Another invisible element is the bizarre collection of people, places and organisations which, in a relatively short period of time, has succeeded in giving this region a clear design aspect. Some of the biggest names in 21st-century design and fashion came from our region: international stars and masterpieces. Now it's time to put them in the spotlights! This book pays tribute to everything beautiful which has happened in Limburg in the last 25 years in design and fashion: Martin Margiela, Marina Yee, Raf Simons, Piet Stockmans, Michaël Verheyden, to name but a few. Say it out loud: *We are wanderful.*

We put the list together, in our own unconventional manner, offering not a classic overview, but rather a 360-degree view of design which surprises, confronts and inspires. In ten unique chapters, we offer insight into what makes our region, and our design, special. They form the backbone of this book, otherwise best described as a journey of discovery; explore it, get lost in it, put it down and pick it up again later.

This is not a destination, but merely a beginning. Many creative spirits, entrepreneurs, experts and organisations were brought into dialogue and invited to contribute. In an impressive 400 pages, we show how far-reaching and enriching the network of Limburg design is. Retrospect is the best foundation for innovation.

image by Luc Daelemans for Bokrijk

Igor Philtjens is member of the Provincial Executive for Tourism, Culture and Heritage in Limburg (B).

Studio Job, Gold Biscuit Piece of Cake
Image by Studio Job

HOW THIS WANDER WORKS

INTRO — PINES

1 — SOIL

2 — LESS

3 — ROOTS

4 — UNIQUE

5 — INTEGRITY

HEART — URTH

6 — MOMENTUM

7 — TECHNOLOGY

8 — AESTHETIC

9 — SOCIETY

10 — FUTURE

OUTRO — THE WAYS

Dior A/W 2016 at Cour Carrée of the Louvre by Raf Simons
Image by Jesse Brouns

GEEN MIJNENVELD MAAR EEN CLUSTERBOM

CHRISTOPHE DE SCHAUVRE

Er is iets met Limburg. Iets met Limburgs design.

'Belgische mode', 'Scandinavisch design' of 'Dutch Design', het zijn classificaties die bepaalde stilistische kenmerken oproepen. Ze worden in ieder geval een bepaalde identiteit toegedicht. Literatuur over nationale identiteit in mode en design mag er dan nauwelijks bestaan, het zou gek zijn om – zeker in het licht van de globalisering – ook nog eens de omgekeerde reflex te maken én te gaan regionaliseren tot een provincie: Limburg. Toch is er iets met Limburg. Iets met Limburgs design.

Toen ik zo'n vijftien jaar geleden neerstreek in Limburg, kon ik er de vinger nog niet op leggen; op de bepalende impact van het mijnverleden op de regio, noch op de invloed van de daaraan gekoppelde smeltkroes van nationaliteiten en culturen. Nee, het waren eerder de eigengereide identiteit én mentaliteit die me aantrokken. Uit alles sprak een zekere gastvrijheid, een open houding die zowel geruststellend als onbaatzuchtig was. Hier wordt nooit met de vinger gewezen, maar eerder de hand gereikt. De toewijding van Cultuurplatform Design, onder de nooit aflatende impuls van Heleen Van Loon om gecoördineerde acties rond design in de regio op te starten, is kenmerkend. Die toewijding werkt als een platform, een katalysator, een springplank. Een duw in de rug en een por in de ribben. Er is iets met Limburg dat zich ook in de wereld van het design aftekent.

Los van algemene persoonlijkheidskenmerken die ik 'Limburgers' zou willen toedichten, blijf ik het tot op de dag van vandaag bijzonder vinden dat het designterritorium Limburg, in tegenstelling tot dat in andere regio's, nauwelijks rivaliteit kent. Je zou denken dat – tot meerdere eer en glorie van zichzelf en in weerwil van de andere(n) – 'klein talent mokt, groot talent jokt', of dat er een zeker, al dan niet heimelijk, misprijzen zou sluimeren. Niet zo in Limburg, niet zo in het Limburgse design. De Limburgse designwereld is geen mijnenveld, maar een positieve cluster van bijzonder talentvolle en creatieve persoonlijkheden.

Als we 'Limburgs design' al een identiteit mogen toeschrijven en als er al stilistische kenmerken kunnen worden bepaald, dan is het dat Limburgs design én haar designers er klaar voor zijn om de wereld te veroveren. Ze doen het al, al weten ze het zelf nog niet. Misschien zitten ze zichzelf in de weg. Ik zou het geen gebrek aan ambitie of zelfontplooiing willen noemen, eerder een teveel aan zelfkennis: de onbaatzuchtige, berustende nuchterheid zit er zo ingebakken in de mentaliteit. Lieve mensen. Kundige mensen. Talentclusters. Op 2400 vierkante kilometer zit hier zoveel talent samen zonder enige vorm van roofbouw, gunt men elkaar nederig zijn talent, zonder hoogmoed ... Dat is hun sterkte en misschien wel hun zwakte, maar nu is de wereld aan hen. Het moet vanaf nu! Limburg en Limburgs design mogen zichzelf het vuur aan de lont steken. Dat maakt hen zo speciaal.

De diversiteit, creativiteit en energie die hier in een kwarteeuw zijn opgehoopt, mogen geen mijnenveld zijn, ze moeten een nietsontziende clusterbom worden. Er is iets met Limburg en iets met Limburgs design en omdat ze het zelf nooit zo zullen zeggen, zeg ik het nu. Limburg is klaar voor de wereld.

Limburgs design bundelt voor eens haar creatieve exploten, stelt voor altijd haar pedigree te boek en biedt vonkstof. Limburgs design stamboomt tot het talent ontknopt en ontpopt. Limburg innoveert, inspireert en verovert. Op hoogst eigen wijze. Limburg is iets; Limburgs design ís. Net het onzegbare is haar identiteit.

Christophe De Schauvre works as a freelance designjournalist and is co-founder of the creative office Comosie.

EVERYTHING COMES TOGETHER IN THIS BOOK

PABLO HANNON

Welcome to *Wanderland*, a book about many things, but above all, a book about the book's journey itself. Taking us away from the charts-driven clichés you'll find in Milan or London's editions, Limburg's editions are a lustful land for wanderers. Reading, you will be confused, hopefully distracted from normalities and above all: inspired to bring yourself and your surroundings to a next level.

Welcome to the creative collaboration we have been stirring up for a few months, which is thanks to twenty-five years and more prior to this moment of print. This product is one of an open-minded rock solid team, a reversed Bermuda Triangle for fortune, expressing that chemistry needed for whatever will come next beyond this book. When this publication takes you to yesterdays, 90% of the time, it is tricking you, reader, with the ultimate display of the future of design. Yes, the making of this book is itself the exemplary. Joy, open minded, open sourced, heritage driven, passionate yet relaxed, multi-disciplinary and a giving harmony of many. This book is a mirror for tomorrow, where creative collaborations and risky carte blanche nuts creativity will be our daily ride. We hope and we yearn. No musts but playgrounds, seeming uselessness in doodles for the win and growth through deliberate mistake driven experiments. The new school I say. Joy, joy and lots of ice creams. It's time for design's open heart surgery, to let the love come in, to let strength be fed by positivity, as this is the horizon. This book and its past may have a coal-black heart, it merely needs dusting off. With this 10 chaptered joint venture, the path has been set, the tone for the ease of finding each other, cross borders, split fences, making many halves turn into wholes. Limburg can be the next 1920s Paris. Thy poet found painter. If only we want to, and nothing can stop us, so let's.

And what a collaboration this is. Ten epic shots where I teamed up with Kristof Vrancken and Jonas Vrancken, challenging not only the key products for their strength, but their creators for letting happen what design is meant to do and asks for. To let go and enjoy the unforeseen act of third and fourth degree of creativity. Uncommon backgrounds for design, yet not for us Limburgers. What a province a name makes. Something in the air? asks Veerle Windels. Must be, for that *je ne sais quoi* has been in or on our DNA. Design comes from laziness is my theory, and creativity has roots in boredom. And that's positivity as it is creation.

Times are awaiting, for you and you to stand up and claim your patch, dear students and kids of tomorrow. 'Be bold or italic, never regular' is what my dear and beautiful-minded friend Wasted Rita tells us. We are on this rock to make it work, to be kind to each other, to create joyful moments and peaceful communities. What's stopping you?

Pablo Hannon is a multidisciplinary designer at studio Hectica and creative collaborator at heart. He guides students at PXL-MAD in Hasselt, and has curated various creative festivals here and there.

IGUANA

IVO NYSTEN

PHOTOGRAPHER KRISTOF VRANCKEN
ART DIRECTOR PABLO HANNON
ASSISTANT PHOTOGRAPHY JONAS VRANCKEN

previous spread:

In 1996, with the introduction of the Iguana, Ivo Nysten opened up new horizons in heating appliances, in particular for radiator manufacturer Jaga. The innovative pipe technique and joints allowed for renewed uses of space, for example circle-shaped heaters, or the first 'sun radiator', based on a child's drawing of a sun shining. The Iguana won the prestigious IF Award in 2000, sharing the spotlight with the Audi TT and the high-speed ICE train in that year's IF top 10.

A TO Z

A

Frederik Aerts

Frederik Aerts graduated as Master Product Design in 1994. He first worked for the lighting company Multiline and from 1999 to 2007 for Vasco. From 2007 untill 2015 he was the house designer of BergHOFF Worldwide. He started his own studio as an independent designer in 2015. He won several design awards, including a *Henry van de Velde Label* and several *Red Dot Design Awards*.
www.frederik-aerts.be
— CHAPTERS 2, 8

Wim Alenus

Wim Alenus (co-founder of Design is Wolf) has a pedigree in Limburg design: he used to work for C&P furnitures, outdoor design specialist Tribù and Indera before starting with Kazaar, which combines Belgian craftsmanship, noble materials, a modular approach and homegrown design talent. The collection of Kazaar is now part of Design is Wolf. In 2003 Alenus and designer Wim Segers started a company W.KWADRAAT specialised in design coffins. Wim Alenus is still ceo of W.KWADRAAT.
—

Alley

Alley graphic design studio, based in Hasselt, was founded in 2007 by Debora Lauwers and Daan Linsen. They mostly work in a wide range of creative projects as well as art direction/ curating of upscale city art projects. In 2009 they expanded the studio with a gallery. Appealing to a broad public, with a focus on graphic art and illustration. Alley is also co-founder of the biennial of graphic design festival Beyonderground.
www.alley.be
— CHAPTER 8

Ambiorix

Ambiorix is a Belgian shoe brand situated in Tongeren since 1907. Its very high-quality handmade shoes are comfortable and remarkable pieces of design. It works together with designer Tim Van Steenbergen and is a supplier to the Belgian Olympic team as well as a warrant holder of the Belgian Royal House.
www.ambiorix.be
— CHAPTER 8

Arte

Ever since its creation in 1981, Arte has been known for its passion for beautiful wallcoverings varied in style. From the most sumptuous classic interiors to the minimalism of avant-garde interiors, Arte has a wide range of refined products for all tastes. This is why their products adorn the walls of both residential and project interiors all over the world.
arte-international.com
— CHAPTER 4

Artglas

Artglas international, short for ARTistic GLASs panels, designs and manufactures unique, customized stained-glass windows which add charisma to a building or an interior. Ten years after the start in 2002, founder John Dierickx was selected in Design Vlaanderen's spring selections, which allows him to carry their quality label. The jury found Dierickx' glass panels to be creative, refreshing and innovative.
www.artglas.be
— CHAPTER 4

B

Nik Baerten

Nik Baerten is co-founder of foresight and design studio Pantopicon in Antwerp.
www.pantopicon.be
— CHAPTERS 9, 10

BergHOFF

BergHOFF is a leading manufacturer of kitchenware and tableware, bringing classic and affordable tools to home and professional cooks in at least sixty countries around the world. They offer only in-house designs and work with a company-based design department, which has yielded numerous design awards, including *Red Dot Design Awards*, the *IF Design Award*, *Designpreis Deutschland Award*, and *Good Design Award*.
berghoffworldwide.com
— CHAPTERS 2, 8

MARGIELA, THE 7TH FROM LIMBURG

VEERLE WINDELS

'IS IT SOMETHING IN THE WATER?'

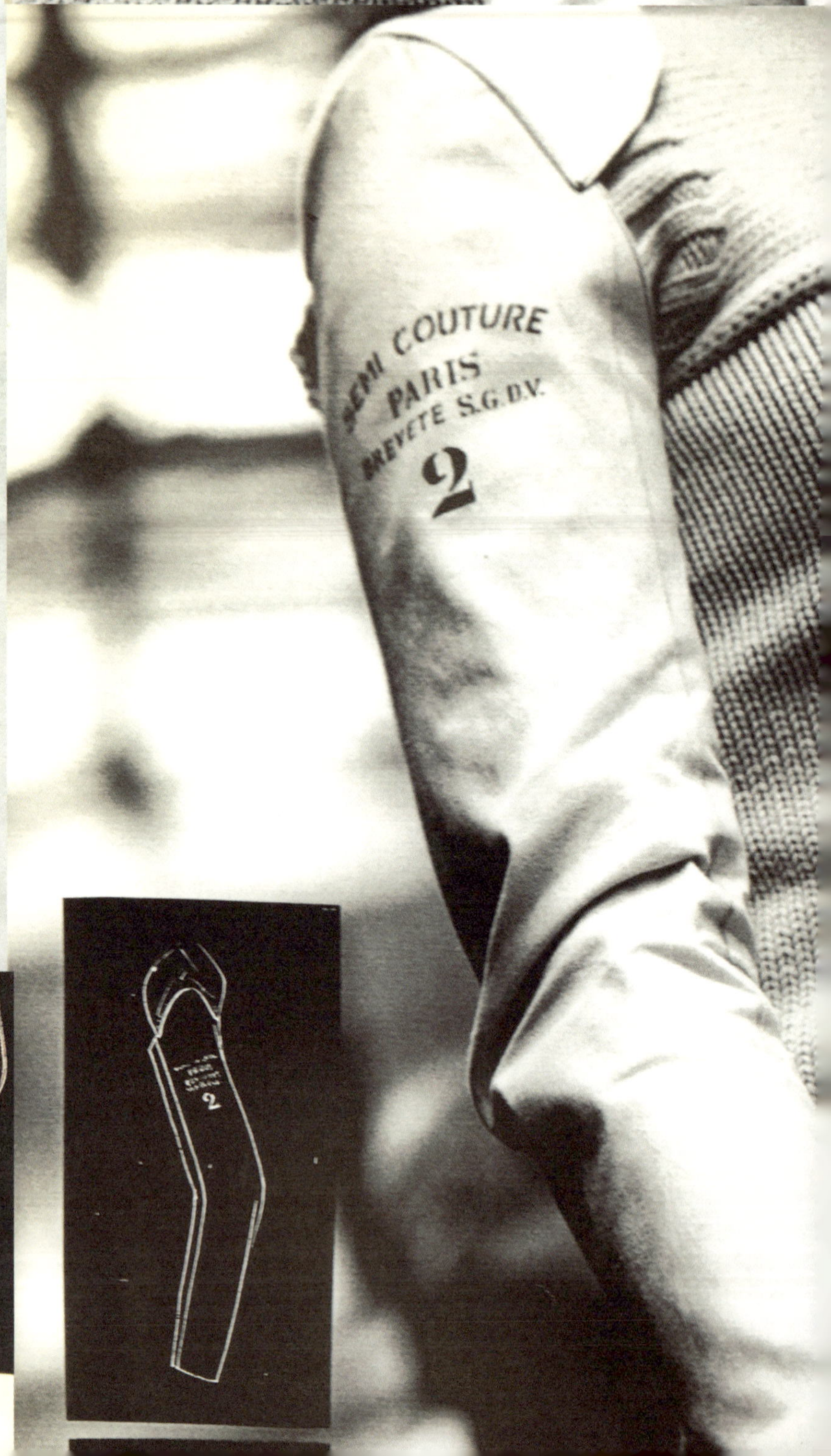
COUTURE
PARIS
BREVETE S.G.D.V.
2

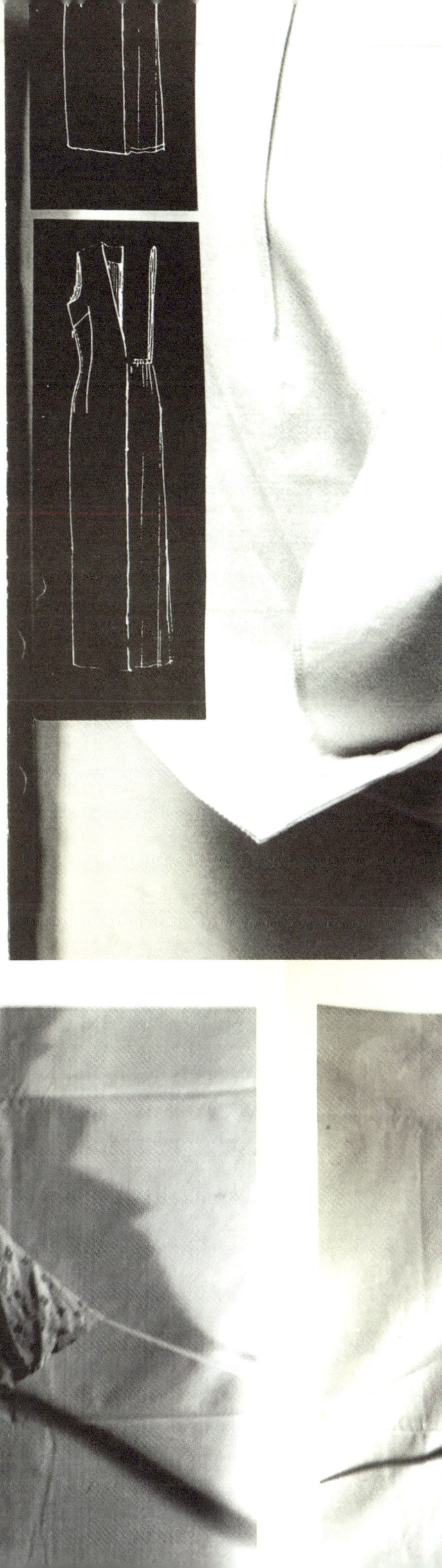

Martin Margiela radically changed the fashion system. For more than twenty years, the Belgian fashion designer has worked his magic, focusing on concept, emotion and product, while keeping himself out of the spotlights. Even so, the invisible man is still a major influence in today's fashion arena.

"Is it really something in the water?" The question came from a guy who was queuing up, just like me, waiting to get a cab. It was London Fashion Week and some of the Belgian fashion designers had again shown how daring and different from the rest they were. Was it something in the water? What could I say? I didn't have a set answer back then – it must have been the end of the 1980s – whereas today I would say: "Of course it was."

Martin Margiela, and his colleagues and designers from the group they called the Antwerp Six – who all worked separately but are often talked about in one and the same breath – all studied at the fashion department of the Royal Academy of Fine Arts in Antwerp, but Margiela's roots are in Genk, where he grew up and Hasselt where he went to art school as a youngster. Friends from back then remember him as an art enthusiast, who later on in life went crazy over fashion. "We never took time to eat", remembers make-up artist Inge Grognard, who established Maison Margiela's beauty look, working alongside Martin for all the visuals and fashion shows. She is still one of Martin's best friends and has fond memories of their time at art school together. "We loved clothes so much, it became an obsession."

Margiela moved to Italy after graduating in 1980, but soon learned that Paris was the better option, to be fully connected to the world of fashion. It took him dozens of phone calls before Jean Paul Gaultier took time for a one-on-one interview, but eventually he landed the job and stayed for almost seven years. Maison Martin Margiela was started in 1988, together with Jenny Meirens, who became Margiela's third eye and managed the business – Jenny knew fashion inside out because she had previously run two boutiques in Brussels, selling collections from such labels as Beretta, France Andrevie and Comme des Garçons.

The Margiela business started with great ideas but no money whatsoever. Choosing Paris as the Maison's headquarters was Margiela's own idea: he wanted to show his vision to the entire fashion scene. Staying in Antwerp – which most of his fellow designers did at the time – seemed to him like a waste of time. He saw the big picture: with a studio and a great team, with a fashion show, going for the real game although he was keen from the start to play it by his own set of rules. The first shows were so daring and so different that some fashion watchers cried – Jean Paul Gaultier himself told the media that Margiela hardly needed help. He was good enough to build his own brand.

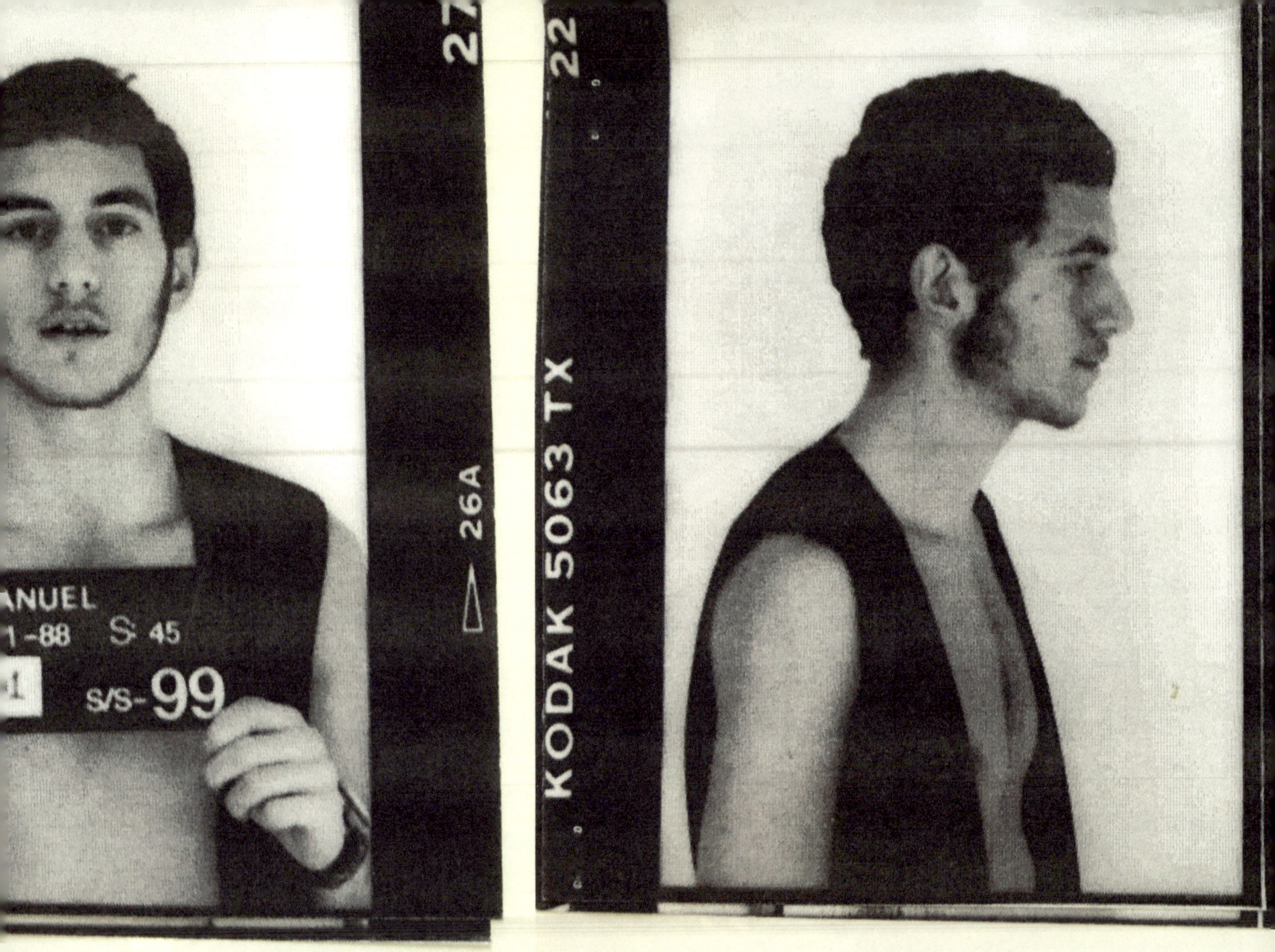

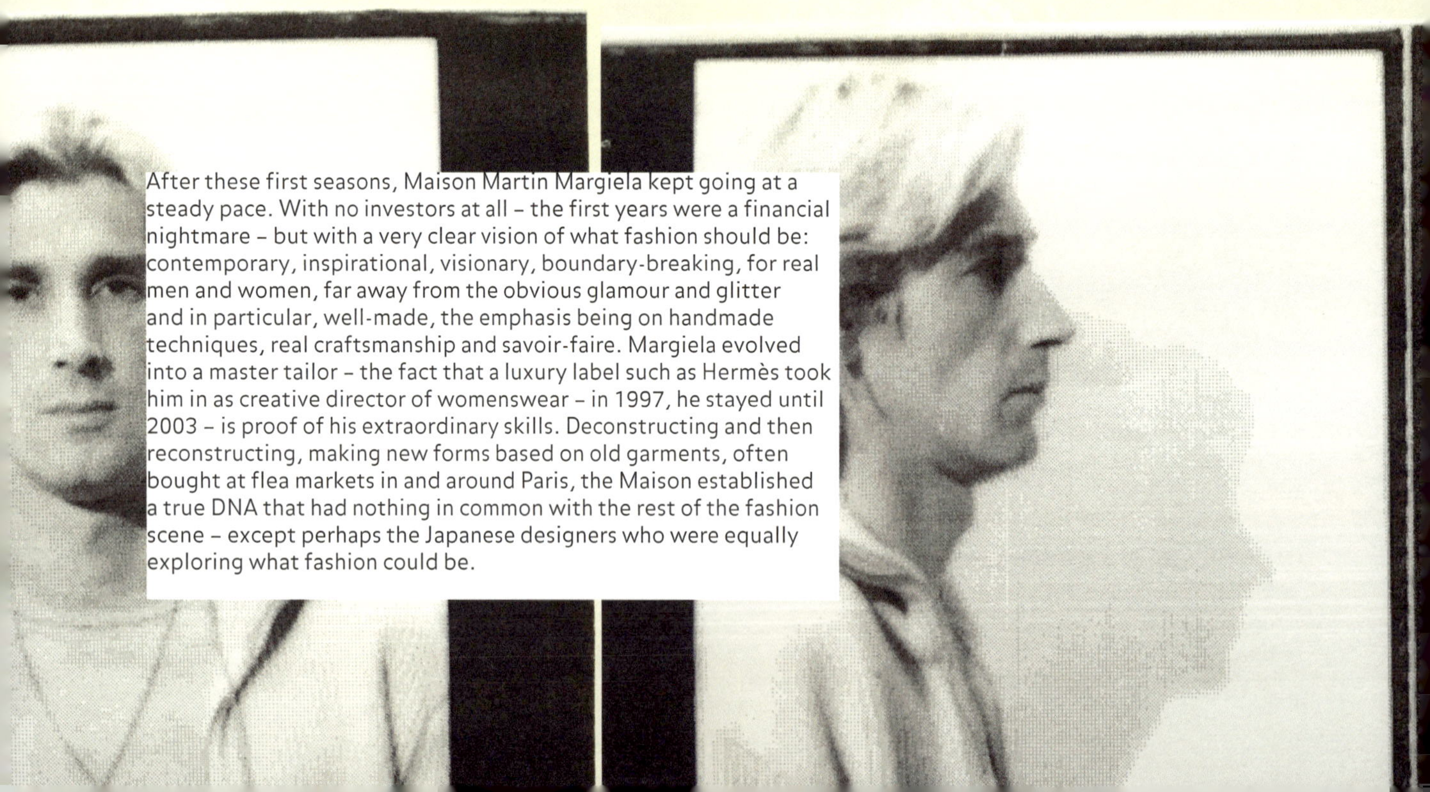

After these first seasons, Maison Martin Margiela kept going at a steady pace. With no investors at all – the first years were a financial nightmare – but with a very clear vision of what fashion should be: contemporary, inspirational, visionary, boundary-breaking, for real men and women, far away from the obvious glamour and glitter and in particular, well-made, the emphasis being on handmade techniques, real craftsmanship and savoir-faire. Margiela evolved into a master tailor – the fact that a luxury label such as Hermès took him in as creative director of womenswear – in 1997, he stayed until 2003 – is proof of his extraordinary skills. Deconstructing and then reconstructing, making new forms based on old garments, often bought at flea markets in and around Paris, the Maison established a true DNA that had nothing in common with the rest of the fashion scene – except perhaps the Japanese designers who were equally exploring what fashion could be.

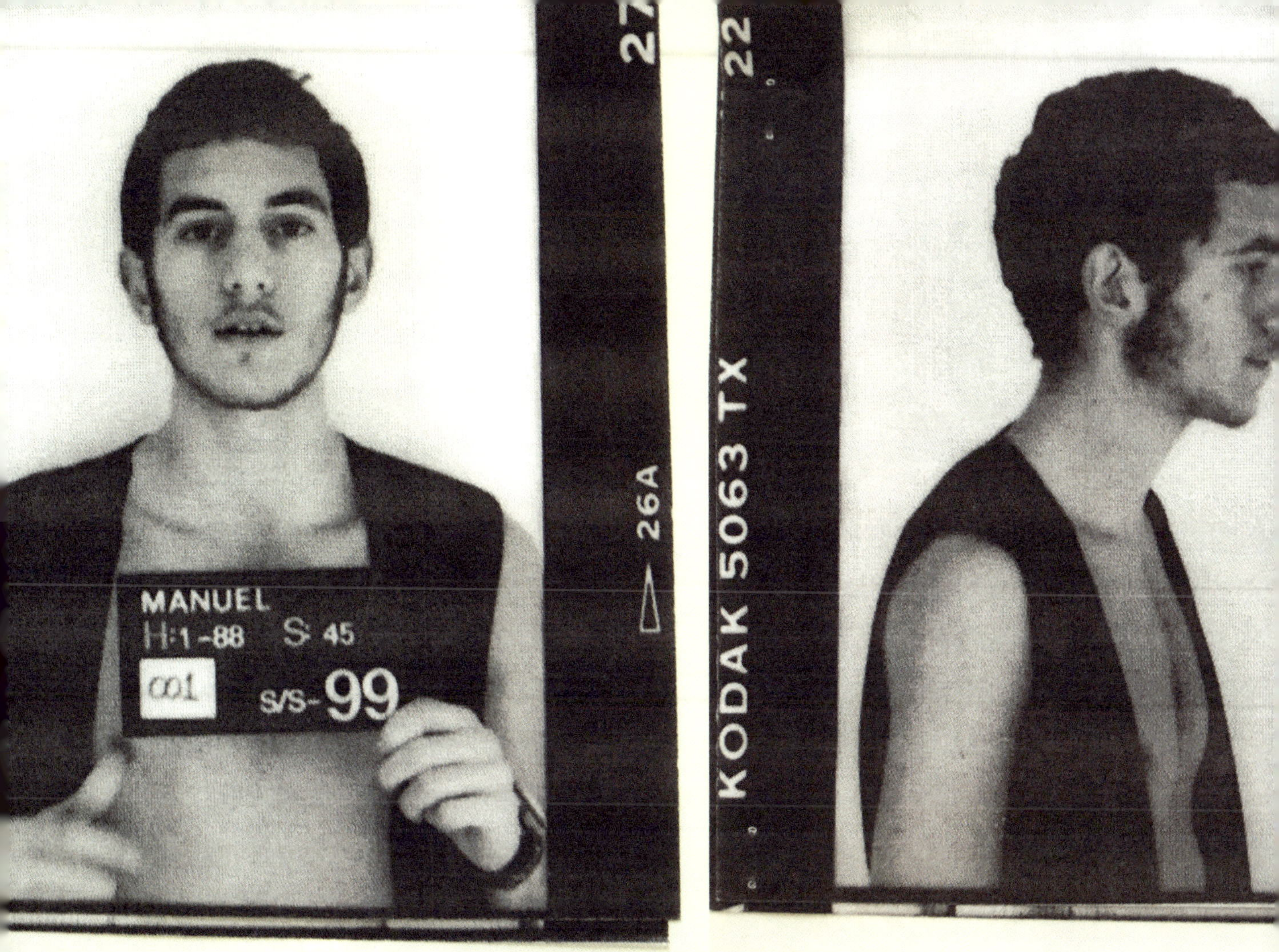

A lot has been said about the start of Belgian fashion, and how Margiela and The Six went about their business. What is very important as to how they all built their brand is that they were free. Coming from Antwerp or – in Margiela's case – hailing from Genk, in Limburg, meant that there was hardly a fashion heritage to be protected or to be cherished. These designers could build up a world of their own. Margiela's view on things was, of course, even more affected by his roots: the son of a coal miner, he grew up in a city rife with poverty and unemployment, where future prospects were often harsh and dreary. Margiela fled to Paris, and I do think there was no Plan B. He had to make it. That too is very Flemish: the idea to just go for it, whatever comes your way or might hinder you. "Being a pioneer felt amazing", said Jennie Meirens in *De Morgen Magazine* in 2013, "We hardly slept and worked very hard. We trusted our gut feeling. And we knew that one day, the business would be successful."

The nev

NG '96 / *Designs once a tad far-out were the centre c*

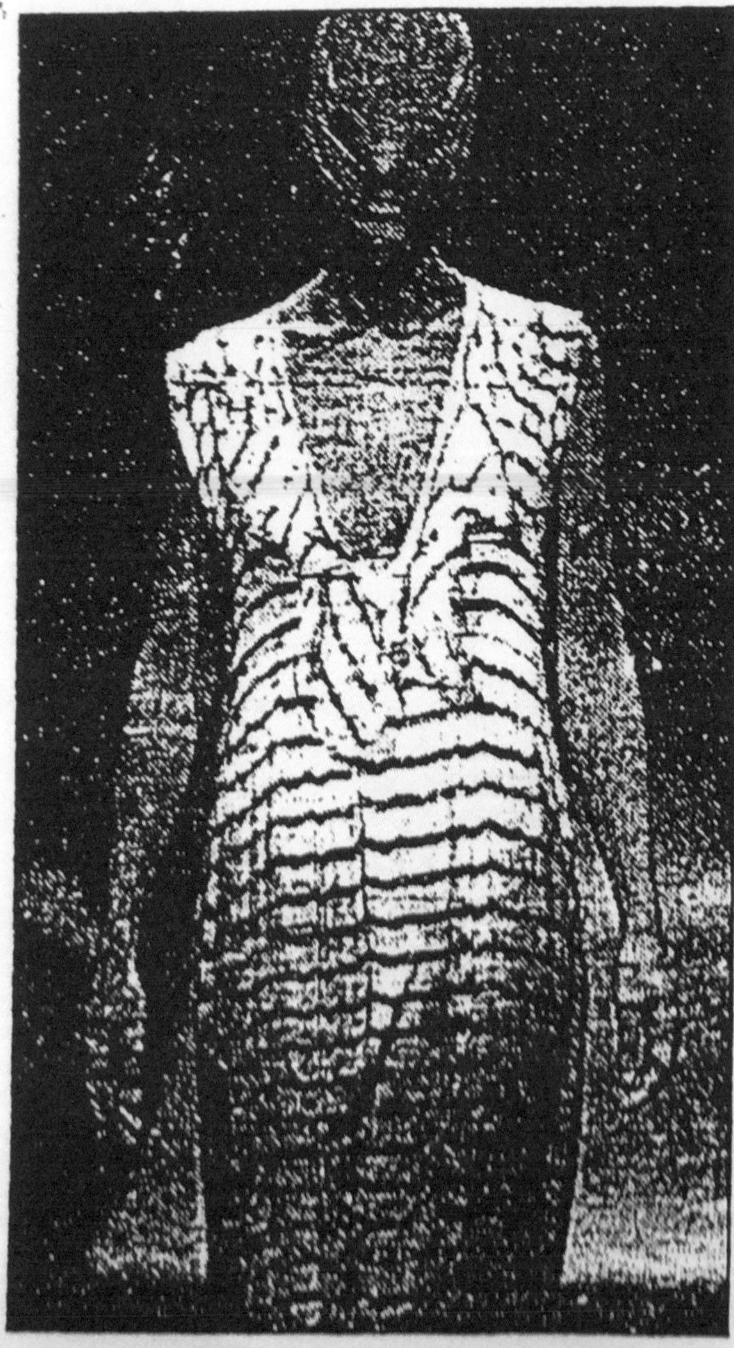

photo-printed stripes and ruffle

made mere glamour
that posited point of
as important as traditi
that rendered passé
show as a parade of
on beautiful women
hit tunes of the day.

Here was the scene
giela: The room looke
hall, with rows of lo
bles. At one end, on
were members of the
team for a French foo
tion called Flash. Smi
at the unlikelihood
shook their pompons
their cheers while the
faces covered in cloth
reminded one observ
walked slowly on top
their feet on wooden
ing a solemn count
other razzmatazz.

The clothes that we
this production wer
ments, loose and flui
with photographic im

y order

ttention at the collections wrapping up last week.

n quaint,
as being
craft and
fashion
ly clothes
ng to the

artin Mar-
e a bingo
ooden ta-
nall stage,
eerleading
organiza-
nervously
all, they
d chanted
dels, their
way that
f lemons,
he tables,
aces mak-
t to the

A Paris guide

In every respect, collections were all over the map. Designers from round the world staged shows in every district of the city. Some common paths:

COLOUR: Try bubblegum pink and turquoise blue, sometimes together.

PRINTS: Even from designers such as Yohji Yamamoto and Helmut Lang, who ordinarily don't go in for patterned cloth.

THE DRESS: If not sleeveless, cap-sleeved. In either case, apt to have buttons down the front.

SHAPE: Hard edges are growing softer. Signs of drape returning.

DETAILS: V-necks, breast pockets, hip belts.

e point of
nple gar-
d printed
of clothes

from previous Margiela collections. What looked like buttons were in fact pictures of buttons.

Margiela took a decisive step from the very start of his business: he didn't want to be the centre of attention as the designer of his eponymous brand. He refused personal interviews and only talked to the press by fax (and later e-mail), always adopting the pluralis majestatis. The story was never about him, it was always about the brand and how a team was making it all work. He projected that idea onto his catwalk, often hiding the faces of his models – women from street castings, never regular models. And even the showroom, and later the stores, were predominantly all white: old furniture was repainted in white or was enveloped with white canvas. Again: the main focus was on the clothes, it was always about the project, never a personal 'look at me' story. That too can be regarded as a distinct Flemish feature, a typical way of keeping a low profile and not wanting to get noticed. I had the chance to talk to Martin Margiela at the beginning of his fashion career and even then, he only wanted to discuss the collection, never his personal life.

Margiela set a new standard in fashion. To most fashion editors his energetic vision on fashion – and the almost visceral way he handled glamour – was hard to understand. To some, his looks were downright grunge or punk, or whatever excuse they found not to go and see the show. It took years for some high-end fashion journalists to attend a Margiela show. That all changed when Hermès asked Martin to become their creative director for womenswear. Suddenly, Martin was part of the elite, and the Maison was in for more serious reviews. The Hermès job absolutely played a major role in Renzo Rosso's acquisition of the Maison – which took place in 2002. Even today, the impact of the Margiela DNA is enormous. Alessandro Michele, Gucci's creative director, has definitely learned a lot from the Margiela school, as has Raf Simons, who calls Margiela his absolute hero. An entire generation of fashion students grew up with the deconstruction theory that made Margiela a case study, even in marketing schools. And what about Vetements, the recent 'collective' project headed by Demna Gvasalia, the Georgian designer who studied fashion in Antwerp too, and has recently been taking the Paris fashion scene by storm? Gvasalia worked for Margiela for a couple of years and is also keen on changing the fashion system, by collaborating with other brands and even taking his collective into the realm of haute couture. Maybe Martin Margiela likes Vetements' work, maybe not. We will never know, will we?

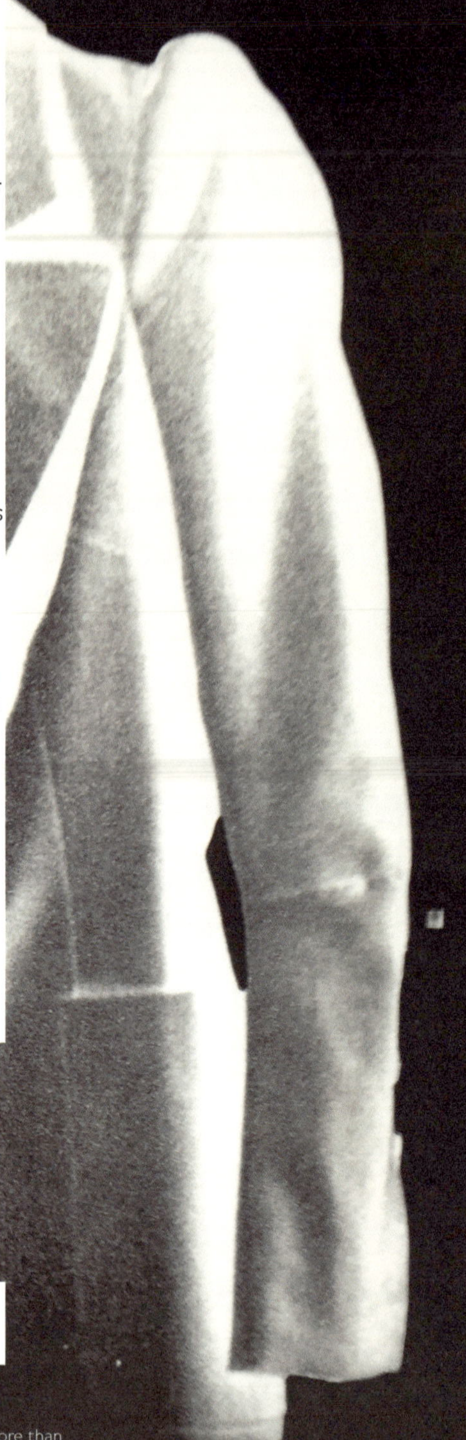

images by Marina Faust
images by Ronald Stoops
article by *The Globe and Mail*, Canada, 1995
Thanks to the archives of Nicola Vercraeye, Maison Margiela, Brussels.

Interviews, reports, books: Veerle Windels (°1965) has been an enthusiastic journalist for more than twenty years. She always goes for the story behind the scenes. For the person behind the product. She launched her first book in 2001 (*Young Belgian Fashion, Ludion*), compiled some of her best interviews with fashion designers in *Werken met Woorden* (2009, Ludion) and wrote a monography on fashion designer Tim van Steenbergen (Ludion, 2010). As a freelance journalist she mainly writes for the Belgian quality daily *De Standaard*, but also for international publications such as *Financieel Dagblad* (NL) and *StyleZeitgeist* (USA). She also teaches 'Fashion. NOW' at the fashion department of the KASK in Ghent.

MIJN VERLEDEN

IVO VANDEKERCKHOVE

"TOEN DE MIJNEN SLOTEN,
WAS HET ALSOF DE KURK MET EEN KNAL UIT DE
FLES SPRONG. ALLERLEI NIEUWE INITIATIEVEN EN
IDEEËN SPOTEN NAAR BUITEN."

Er bestaat geen twijfel over. De steenkoolnijverheid heeft in Limburg in de eerste helft van de 20ste eeuw voor een enorme vooruitgang gezorgd en heel wat welvaart gebracht. Zeven steenkolenmijnen veranderden dunbevolkte dorpjes op de hei tot uit de kluiten gewassen gemeenten, geconcentreerd in cités rond de schachtbokken en mijninstallaties. Er was veel volk nodig om in de putten van Beringen, Zolder, Houthalen, Zwartberg, Waterschei, Winterslag en Eisden te gaan werken. Van bij het begin moest een beroep gedaan worden op gastarbeiders. Belgen schuwden het gevaarlijke en zware werk onder de grond, zeker in de beginperiode. De eerste gastarbeiders kwamen vooral uit Frankrijk, Duitsland en Oost-Europa, later volgden Italianen, Grieken, Spanjaarden en Portugezen. Aan het begin van de jaren 1960 ronselden de mijnbazen ook in Turkije en Marokko arbeiders. Eerst kwamen de mannen alleen, maar al snel volgden hun vrouwen en kinderen. Door al dat volk ontstond in de Limburgse Kempen een ware smeltkroes van nationaliteiten en culturen. Met drie mijnen op haar grondgebied was Genk veruit de grootste mijngemeente. Limburg telt vandaag meer dan 150 verschillende nationaliteiten.

Het ontwikkelen van een mijnnijverheid in Limburg slokte enorme hoeveelheden kapitaal op. Er moest tot op een gemiddelde diepte van 1000 meter en vaak door moeilijke onderlagen geboord worden om tot bij de steenkolen te raken en zoiets kostte heel veel geld. Dat geld kwam van investeerders uit Brussel, Wallonië en Frankrijk. In Vlaanderen, laat staan in Limburg, was geen geld beschikbaar. De oorsprong van het geld bepaalde de cultuur van de mijnnijverheid. De voertaal was Frans, de taal van de bazen. Ook later zullen we zien dat Limburg geremd zal worden in haar ontwikkeling door de afwezigheid van kapitaalkrachtige families.

FINANCIËLE PUTTEN

Ondanks het vele geld dat naar de putten vloeide, is de Limburgse mijnnijverheid slechts enkele decennia winstgevend geweest. Al in de jaren 1950 werd in de Europese steenkolengebieden de alarmklok geluid. De verouderde kolenbekkens van de Borinage en Luik gingen in sneltempo dicht. In het België van die tijd was het normaal dat tussen Vlaanderen en Wallonië een zogenaamde wafelijzerpolitiek gevoerd werd. Gelijktijdig met een bloedbad in de tewerkstelling in de Waalse mijnen moest ook in Vlaanderen de productie inkrimpen. Een eerste terugloop werd gerealiseerd door in 1964 Houthalen ondergronds met Zolder te verbinden. Personeel kon op een natuurlijke wijze afvloeien. Maar dat zou niet volstaan, waardoor Zwartberg – de modernste van de drie mijnen in Genk – in 1966 brutaal en onverwacht werd gesloten. Die beslissing lokte bijzonder zwaar protest uit. De ondergrond van de mijn van Zwartberg werd door radeloze mijnwerkers dagenlang bezet. Met geld- en voedselinzamelingen toonde Limburg zich solidair. Studenten uit Leuven en Vlaamse actievoerders uit Antwerpen en elders sloten zich bij het protest aan. Misschien was dat de reden dat de confrontaties met de rijkswacht voor de poorten van de drie mijnen van Genk almaar grimmiger werden. Op 31 januari 1966 vielen twee doden aan de mijnpoort in Waterschei. De regering riep de noodtoestand uit en stuurde soldaten naar Limburg. Na de regeringsbelofte om nooit meer een mijn te sluiten voordat gezorgd zou zijn voor vervangende tewerkstelling, keerde de rust weer in Limburg (Akkoorden van Zwartberg).

Op 7 oktober 1966 werden in Zwartberg de laatste kolen bovengehaald.

Onder impuls van de provinciegouverneur, wijlen Louis Roppe, werd aan het begin van de jaren 1960 de Amerikaanse autoreus Ford naar Limburg gehaald. In plaats van de bestaande autofabriek in Keulen zelf uit te breiden, besliste Ford een nieuwe fabriek in Genk te bouwen, onder de vleugels van moederbedrijf Ford Keulen. Toen Ford Genk op 27 oktober 1964 officieel ingehuldigd werd, waren er al ruim 5000 mensen in dienst. Veel mijnwerkers, vooral Belgen, verlieten de put om bij Ford te werken. In 1994 was Genk de grootste fabriek van Ford wereldwijd. Er werkten toen 14.700 mensen op de Ford-site aan het Albertkanaal en nog eens meerdere duizenden bij toeleveranciers.

Aerial picture of the coaling port of Beringen. The firm Laura Coal was active there in the (exterior) coal trade until the early years of the 21st century. Further up the Albert Canal, on the left bank, lies the industrial port of Tessenderlo.

image by Coolens and Deleuil, with authorisation from Tractebel

ERFENIS

De sluiting van Zwartberg was het begin van een langgerekte doodsstrijd voor de vijf overblijvende Kempense Steenkolenmijnen (KS). Maar de Akkoorden van Zwartberg dwongen de overheid ertoe actief op zoek te gaan naar nieuwe tewerkstelling in Limburg. Niet alleen in Genk, maar ook in Overpelt, Tessenderlo, Lanklaar, Beringen en Houthalen werden industrieterreinen 'van nationaal belang' en grote kmo-terreinen uitgerust om investeerders aan te trekken.

Begin 1986 was de toestand desastreus voor de KS. Twee jaar eerder, in 1984, had de regering voor de allerlaatste keer geld uit de nationale pot ter beschikking gesteld van de KS. Samen met de derde staatshervorming was namelijk beslist dat de financiering van de vijf zogenaamde nationale sectoren (de steenkolenmijnen, de scheepsbouw en scheepsherstelling, de glasverpakkingsnijverheid, de textielnijverheid en de staalnijverheid) voortaan een gewestelijke bevoegdheid zou worden. Dit wilde zeggen dat bijvoorbeeld de verliezen in de Waalse staalnijverheid door het Waalse Gewest zouden worden gedragen en dat Vlaanderen dan weer voor de tekorten in de Kempense kolenmijnen zou opdraaien. De gewesten konden het geld om de nationale sectoren te subsidiëren uit de erfenisrechten halen. Omdat de verliezen van de KS in 1985 al hoger lagen dan het volledige jaarbedrag aan erfenisrechten (5 à 6 miljard frank), werd door toenmalig premier Wilfried Martens (CVP) alarm geslagen. Hij ging met zijn regering op zoek naar een oplossing. Om de Waalse staalnijverheid te saneren, was eind 1982 de Fransman Jean Gandois met redelijk succes als crisismanager aangetrokken. Nu ging men op zoek naar een 'Kolen-Gandois'. Die werd na enkele omzwervingen in de zomer van 1986 gevonden in de persoon van Thyl Gheyselinck.

Deze crisismanager had voor Shell een aantal internationale opdrachten uitgevoerd en was snel bereid om een plan uit te werken om de steenkoolnijverheid in Vlaanderen te saneren. In 1986 stevende de KS af op een verlies van 18 miljard Belgische frank, ruim drie keer de totale som aan Vlaamse erfenisrechten voor een jaar.

This, the older of the two Zwartberg spoil tips, burned and has meanwhile disappeared. The burned schist was commercially exploited by the firm Echo for the construction of tennis courts and driveways.

image from Collection PCCE

REALLOCATION OF THE MINES

BE-MINE Beringen

In Beringen, the entire heritage site was protected, including the cooling towers. Today, this is the largest mine site in Europe (it covers an area of 100,000 m² of existing property portfolio), fully intact and with a fantastic reallocation. At be-MINE, as the project is called, there is room for shops, a museum about the history of the mine, a swimming pool, the unique TODI diving centre, an adventure mountain and an indoor climbing centre. The be-MINE housing area is situated on the mine's former wood park, where the timber used to shore up the mine tunnels had been stacked when it was operational. The residential care facility and the first apartments are ready and have been delivered. They form the first component of the development of the housing area, which will comprise more than 500 accommodation units, to be developed over a period of ten years.

© Luc Daelemans

GREENVILLE Houthalen

Greenville NV is located in the former head office of the Kempense Steenkoolmijnen in Houthalen, and is the new cleantech incubator, the ultimate location for businesses from the green economy. Greenville NV offers companies a wide range of services. The location has at its disposal 3,500 m² of office space, 500 m² of rooms for meetings and seminars and a cleantech visitors centre. Companies which decide to lease space here can make use of a central secretariat and the company restaurant.

© Greenville

Impressive aerial pictures of the exploitation of the burned old spoil tip at Eisden by the firm Carrière de Retinnes under the direction of Jean Breessen.

image by Coolens and Deleuil, with authorisation from Tractebel

De belangrijkste politieke actoren van dat moment in Limburg begrepen dat er iets moest gebeuren. Volgens de liberalen (PVV) was er de voorgaande jaren al veel te veel geld naar de bodemloze putten van de KS gevloeid. Christendemocraten (CVP) en socialisten (SP) wilden een geleidelijke afbouw om de verliezen betaalbaar te houden. Alleen de VU (waaruit later onder meer de N-VA ontstond) wilde geen mijnsluitingen en organiseerde via autokaravanen het grootste verzet in Limburg. Maar zij zaten in de oppositie en stonden alleen met hun droom over een blijvende toekomst voor steenkolen als eigen Vlaamse energiebron, met afgeleide nijverheid in eigen streek.

Het moet gezegd dat de steenkolenindustrie in Limburg in hoofdzaak was opgezet om de Luikse hoogovens te voorzien van de nodige kolen. Aan verwerkende industrie in de onmiddellijke omgeving van de zeven steenkolenmijnen in Limburg is door de Franse en Waalse eigenaars nooit gedacht. Ook dat is een bepalend gegeven voor de verdere ontwikkeling van Limburg.

Wel ontwikkelde zich in de omgeving van de mijnen een netwerk van toeleveranciers. Deze nevenindustrie was vooral gericht op de verwerking van hout en metaal. Een aantal werkhuizen voerde specifieke opdrachten en herstellingen uit. Aanvankelijk werkten zij vrijwel exclusief voor de mijnen, maar toen het later slechter ging met de steenkolen, zochten zij ook naar diversificatie. Die vonden ze onder meer in het bouwen van verwarmingselementen. Bekende merken zoals Vasco, Radson en Jaga werden uit de grond gestampt.

Gheyselinck kreeg van de regering de opdracht een saneringsplan op te stellen waardoor de verliezen zouden worden gereduceerd tot maximaal het bedrag van de erfenisrechten. Hij zette zich aan het werk en praatte met iedereen: directie, plaatselijke politici, vakbonden en mijnwerkers.

RECONVERSIE

Op 8 december 1986 presenteerde hij zijn plan aan de regering, die het op 31 december goedkeurde. Het kwam erop neer dat het probleem van de verlieslatende mijnen in twee delen werd gesplitst. Het oostelijke mijnbekken – Eisden, Waterschei en Winterslag – zou meteen gesloten worden, het westelijke mijnbekken – Zolder en Beringen – zou nog minstens tien jaar openblijven. Gespreid in de tijd kreeg Gheyselinck hiervoor een enveloppe van 100 miljard Belgische frank, waarvan 28 miljard om de mijnen in het oosten te sluiten. Op dat ogenblik werkten nog ruim 18.000 mensen voor de KS. Door het aanbieden van uitzonderlijke pensioenregelingen en riante vertrekpremies kozen in korte tijd 10.000 werknemers ervoor de mijnen te verlaten. Dat waren er meer dan verwacht. Hierdoor kon het afbouwproces sneller uitgevoerd worden en had de KS minder geld nodig dan de 28 miljard die waren voorzien voor de sluiting en de sociale begeleiding. Gheyselinck had met de regering afgesproken dat het overschot door de KS mocht worden gebruikt voor nieuwe initiatieven in Limburg. Hoe sneller hij het oostelijke bekken sloot, hoe meer geld er overbleef uit de enveloppe van 28 miljard frank. Daarmee was de financiële grondslag gelegd van de reconversie van het mijngebied. Toen de Vlaamse regering twee jaar later besliste om tegen 1992 ook de resterende mijnen van Zolder en Beringen vervroegd te sluiten, werd deze voor Limburg gunstige regeling herhaald, maar dan in de zogenaamde 'halve frank'-regeling. Nu mocht de helft van het bedrag dat minder uitgegeven werd dan oorspronkelijk begroot, voor reconversie bij de KS blijven.

Terwijl Gheyselinck bezig was met de herstructurering van de KS, werkten de politici aan een Toekomstcontract voor Limburg. Dat werd op 29 april 1987 plechtig ondertekend door de Belgische en Vlaamse regering, de Europese Commissie en het provinciebestuur van Limburg en was een gemeenschappelijke verklaring waarin werd afgesproken dat de werkloosheid in Limburg in tien jaar tijd zou worden teruggedrongen tot het gemiddelde van de rest van Vlaanderen.

DE SCHACHT MINE SITE Zolder

The Zolder mine opened in 1923, and was the last mine in the Benelux to close down, in 1992. A few important buildings in the former mining settlement were given national heritage status in 1993. Most of these have already been reallocated, such as the beautifully restored power station. The former bathhouse now contains a cafeteria, and houses the CEDUBO Center for Sustainable Construction. The administrative head office has retained its original function, but is now shared by a number of businesses. The winding engine room is now called 'De Verdieping', and is a multifunctional building housing a passive school, among other things, and the ZLDR Luchtfabriek, a huge space in which you can experience the mining past in all its glory, opened on 24 April 2015.

© Eddy Daniëls / Provincie Limburg

© Sarie Van den Bossche / Provincie Limburg

© Guy van Grinsven / Tourisme Limburg

THOR PARK Waterschei

Thor Park is a global development project for the reallocation of the former Waterschei mine site to a hotspot for technology, energy and innovation. Thor Park is growing rapidly into a technology park, 93 ha in size, with international appeal and activities, where the city of Genk and the partners establish interesting links between research and development, innovation, industry, development of talent and urbanism.

Thor Park is being developed according to a high-end quality concept in the field of architecture and landscaping, taking into consideration sustainability and park management. Thor Park offers space to innovative businesses and organisations, to thinkers and doers, and profiles Genk as the smart technology city of the future. Waterschei houses Thor Park technology campus, EnergyVille research centre and Thor Central, among others.

Maar Thyl Gheyselinck had nog grootse plannen. Met het eerste uitgespaarde geld richtte hij de Limburgse Investeringsmaatschappij (LIM) op, die risicokapitaal verstrekte aan ondernemers die in de mijnstreek een initiatief wilden opstarten. Daar kwamen heel wat gegadigden op af. Gelijktijdig ontwikkelde Gheyselinck met de KS ook een eigen project: het ERC (Educatief, Recreatief en Cultureel project). Het was de bedoeling om op het mijnterrein in Waterschei een enorm belevingspark neer te poten, waarin de drie elementen van het ERC een plaats kregen. Hij zag het zeer groot: filmstudio's, golfbanen, een winkelcentrum, een overdekt voetbalstadion, een cultureel centrum, enzovoort. Het moest het kloppende hart worden van de vernieuwing in Midden-Limburg, met op termijn een tewerkstelling die groter was dan die van de oorspronkelijke mijnindustrie. Daarnaast wilde hij een eigen bouwbedrijf voor de werkloze mijnwerkers oprichten. Daarvoor kocht hij het bedrijf Pieters De Gelder, onder meer gespecialiseerd in spoorwegen en tunnelbouw.

Gheyselinck had bij zijn aantreden aan het hoofd van de KS, begin 1987, de complete raad van bestuur van de KS mogen vervangen. Aanvankelijk (1967) was de nv KS een fusie van de stichtende vennootschappen, privé dus. Maar gedurende jaren van subsidies had de overheid almaar meer zitjes in de raad van bestuur opgeëist. De raad was dus redelijk uitgebreid én hoofdzakelijk politiek samengesteld. Die politieke leden mochten begin 1987 beschikken en werden vervangen door zes door Gheyselinck zelf gekozen mensen.

VAN ZWART NAAR GROEN

Door die ingreep kon hij met het door hemzelf aangestelde KS-bestuur supersnel beslissingen nemen. Hij werd veruit de machtigste man van Limburg. Dat hij die macht kon aanwenden met belastinggeld zonder daarvoor rekenschap af te leggen aan de belastingbetaler, stak na verloop van tijd velen de ogen uit. De eerste maanden kreeg Gheyselinck veel krediet. Hij hielp de Belgische regering af van een gigantisch steenkolenprobleem en deed dat sneller en met veel minder geld dan aanvankelijk verwacht. Hij nam nieuwe initiatieven die de regio weer hoop gaven en daarnaast had hij ook aandacht voor zaken die niet meteen economisch waren, zoals bijvoorbeeld de fusie van de voetbalclubs Thor Waterschei en FC Winterslag. Hun faillissement werd afgewend door een kapitaalinjectie van de KS, als beloning voor het fusieakkoord. Een nieuw (dat was het plan) of vernieuwd voetbalstadion in Genk zou na de sluiting van twee mijnen een nieuwe dynamiek creëren, zo redeneerde Gheyselinck. De crisismanager was heel ambitieus en wilde de geschiedenisboeken halen als redder van Limburg en niet alleen als de man die de putten had gesloten.

Om vlot te kunnen ingrijpen in wat er na de sluiting op de mijnterreinen zou gebeuren, kocht hij ze allemaal van de stichtende vennootschappen. In zijn hoofd moesten de oude mijngebouwen en installaties zo snel mogelijk gesloopt worden. In Waterschei, dat in september 1987 als eerste mijn dichtging, moest plaats worden gemaakt voor het grootschalige ERC-project. Waardevolle gebouwen zoals het centrale magazijn, het werkhuis, de remise voor locomotieven, de bovengrondse badzaal en de oude centrale gingen tegen de vlakte. Ook een van de twee schachtbokken en het bijbehorende ophaalgebouw met machinekamer verdwenen onder de sloophamer. Onder de noemer 'Van Zwart naar Groen' werd voor de verschillende mijnsites een eerste herbestemmingsplan uitgewerkt, mede gesteund door de provinciale overheid. In dat draaiboek bleef een beperkt aantal gebouwen en installaties overeind. Actiegroepen begaan met het verleden, industriële archeologie en monumentenzorg lieten fel van zich horen. Toen Gheyselinck vervolgens ook de site van Winterslag wilde aanpakken, stak toenmalig VU-minister Johan Sauwens (uit het Limburgse Bilzen) daar een stokje voor. Hij plaatste zowat alles wat nog rechtstond op de verschillende mijnsites in voorlopige bescherming. Tussen 1993 en 1995 zette hij deze status voor 45 gebouwen om in een definitieve bescherming als Kempens mijnmonument. Mede hierdoor vormen de bovengrondse gebouwen van de voormalige steenkolenmijnen de belangrijkste concentratie van industriële archeologie in Vlaanderen.

FENIX

In september 1992 ging Zolder als laatste mijn dicht, maar Gheyselinck was toen al ruim een jaar weg. Hij nam in mei 1991 zelf ontslag nadat duidelijk was dat de toenmalige Vlaamse regering hem niet meer steunde. Ook de noodzakelijke vergunningen voor zijn belangrijkste project – het ERC – bleven uit, ondanks het feit dat hij de gevraagde privé-investeerder – de Britse groep Stadium – over de streep had getrokken. Na Gheyselinck kwam Peter Kluft aan het roer van de KS. Onder zijn impuls werd het door velen als megalomaan bestempelde ERC-project teruggeschroefd tot een hoofdzakelijk toeristisch winkelproject met de nieuwe naam Fenix. De privé-investeerder die Gheyselinck al had aangetrokken, vond de inhoudelijke wending prima. Maar ook Kluft kreeg het afgeslankte project niet meteen op de rails. De KS zou ook na zijn vertrek blijven ijveren voor Fenix, waar volgens de plannen 3000 jobs zouden worden gecreëerd. Vooral middenstandsorganisatie NCMV (het latere UNIZO) weigerde mee te werken aan een vergunning. Ze vond het project een bedreiging voor de bestaande Limburgse middenstand. Op 20 januari 1998 gaf het Socio-Economisch Comité voor de Distributie (SECD) voor de tweede keer een negatief advies. Het betekende de definitieve doodsteek voor Fenix.

In de nasleep van de sluiting van de laatste steenkolenmijn in september 1992 (Zolder) ontstond in de coulissen van de KS een weinig verheffend gevecht. Bedrijfsmedewerkers lanceerden geruchten en verdachtmakingen, anderen legden dossiers aan van echte of vermeende malversaties en stapten ermee naar de politiek. Uiteindelijk was het CVP-senator Johan Weyts uit Brugge die met wat hij te horen kreeg een bommetje dropte in het Vlaams Parlement. De brede roep naar een parlementaire onderzoekscommissie werd snel ingewilligd. Opgejaagd door media en politiek besliste ook de Hasseltse onderzoeksrechter Gutschoven om op 16 april 1993 binnen te vallen in de kantoren van de KS.

De openbare zittingen van de parlementaire onderzoekscommissie brachten gedetailleerd aan het licht hoeveel geld door de KS en de LIM aan hoge snelheid in projecten was gestopt. Snoepreisjes en cadeautjes werden breed uitgesmeerd. Interne ruzies kregen parlementaire aandacht. Een van de geruchtmakendste zaken was het dossier-Super Club. Thyl Gheyselinck had van de baas van deze videoketen voor 1,3 miljard frank aandelen gekocht, omdat hij hem een filmstudio had beloofd op het mijnterrein van Waterschei. De aankoop van de aandelen was gunstig geadviseerd door de top van de Kredietbank. Korte tijd later bleek Super Club een lege doos en waren de aandelen niks meer waard. Het gerechtelijke onderzoek binnen de KS leidde tot enkele lichtere veroordelingen, de zwaarste straffen werden uitgesproken in het dossier-Super Club.

LIMBURGSE RECONVERSIEMAATSCHAPPIJ

De Vlaamse Raad kwam begin 1994 tot de conclusie dat de reconversie van Limburg transparantere en eenvoudigere, maar ook door het Rekenhof gecontroleerde structuren nodig had. Een reeks vzw's en de SIM (Sociale Investeringsmaatschappij) werden afgeschaft. De Limburgse Reconversiemaatschappij (LRM) werd opgericht en rechtstreeks onder het Vlaams Gewest geplaatst. De LRM kreeg het beheer over de nv Mijnen, de vroegere KS, en de participaties van de LIM. Het geld dat door de mijnwerkers was uitgespaard, bleef mét interest, wel ter beschikking van Limburg.

Jef Gabriels (CVP, geb. 1947) was tussen 1987 en 2009 burgemeester van Genk, de gemeente die ooit drie steenkolenmijnen én Ford Genk (gesloten op 18 december 2014) op haar grondgebied had. Het verdwijnen van die grote werkverschaffers heeft het gezicht van Genk grondig gewijzigd. "De laatste Genkse mijn is al sinds 1988 dicht. Die sluitingen zijn we met vereende krachten te boven gekomen. Als Ford zijn belofte had gehouden om auto's te blijven bouwen tot ten minste 2020, hadden we ook die sluiting kunnen verwerken. Ik verwacht dat het Thorpark in Waterschei tegen dan op kruissnelheid is. Het is heel jammer dat men zijn woord heeft gebroken", klinkt het nog enigszins bitter uit de mond van de voormalige burgervader.

The Winterslag spoil tip was transformed into a hiking area, but it is no longer open to the public. The firm Limcoal extracted coal from the spoil tip until 2006 and is still its owner.

image by Coolens and Deleuil, with authorisation from Tractebel

Jef Gabriels heeft de polsslag van zijn inwoners altijd goed aangevoeld. In de woelige periode die aan de sluiting in 1987 voorafging, was hij dikwijls aan de mijnpoorten te zien. Om de boze en angstige mijnwerkers te kalmeren als dat moest, maar ook om ze moed in te spreken. Gabriels zocht al voor de sluiting steun bij Europa, geen enkele andere gemeente in Vlaanderen kende zo goed de weg naar de instellingen in Brussel. Met goed geschreven dossiers haalde Genk welkome subsidies uit tal van steunprogramma's binnen. Gabriels had daar doelbewust een topambtenaar voor vrijgemaakt. Gabriels vertelt: "Wij hadden gezien wat in Engeland gebeurd was na de beslissing van de regering-Thatcher om eerst twintig en later nog eens zeventig mijnen te sluiten. Onder leiding van Arthur Scargill werd een bijzonder fel vakbondsverzet georganiseerd. Maar de IJzeren Thatcher gaf niet toe. Ze liet de mijnwerkers staken en vernietigde de ooit zo sterke Britse mijnwerkersvakbond. Vervolgens verenigden de mijngemeenten in Groot-Brittannië zich in 1985 in de Coalfield Communities Campaign (CCC). Zij breidden hun terrein naar Europa uit door in 1988 in het Schotse Edinburgh ook mijngemeenten uit Spanje, België, Duitsland en Frankrijk uit te nodigen. Daar werd de basis gelegd voor het latere EURACOM (European Action for Mining Communities)."

Door veelvuldige bezoeken en contacten met de andere mijnregio's konden ervaringen en manieren van aanpak uitgewisseld worden. Jef Gabriels: "We hebben er veel uit geleerd en tegelijk ingezien dat Genk haar eigen aanpak nodig had. Maar dankzij EURACOM hebben we wel belangrijke subsidiebedragen kunnen binnenhalen waarmee we onze vijf doelstellingen konden ondersteunen: herscholing van mijnwerkers, sanering van mijnterreinen, aanleggen van infrastructuur op industrieterreinen en in de mijncités, saneren van de mijnwerkershuizen en het bevorderen van het veiligheidsgevoel bij de inwoners."
Volgens Jef Gabriels kwam het sluitingsplan van Thyl Gheyselinck in 1987 op een ogenblik dat Europa in een economische opleving zat. Gheyselinck zelf zou later de Limburgse mijnregio vergelijken met een champagnefles: "Toen we stopten met de mijnen, was het alsof de kurk met een knal uit de fles sprong en allerlei nieuwe initiatieven en ideeën naar buiten spoten."

Aerial picture of the Waterschei residential area taken from the West. In the front, the miners' area; on the left, opposite Onderwijslaan avenue, the engineers' homes; in the back, the coal mine.

image from Collection PCCE

© Luc Daelemans

© Luc Daelemans

C-MINE Winterslag

C-Mine, located on the site of the former Winterslag coal mine in Genk, resolutely focuses on creativity. Parts of the mine buildings and installations have been preserved and given national heritage status. The buildings now house a cinema (Euroscoop), a number of bars and restaurants, and facilities for meetings and congresses. Piet Stockmans has a studio here too. The Media & Design Academie is represented on the site, and the Genk Cultural Centre is also here. C-mine won the Vlaamse Monumentenprijs award in 2013. C-mine Crib leads the way in creative innovative business, acting as an incubator and service centre for starting and young creative companies.

The big Beringen spoil tip, owned by Aminal and transformed into a nature reserve.

image by Saskia Vanderstichele

Jef Gabriels: "In Genk hadden we onze gemeentefinanciën op orde. Uiteraard maakte de sluiting veel los, maar bij de bevolking voelde je een positieve flow. Er zat optimisme in de samenleving. We konden in die periode twintig tot vijfentwintig nieuwe bedrijven per jaar aantrekken. Ondanks de sluiting was de werkloosheid in Genk in 1990 niet gestegen. Met Piet Stockmans zagen we een van de bekendste ontwerpers uit die periode bij ons investeren. Ook het hoger kunstonderwijs hebben we via fusie en dus schaalvergroting in Genk kunnen houden. Er zat heel veel talent in de tweede en derde generatie Italianen en Oost-Europeanen. Zij waren complementair aan wat wij Belgen hadden. Ze hebben grensverleggende dingen gedaan. Veel jonge mensen van bij ons hebben het ver geschopt in de kunstwereld. Het bekendste voorbeeld uit die periode in Genk is modeontwerper Martin Margiela. Ook de Turken hebben het in de mijnstreek heel goed gedaan. Zij hebben zich altijd ambitieus opgesteld naar hun kinderen toe, die moeten studeren of ondernemen." Limburg is in Vlaanderen vele jaren een schoolvoorbeeld geweest van integratie en fijn samenleven van autochtonen en allochtonen. "In de mijn was iedereen zwart", zo luidde de boutade. Maar ondanks de vele mooie voorbeelden stelt Jef Gabriels vast dat de samenleving sinds 11 september 2001 wereldwijd geconfronteerd wordt met het fenomeen van radicalisering.

Eind 2007 werd Stijn Bijnens (geb. 1968) binnengehaald bij de Limburgse Reconversiemaatschappij. Bijnens is oprichter van Netvision, het latere Ubizen, en werd door het weekblad *Trends* in 1999 uitgeroepen tot Manager van het Jaar. Aanvankelijk begon hij ad interim bij de LRM, maar hij werd vervolgens definitief directeur, een functie die hij nog steeds vervult. Het kapitaal waarmee de LRM vandaag kan werken, komt nog altijd van het door Gheyselinck uitgespaarde geld.

ROLLEND FONDS

Stijn Bijnens: "Van de totale enveloppe van 100 miljard frank die door de regering ter beschikking werd gesteld om het steenkoolprobleem op te lossen, is een kwart niet uitgegeven. De helft van die 25 miljard mocht de KS houden om zelf te investeren in nieuwe initiatieven. Dat overschot is een echt rollend fonds geworden. We hebben dat beginkapitaal door aan- en verkoop en door dividenden sindsdien al zeker zeven keer opnieuw uitgegeven. Limburg heeft Thyl Gheyselinck op een bepaald ogenblik uitgespuwd, maar eigenlijk hebben we heel veel aan die man te danken. Na de uitbarsting van het zogenaamde KS-schandaal in 1993 is er een aantal jaren weinig gebeurd. Iedereen speelde op veilig, begrijpelijk. Het geld was bedoeld om economische initiatieven te nemen, maar omdat Limburg ook nood had aan niet-rendementsgebonden investeringen, werd in 2002 de LISOM (Limburgse Strategische Ontwikkelingsmaatschappij) als dochter van de LRM opgericht. Het nadeel was dat dezelfde mensen over economische (LRM) en sociale (LISOM) dossiers moesten beslissen. Daar heb ik bij mijn komst meteen komaf mee gemaakt. Bedrijfsleiders en economen moeten over economische dossiers gaan. Het sociale luik is voor de politiek. In 2008 hebben we de LISOM opgedoekt en is binnen de provincie LSM (Limburg Sterk Merk) opgericht. Wij storten vrijwel jaarlijks dividenden naar de Vlaamse overheid en zij stort dat geld door naar LSM. Binnen LSM kunnen verkozen politici (provinciebestuur) beslissen wat ermee moet gebeuren. Dat is een veel gezondere situatie dan voordien. Sinds 2008 heeft de LRM via het Vlaams Gewest al 236 miljoen aan dividenden naar LSM laten doorstromen. Daarmee kan LSM voor de sociale reconversie zorgen. Naar dit model komt men vanuit het buitenland kijken.

We hebben geregeld contact met Nederlands Limburg. Daar hebben ze de mijnen veel eerder gesloten en alles afgebroken. In die tijd bestond mijnerfgoed nog niet. Nu hebben ze daar heel veel spijt van. Ik weet dat toen minister Johan Sauwens in 1993 alles wat nog rechtstond klasseerde, er in de kantoren van de LRM stevig werd gevloekt. Wat gaan we daar allemaal mee doen? Ook ik heb me dat later nog afgevraagd. In Beringen is alles beschermd, tot de koeltorens toe. Vandaag hebben we hier dus de grootste mijnsite van Europa, nog volledig intact en met een formidabele herbestemming. In Beringen is op be-MINE plaats voor winkels, een museum, een zwembad, het unieke duikcentrum TODI, een avonturenberg en een indoorklimcentrum."

© Stad Genk

BIOMISTA Zwartberg

The Zwartberg mine, which closed back in 1966, will house world-famous artist Koen Vanmechelen's arts project La Biomista, in and around the former director's house. From 2018, heritage, modern art and biocultural diversity will come together in a unique way. La Biomista will house the studio and foundations of Koen Vanmechelen. This internationally renowned artist's work will be exhibited in the park. A fun fact: La Biomista means 'mixed life'.

MAASMECHELEN VILLAGE Eisden

Maasmechelen Village was set up as an outlet shopping village in 2001. It is situated next to the mine shafts of the Eisden mines, closed down in 1987. The Limburgse Reconversiemaatschappij took part in this, to stimulate employment of low-skilled workers. As well as the brand name Maasmechelen Village, there is also a cinema complex, a high-class hotel, Ter Hills recreation park and the gateway to Connecterra, Limburg's most beautiful hiking area.

© Luc Daelemans

DEFINITIEVE HERBESTEMMING

De definitieve herbestemming van de verschillende mijnsites is hiermee rond. Op de mijn van Zolder zijn alle gebouwen gerestaureerd en hebben ze een nieuwe bestemming gekregen. In het voormalige hoofdgebouw van de KS in Houthalen werd GreenVille met Cleantech ondergebracht. Waterschei huisvest onder meer de technologiecampus Thor Park, het onderzoekscentrum EnergyVille en Thor Central. C-mine in Winterslag bestaat uit een cultureel centrum, filmzalen, restaurants, een hogeschool, een incubator en enkele innovatieve bedrijven, zoals het atelier van Piet Stockmans. Op en rond het voormalige mijnterrein van Eisden vinden we het merkendorp Maasmechelen Village, een bioscoopcomplex, een luxehotel, het recreatiepark Ter Hills en de toegangspoort naar Connecterra, het mooiste wandelgebied van Limburg. Ook Zwartberg, dat al in 1966 dichtging, krijgt met het kunstproject La Biomista van Koen Vanmechelen in en rond de voormalige directeurswoning een nieuwe dynamiek en extra toeristische troeven. Het voormalige mijnterrein zelf is uitgebouwd tot een bloeiende kmo-zone. Volgens Stijn Bijnens kan Limburg van die zeven mijnsites een geïntegreerd verhaal maken, waarmee het bezoekers gedurende een drietal dagen enkele boeiende dingen kan laten zien en beleven. Ook het voormalige kolenspoor tussen deze mijnsites biedt interessante toekomstmogelijkheden. "Als in 2018 alles klaar is, zullen deze mijnsites Limburg op de toeristische kaart zetten", voorspelt Bijnens.

Hij gaat verder. "De sluiting van de mijnen en later van Ford was zwaar voor Limburg. Maar de sluiting van Philips was op het gebied van design en kennisindustrie zo mogelijk nog belangrijker. Philips was wereldtop en in Hasselt zat een belangrijke R&D-afdeling. Hier is de cd, de compact disc, uitgevonden en gemaakt. Knappe koppen die ooit hun sporen verdiend hebben bij Philips Hasselt, zie je later in andere technologiebedrijven opduiken. Ik koester het idee om alles wat ooit door Philips in Hasselt is gemaakt, te verzamelen en een vaste plek te geven op de Corda Campus. Dat kan inspirerend werken."

Over de toekomst van Limburg is Stijn Bijnens optimistisch: "Limburg heeft geen zwakke plekken meer. We hebben al een klein aantal families die met de verkoop van hun bedrijf kapitaal hebben verworven, waarmee ze in eigen streek nieuwe dingen kunnen en willen doen. We hebben voldoende goede industrieterreinen om buitenlandse investeerders te lokken. Het tijdperk van de mono-industrie – kolen en auto's – is voorbij. Het weefsel is verscheiden genoeg om een eventuele klap op te vangen. Ik merk ook een nieuwe trend, die van de *reverse braindrain*. De hogeropgeleiden willen naar Limburg komen en er blijven. Dat is van het grootste belang. Het enige wat we nog missen, is een zekere graad van verstedelijking. Een stad met minstens 100.000 inwoners hebben we niet in Limburg. Daarom zou het goed zijn dat de twee grootste steden, Hasselt en Genk, fusioneren, maar het politieke klimaat is er jammer genoeg nog niet rijp voor. Uit zo'n fusie zou de op twee na grootste stad van Vlaanderen ontstaan, waar veel meer mogelijk is op eender welk gebied dan vandaag in twee relatief kleine steden. Vanuit die verstedelijking zouden we toptalenten in elk domein kunnen aantrekken en hier houden."

The big Beringen spoil tip, owned by Aminal and transformed into a nature reserve.

image by Bert Van Doorslaer from Collection PCCE

Ivo Vandekerckhove was appointed editor-in-chief of *Het Belang van Limburg*, in September 2000. Vandekerckhove began his career in 1985, as regional correspondent on the lowest rung of the editing ladder. In early 1988, he was offered a permanent contract at the newsroom, where he concentrated on reporting on the reconversion in Limburg, following the coal mine closures. In 1993, he published *De miljarden van KS*, a book about these affairs. By now, he had moved over to crime reporting at the newspaper. Vandekerckhove was appointed chief editor. He later climbed to editor-in-chief, and since 2000, he has performed the duties of editing manager of *Multimedia*. When Luc Rademakers was appointed general editor-in-chief of all Concentra newspapers in 2007, Vandekerckhove carried on in his position.

LESS

HAZY FOR BEING USED
REMARKS UNAFFECTED
WHERE IS MATTER WHEN ONLY MODE

Good design shows, because it contains logic. Its strength resides in a convincing and harmonious form that both is and doesn't want to be. Good design means as little design as possible. Nothing unimportant is included, so the design's function and quality are immediately understood

WHEN I AM ON MY BICYCLE I FEEL FREE ...

KLAUS BONDAM

To be honest, I am a car driver. And I am also a user of public transport. Every day I am a pedestrian. I sometimes hop on an airplane. And I am of course also an everyday cyclist. Sometimes I am all five things on the same day. Or at least four of them. I don't fly that often (except for 'flying downhill' on my bicycle every day). As a citizen and a taxpayer in a democratic society, I expect the same level of safety, comfort, connectivity and accessibility, no matter whether I am a car driver on the highway, a train passenger, a pedestrian – or of course, when I am on my bicycle. The truth is that I mostly get this safety and comfort using my private car or on board a train, but sadly and disappointingly, it seems I cannot expect that as a cyclist. I just do not get it. What is wrong with me and the other cyclists? Why do they jeopardise our safety – and expect us all too often to accept the second- or third-best solutions when it comes to the quality and layout of the infrastructure? Why are there so many places with an illogical, disconnected and badly-maintained bicycle infrastructure where the bicycle path suddenly stops? Where cyclists cannot go from A to B in a convenient and well-connected way? You may think it strange or awkward, but I have wracked my brain over issues like this since I was a child.

I see cycling as the most logical thing to do; it's fast, and yet it moves at a pace where you can experience what's going on around you. It gives you physical exercise, if you stick to a reasonable speed, without exhausting yourself. It creates an urban environment where people can see and meet each other eye-to-eye, yet it also gives the impression of movement and efficiency. And then there are all the added bonuses in the form of reduced air and noise pollution, no CO^2 emissions, improved public health etc. Taking into consideration that somewhere between 40% to 50% of all car trips on European cities are shorter than 5 km – and 20% are shorter than 2 km – there is an enormous potential for more cycling. But it takes safe, secure and segregated infrastructure. As they say: if you build it, they'll come. From a socio-economic point of view, the return on investment is very high, compared to other infrastructure investments. The Danish Ministry for Transport argues that for every kilometre we replace the car with the bike, our society gains almost one euro in prolonged life and improved health. Making us cycle more is simply the logical step.

I grew up in the countryside. I am the youngest of five siblings. Our parents didn't have the time to drive us around whenever we had to go somewhere. Throughout my entire childhood, the bicycle was my only mode of transport – and a way of getting away from our farm. If I wanted to see friends, I had to cycle one or two kilometres to the neighbouring farms. If I wanted to go to the swimming pool in the village, it was a six-kilometre ride. I cycled four kilometres through the forest every morning to catch the school bus. I must have spent thousands of hours cycling when I was a child – and I have basically kept up ever since. I love to feel the mood of the day on my bike, feel the sun or the wind – or even a drop of rain – on my face. I see so many things along the side of the road which I would never experience if I took the same route in my car. I can stop my bike whenever I want if something catches my interest. I love people-watching on my bike: glancing, flirting, smiling and reflecting during my brief encounters with fellow cyclists.

On my bike, I feel free. Of course I have my everyday route commuting back and forth from work. It's okay to include minor changes from day to day. But the times that I really feel free are those days where I just bike on and on and on. Where I bike out into the blue, having no final destination and no clue where the ride will take me. Sometimes I see route signs for cyclists. They make me happy. Very happy. Sometimes I follow them, but often I break away. They make me happy, because they are a clear and visible sign that I am seen and noticed as a cyclist. They know I am coming and I am there. And I know that I am not the only cyclist. We are many – and more will come.

Klaus Bondam was born in 1963 on the island of Bornholm in Denmark, to a Danish mother and a Dutch father. He originally trained as an actor and worked as such for many years. He starred in the first Danish Dogma movie 'Festen' (The Celebration) in 1997 as the German toastmaster. The film became an international success. He was a member of the city council in Copenhagen from 2002-2010, serving the social liberal party. He served as Mayor for Technical and Environmental Affairs from 2006-2009, introducing new standards for sustainability and urban space policies in Copenhagen, including a strong focus on improving the city's already good bicycle infrastructure, emphasising safety, security, comfort, connectivity and accessibility for the cyclists. From 2011-2014 he lived in Brussels, and was director of the Danish Cultural Institute in Benelux. In 2014 he returned to Denmark, after having been appointed CEO of the Danish Cyclists Federation, a position he still holds. Klaus Bondam is deeply committed to developing a European and international bicycle culture and is a dedicated and motivational speaker on cycling. He is also a member of the steering committee of World Cycling Alliance.

FIETSROUTENETWERK

HUGO BOLLEN

PHOTOGRAPHER KRISTOF VRANCKEN
ART DIRECTOR PABLO HANNON
ASSISTANT PHOTOGRAPHY JONAS VRANCKEN

previous spread:

The cycle route network leads the way globally. Mining engineer Hugo Bollen thought up the system of charting intersections to connect various cycle and hiking routes. The first signs were put up in Limburg in 1995, and since then 12,000 kilometres of signposted routes have been added. In 2013, in honour of this achievement, Hugo Bollen received the Paul Mijksenaar Award, a world-renowned prize for design in signalling. Mijksenaar is the man behind the signalling at Schiphol Airport, and mentioned in interviews that he wished he had designed the cycle route network.

A TO Z

B

Ann Bessemans

Ann Bessemans has been teaching graphic design, typography and type design at the PXL-MAD School of Arts since 2006. In October 2012, she defended her PhD dissertation entitled *Type Design for Children with Low Vision*. For this project she was twice granted a scholarship by Microsoft ClearType & Avanced Reading Technologies USA.
— CHAPTER 9

Dirk Bikkembergs

Dirk Bikkembergs spent most weekends of his youth in Diepenbeek. In 1982, Bikkembergs graduated from the Royal Academy of Fine Arts in Antwerp, as one of the Antwerp Six. Established in 1986 with his first collection Dirk Bikkembergs Shoes (based on military shoes), in 1996 he was the first one to receive a permission to hold a fashion show in Camp Nou, the football stadium of FC Barcelona. From then on he started using the football team as his laboratory for styling and fabric technology. www.bikkembergs.com
— CHAPTERS 4, 6, 8

Bioracer

Bioracer focuses on aerodynamics, biomechanics and muscle compression in the development of their products. Top sport has become an exact science and under this motto Bioracer seeks to design cycling clothing that fully supports this claim. www.bioracer.com
— CHAPTER 7

BKRK

Under the title Branded by Bokrijk (BKRK), the Open-Air Museum is about to begin a major renovation project. For many years, they have supported the development of skills related to handicrafts, techniques and their applications in the museum. BKRK is their way of demonstrating and supporting the contemporary relevance of all this expertise. Under the name BKRK, Bokrijk is aiming to elaborate a collection of contemporary design products which refer to a handicraft or authentic production process. www.bokrijk.be
— CHAPTER 8

Jan Boelen

Jan Boelen graduated as a Product Designer at the KHLim in Genk. He currently holds the position of artistic director of Z33, house for contemporary art in Hasselt and is Head of the Masters Department Social Design at the Design Academy Eindhoven. In his curatorial work, Jan has collaborated with Raf Simons, Studio Makkink Bey, John Körmeling, Thomas Lommée, Dunne & Raby, Marti Quixé, Aldo Bakker, Konstantin Grcic, Joseph Grima... www.janboelen.be
— CHAPTERS 3, 6, 8

Bram Bollen

Bram Bollen graduated as a Product Designer in Genk and started his career at Tribù, where he designed various collections. In 2006, his own design studio was founded, Studio Plan B, where he concentrates on product design. By being active in different sectors of design through his design agency, he is always trying to develop his creativity. www.studioplanb.be
— CHAPTER 8

Hugo Bollen

Hugo Bollen worked from 1971 to 1990 as a mining engineer, after which he became director of Regionaal Landschap Kempen en Maasland (RLKM) from 1996 until his retirement. He developed the cycle route network (Fietsroutenetwerk).
— CHAPTER 2

Klaus Bondam

Klaus Bondam (°1963) served as Mayor for Technical and Environmental Affairs in Copenhagen, focusing on improving the city's already good bicycle infrastructure. Now, as CEO of the Danish Cyclists Federation, he is deeply committed to developing a European and international bicycle culture. www.cyklistforbundet.dk

— CHAPTER 2

Frederic Boonen

Frederic Boonen is industrial designer and owner of Boonen Design Studio. The company designs consumer products and lightweight mobility. boonendesignstudio.be

— CHAPTER 5

Bosal

Bosal produces exhaust systems. Their customers base includes all major car manufacturers worldwide as well as a variety of leading industrial conglomerates. Based in Lummen. www.bosal.com

— CHAPTER 7

Jesse Brouns

Jesse Brouns started his career in journalism on his 17th birthday at daily newspaper *De Morgen*. Since then, he has written for newspapers and magazines in Belgium and abroad. He was creative director of *Knack Weekend* for a short period and acted as a consultant for the Kortrijk Design Biennale, where he worked with guest of honor Junya Watanabe and architects De Vylder Vinck Tailleu. He lives and works in Paris since 1993. www.jessebrouns.com

— CHAPTER 3

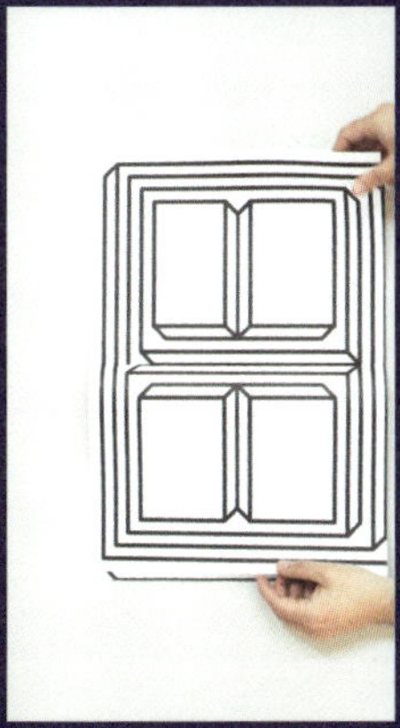

Geoffrey Brusatto

Geoffrey Brusatto (°1979) opened his graphic studio BRUSATTO, located in Hasselt, in 2007. Besides working for a mostly cultural clientele (both national and international), he teaches graphic design at the PXL-MAD School of Arts. His passion for books (design) culminated in a PhD research project about the formal aspect of the book and its place in current (digital) society. www.brusatto.be

— CHAPTER 8

Bram Boo

Bram Boo (°1971) graduated in Industrial Art at the Stedelijke Academie voor Schone Kunsten in Hasselt. As wide the meaning of design is, as wide is his approach, defined by finding the right balance between function, technique, culture, emotion and personal input. By disturbing the usual rules, Bram Boo aspires to create new ideas and emotions with a focus on function and aesthetic values. www.bramboo.be

— CHAPTER 4

Dion Boodts

Dion Boodts studied Toegepaste Grafiek at Sint-Lukas in Brussels and Illustratief Ontwerpen in Hasselt. He is Senior Graphic Designer for the Province of Limburg. In 2010 he won the *Plantin-Moretius price*, an award for Best Book Design in Flanders. In 2016 he is selected for Best Book Design 2015.

— CHAPTER 8

Martin Born

Martin Born (°1977) is a furniture designer based in Helsinki. He designed in Cologne and Pforzheim before graduating from the Design Academy Eindhoven in 2007. Upon coming to Finland, Martin began to explore design in the technical, social and economic context of manual production. Besides his design work, Martin curates art and design presentations and runs a library for design books. mborn.com

— CHAPTER 7

Steven Brouns

Steven Brouns graduated as an Industrial Designer from the KHLim in 1999. In 2000, using the pseudonym JZUZ, he designed, together with Serge Haelterman, modular furniture pieces made from foam that were called Living Element. In 2002 he founded design studio Zoink!. Brouns designs products in, among other materials, foam rubber (lounge furniture, e.g.) for big brand names looking for unique and often high-tech seating furniture. In 2005 he received the *Henry van de Velde Young Talent Award*. www.zoink.be

— CHAPTER 8

Johan Bruninx

Johan Bruninx experiments with materials and techniques, mixing past and future to create the unexpected. Johan Bruninx graduated in 2007 from the Design Academy in Eindhoven and lives & works in Hasselt. johanbruninx.com

— CHAPTER 8

Wim Buts

Wim Buts (°1983) graduated in 2006 as Master in Productdesign at the MAD-faculty in Genk (now LUCA School of Arts). Since 2012 he works for LUCA School of Arts. He is course coordinator of the Product Design program, teaches courses concerning the materials and crafts and was involved within several research projects of Art|Object & Design and Social Spaces.

— CHAPTER 3

C

C-mine

Based on the foundations of a former coalmine, C-mine is more than just an industrial heritage site. It is a creative hub that initiates and operates around four cornerstones: creative economy, creative recreation, artistic creation, and presentation and education. Design as such is visible and present in several forms at C-mine: with a higher education – LUCA School of arts – specialised in various artistic graduation subjects, such as product design and photography. An incubator for young entrepreneurs as well as established organisations and companies that have their home base at C-mine (e.g. Studio Pieter Stockmans). C-mine also houses a design centre, where designers and design collectives are able to show their work.
www.c-mine.be
— CHAPTER 1

Pablo Calderón Salazar

Pablo is an Industrial Designer from the Jorge Tadeo Lozano University of Bogotá, Colombia and Social Designer from Design Academy Eindhoven. He joined Social Spaces as a researcher and started a PhD in the Arts with the Catholic University of Leuven, in the wider context of the project TRADERS (Training Art and Design Researchers for Participation in Public Space). His master graduation project was called De Andere Markt, a platform, materialized in a series of pushcarts and stalls, to trade products and services without money, using dialogue as a currency.
pablocalderonsalazar.com
— CHAPTER 9

Casimir

Casimir studied Industrial Design at SHIVKV, established himself as a furniture designer and won several awards.
www.casimir.be
— CHAPTER 6

Gilberte Claes

Gilberte Claes is an interior architect and furniture designer. At the request of the University of Hasselt, she researched the influence of Scandinavian Modernism on Belgian furniture in the period 1951-1966. Galleriet. atelier is her design bureau since 1990. Projects range from private interior refurbishments, through renovation and conversion projects to museum presentations and exhibition sets. Galleriet is the gallery headed up by Gilberte Claes, opened in 2009 in Genk.
www.gilberteclaes.be
—

Frank Claessen

In 2007 Frank Claesen joined the Studio Pieter Stockmans, together with his wife and Piets daughter Widukind. As a designer he also contributes to the porcelain art from Studio Pieter Stockmans. The designs are sober and discrete. Because a plate should be a stage that focuses all the attention on the creative composition of the dish.
www.pietstockmans.com
— CHAPTER 3

Karolien Coenen

Karolien Coenen (°1989) lives and works in Jeuk. She studied Interior Architecture (PHL Diepenbeek) and photography (MAD-faculty, Genk). In 2015, she won the Wanatoeprijs from the town of Hasselt, for her thesis *Offside*, a series about the lowest ranked provincial football clubs, which have to manage with very few resources. She is presently working as a freelance press photographer for *Het Laatste Nieuws* newspaper. She is particularly passionate about documentary and reporting photography, with a special interest in working class topics, in which the social aspect plays an important role. She prefers to work with real people. Nothing is staged. Sometimes her work evokes a nostalgia for better times, while also paying tribute to the way in which many people strive daily to achieve their goals.
www.karoliencoenen.be
— CHAPTER 9

Creneau

Creneau International is a global agency that connects brands, spaces and consumers through design concepts. Since 1989, Creneau has established a strong reputation as visionary and trendsetting designers. With an added value to provide full service: from all-round consultancy to concept development, from logo and packaging design to interior design, from implementation to franchise follow-up.
www.creneau.com
— CHAPTERS 3, 8

Peter Creten

Peter Creten (°1971, Tongeren) obtained a Master's degree in Audiovisual Arts (animated film) from KASK Gent in 1994 and has worked on diverse animation projects for different clients, such as BRT, Raoul Servais, Stefaan Vermeulen, Stardust Entertainment (Berlin), Oeil Pour Oeil (Lille) and Beyonderground.
—

Cultuurplatform Design

Cultuurplatform Design supports and promotes promising designers and design in Limburg. In collaboration with various partners they provide inspirational mindsets about design and create dynamic design conditions in Limburg and Flanders. First and foremost, Cultuurplatform Design is there for designers. With a group of promising designers they set out on an intensive and mentored trajectory called 'Toegepast' to further develop their vision and create new work. Together with the partners, they fine-tune, pooling knowledge and expertise, and initiate coordinated actions in the long term like lecture series, workshops, tools, personal advice, presentations on fairs,... The book in your hands is one of their best products!
design.cultuurplatform.be
— CHAPTER 1

WHEN DESIGN TURNS INVISIBLE

WORDS BY NELE REYMEN
IMAGES BY ISABELLE DIERCKX

“

Good design means as little design as possible.

It's a statement which brings together Dieter Rams' life and work. This German industrial designer is regarded as a figurehead of post-war Functionalism, and continues to inspire designers to this day. Designing is also about the effort put into making products in such a way that they are useful to people. That's why it's more rational than irrational, more optimistic and future-oriented than conciliatory, cynical and indifferent. "A good design is inconspicuous" was one of Dieter Rams' ten design principles. "Products which achieve a goal are like tools. Their design should therefore be both neutral and subdued, to leave room for the user's self-expression." Here are a few examples of apparently banal designs which set a new world standard.

design: Curve-O, *advanced cutting comb*

A cutting comb with a curve of 24 degrees, an angle of inclination in which the teeth have also been adjusted. The specific shape of the comb allows it to follow the natural curve of the head, and limits the strain on wrist, shoulders and elbows.

designer: Ludovic Beckers

- He combines working in his own hairdressing salon 'House of Artistry' in Maaseik with his work as a creative artist for Redken International, Sanke Academy Belgium and Curve-O, and has an international career as a hairdresser educator.
- His interactive shows attract many visitors, and he has stacked up more than 100 national and international awards.

"If you look at the history of the comb, you can only decide that it has always been straight. It's crazy that the design of something like this is only now changing."

So says Ludovic Beckers, hairdresser and designer of the Curve-O, a cutting comb which is turning the hairdressing profession upside down, both literally and figuratively.

A collection of hairstyles which was intended to serve as a passe-partout for everyone in the world: that was the starting point for the Curve-O. It had to suit every type of person, head and face, and that demanded an approach that was both new and accurate.

"While designing the hairstyles, I quickly came up against the fact that in order to work so all-round, and follow natural curves, I would have to work with convex and concave lines. However, all the material at hand deviated from that idea." A comb as ordinary people know it does not, and did not, fall into that category. So a lit cigarette lighter was held under a comb to bend it, and a prototype was born. "I started off by bending the comb around completely, but that wasn't logical either. You still need straight sides." A curve would offer the ideal solution.

The comb was used, from one course to the next, for ten years. The reactions turned out to be mainly positive, and L'Oréal came knocking at the door to recruit Ludovic to their side, even taking on the further development of the comb. Ludovic's practical experience and the technical knowledge of a product designer were combined, and a humble comb became a *cutting tool* with its ergonomic benefits as an essential advantage.

The focus is on the comb as part of an educational programme to train hairdressers and, to keep it exclusive to a certain extent, as a kind of *lifestyle*. And even though the comb can be found in a few bathroom drawers, the focus is going well. As a subsidiary of L'Oréal, Redken quickly officially adopted the comb as an educational tool, immediately guaranteeing its world-wide distribution. The comb is now used by 240,000 hairdressers throughout Europe and parts of America.

The Curve-O has long been able to keep going on its original design, and there are brushes and scissors available which conform to the same design principle. However, it's now time for innovation. "As far as I'm concerned, there's always room for improvement. There is now a wider range of products, but in practice it turns out that the comb is still our most important product. That's why we now make variations, based on experience in practice, and further aimed at our target group. This might be a smaller size or a more lightweight model. We consciously restrict our range, but what we do offer must be constantly optimised." Reduce to the max: that should sum it up. That and the comparison with a Porsche 911: "The design never changes much, but the product keeps getting better."

01

design: Fietsroutenetwerk

A network of various intersecting cycle routes. Each intersection is a junction between two cycle paths. In Limburg, the signs that show the way are blue; in other parts of the country they are green.

designer: Hugo Bollen

- Worked from 1971 to 1990 as a mining engineer, after which he became director of Regionaal Landschap Kempen en Maasland (RLKM) from 1996 until his retirement.

The cycle route network was based on an analogy with the signposting in the underground tunnels of the Limburg mines, or so the story goes. No, it wasn't; that statement is the biggest misunderstanding there is about the cycle route network. The Limburg mines had nothing to do with it. Neither did the London Underground. Hugo Bollen, who devised the cycle route network, explains.

"The reference to the mines was made up by a journalist, trying to spice up the story. I wanted to create a network, from crossing to crossing. From intersection to intersection. Using the names of villages would have turned it into soup, and there were too few letters in the alphabet, so I used numbers: logical deduction."

For Bollen, who describes himself as more of a fanatical hiker than cyclist, the essence has more to do with caring for nature and countryside; charting out routes to bring people in contact with nature, or at least trying to. Bollen had often planned cycle trips for him and his wife, but she found it irritating having to stop at each crossing to look at the map. On the traditional cycle routes at that time which still exist, it was easy to follow arrows, but other than that, Bollen felt that the options at the cyclist's disposal were limited. So he sat down with a pile of Ordnance Survey maps.

"I always work with Ordnance Survey maps. With a good map, you can estimate the surroundings. If I had had to do it by bike, I would have missed a lot of places, because you're only seeing where you're cycling at that moment." Once the intersections had been determined, the bike did have to be used, to explore the routes and see where the cycle paths could be made; they fell under the auspices of the RLKM. Later, Toerisme Limburg jumped on the bandwagon too.

"At first, Toerisme Limburg didn't believe in the idea of the cycle route network. They said that Limburgers wouldn't cycle according to numbers. Since then, they've been proved wrong." In fact, their expectation couldn't have been more off-base. The first signs were erected in 1995, and from that date, the network expanded until there were around 12,000 km of signposted paths. Investments were made in the surrounding countryside, and in cycling comfort, leading to masses of cyclists, and consequently generating positive economic and ecological effects. The concept later expanded into most of Flanders and adjoining regions in the Netherlands and Germany, even as far away as Croatia.

Bollen set up a route network for hikers around the same time, but the bike network remains the biggest success. Thanks to intersections, Limburg became a cycling paradise, and the only fly in the ointment could be a tyre puncture.

design: The Sonja cup

A coffee cup which, at that time, was thinner than any other model, and moreover easily stackable, thanks to a small indentation on the bottom: the Dutch Sonja cup holds 160 cc, which is less than standard cups anywhere else in the world.

designer: Piet Stockmans

- Artist and ceramicist.
- Industrial designer at Royal Mosa B.V. porcelain factory in Maastricht from 1966 to 1989.
- Teaming up with Studio Pieter Stockmans, established in the former metal warehouse of the Winterslag coal mine, he has been focusing on small, unique collections since 1987.

A thin cup with an indentation at the bottom, to make it stackable. That was the Astrid cup, designed by Stockmans in 1966 for a commission by Mosa, and the basis for the later Sonja cup, which took the world of cups (yes, that exists) by storm.

"Mosa had been making beautiful, straight cups for a long time. Racking my brains to think of a way to add something new to that, as a designer, I came to the conclusion that Dutch people have small houses, with limited space. Which is why I came up with a thin, straight, stackable cup, in 1967."

And that was just not done. Thin cups were regarded as being chic, while stackable cups belonged in hotels and the hospitality industry. Two years later, pottery factory Sphinx stopped production of crockery, leaving Mosa to take over a part of the market, and focus on hotels and the hospitality industry. And then came Sonja, the new and slightly thicker version of Astrid.

"The designing itself didn't take much time, it's setting up the production which goes so slowly, taking up to six months: making moulds, doing tests, developing the product. These were things I supervised, but they were not my responsibility."

Still, Sonja was a more elegant model than the stocky cups in the hotels market. It was immediately a great success in that sector, and its success continued to grow. In total, 50 million were produced.

"The coffee cups in the Netherlands, with their 160 cc, were a smaller size than those in the rest of the world. Once buyers switched to Sonja, the competing manufacturers could no longer combine with those cups, for the simple reason that they had different dimensions and stacking possibilities. They had to be compatible with Sonja, or they would lose clients." So at a certain point, no fewer than seventeen copies were counted going around, which only increased Sonja's success. In addition, Mosa could not forbid these copies, since many manufacturers also bought their other products, and a reprimand might have led to drops in sales.

Stockmans left Mosa in 1989, but received a phone call in 1994, just before Sonja's twenty-fifth anniversary, asking him to design one last set of crockery, linked to Sonja: Sofie, or as Stockmans calls it, Sonja's little sister. Sofie was given a ribbon at the rim, and a handle shaped like a ribbon. This time, however, it was not a great success, partly because Mosa was doing badly at that moment, and ended in bankruptcy in 2004. Until that point, the crockery production had stayed in the Netherlands, but it was then transferred to Turkey, and branded as Maastricht Porcelain.

The Sonja cup has become an icon, a kind of standard, with an almost complete pedigree. It never expanded to become much more than a variation on Sonja plates and the Sonja cup, since that was all the hospitality industry needed. Stockmans never received royalties for his definitive design, which he himself feels is logical, since he was employed by Mosa at the time.

As far as the name is concerned, don't go reading too much into it. The child had to be named, and a girl's name was chosen; as simple as that. You might just as easily have been drinking your coffee from the Henk cup. But you're not!

design: Neo Cookware saucepans

Launched by Limburgs Berghoff, this saucepan has a patented draining system, allowing water to be drained without removing the lid.

designer: Frederik Aerts

- Master's degree in Product Design
- Since 1994, he has worked successively for companies including Multiline, Vasco and Berghoff, culminating in establishing his own Frederik Aerts product design company in 2015.

Frederik Aerts was employed as a designer at Berghoff, and was allowed to assess all the products, ultimately renewing a number of them. "I decided to start from the basis", he explains, "and that basis is the saucepan, because the design of the saucepan often determines the complete product line." And even more than that, as it transpired.

Aerts believes that designs do not, by definition, need to be adapted functionally, but they can be innovative. Preferably so, even. So the most logical question during the research was whether or not there was a problem with those saucepans, and if so, whether it could be solved.

"Draining off liquids, it soon became clear, was the biggest problem. Either the handles were too hot to hold, or a separate colander was needed. There was always some problem."

So now the problem was clear, it was time to find a solution, and one which didn't look contrived. "I wanted to integrate the functionality into the design, that was my starting point. The saucepan had to be as beautiful as it could be, with handles set into the lid, and an opening to make it possible to drain off water with no extra aids, and without danger to life and limb."

Didn't all these functions already exist then? There were indeed some variations on that, but without the uniqueness of the close interlinking of function and design. That is also the reason why this design has a patent for the shape, instead of a technical patent. And even then, the most important patent is in the long list of prizes and awards that Aerts received for his saucepan. It's obvious where the design comes from, and who designed it.

There is great innovation in material, but as a designer Aerts does not invent new materials. There is a version of the saucepan in stainless steel, and one with plastic handles and a glass lid. He is constantly trying out new materials, applied in new ways; this is his way of innovating. And innovation seems to be the equivalent of copying, since there are already a number of them around.

"I knew while I was designing that it was going to be big; you can just feel it. It was exactly right. It happens all too often that you go too far with the shape and get penalised as a designer because the item no longer fulfils its function or works as well as it should." And that goes for saucepans, a set of knives or even radiators, with which Aerts made his mark while working at Vasco. "I made the switch from radiators to kitchen utensils, and the biggest difference is in the designs. At its best, a radiator is almost a painting; it hangs on the wall, but is not handled on a daily basis by the user. With utensils, everything comes together; they're not just for looking at. And I believe that this is the nuance that distinguishes the designer from the artist."

Nele Reymen writes: to do lists, magazines and books.

Isabelle Dierckx lives and works in Zonhoven. Photography is the trusted medium with which she shows her vision and view of the world. She is particularly interested in photographing objects and still life. She came in contact with other disciplines during her training, resulting in her great interest in graphic and object design. As a photographer, she sets much store by the process involved in a photographic image or design object. She also finds it important to make a cross-over between various media in her projects.

ROOTS

YEARN ENDLESS GROWTH
SWEETEN FAILS EMBRACED
DAWN FOR THAT IS CHALLENGED

03

Creativity is deeply rooted in the region's soil. Talent doesn't only germinate in the greenhouse of academia or in the warm embrace of a mentor or company. When given free rein, it clears a path of its own, persevering with conviction and ambition.

NEW CONDITION OF EARTH

JAN BOELEN

An image of Earth from space, the first colour photograph of the entire globe, taken from a satellite by NASA in 1967, has recently caught my attention in several publications, and with different meanings and connotations. As one of the best-recognised images in the world, this particular image and its successors are far from neutral. It is an image of a designed object and a representation of very different ideologies and beliefs.

The image was used on the cover of the Whole Earth Catalogue by Stewart Brand in 1968, and was quickly appropriated by environmental and peace movements with significantly differing objectives. At the same time, technocrats and scientists saw Earth as a self-regulating machine or a closed world, a Spaceship Earth run by humans. The Spaceship Earth was one of Buckminster Fuller's primary concerns, and formed the basis of his vision: to develop strategies to enable humankind to live without negatively impacting the planet.

Closely related to the concerns and visions of Stewart Brand, Buckminster Fuller, Victor Papanek and their contemporaries in the 1960s and 1970s, Christophe Bonneuil and Jean-Baptiste Fressoz' 2016 book *The Shock of the Anthropocene: The Earth, History and Us* paints a depressing picture of the current state of the Earth.

The Anthropocene Era, the age of man, has grown from an informal buzzword to the point at which a group of experts are recommending it to be officially declared as a geological epoch in the history of Earth. The new era defined by the human imprint on the global environment and Earth's system has been ascertained to have begun around 1950. Formally defined, it would end the Holocene, an 11,500-year climatically stable period during which the human civilization developed. The epoch of humanity is characterised by global warming, rising sea level, global mass extinction of species, radionuclides on the ground, plastic pollution and transformation of land by deforestation. It is estimated that 20% of the current species will disappear by mid-2030.

The discourse in the late 1960s and the decades after was about an environmental crisis. Today, it is justified to talk about a new condition of Earth. No crisis, no transition, but a new condition of life. Today, we look at Earth more humbly. Now we understand that Earth is finite.

How can a designer be aware of how the world is represented and how it shapes, mediates and affects our thoughts, behaviour and worldviews? How can designers take action to intervene or reshift and reconfigure the construction of the world? These questions need to be addressed as an agent in the world.

Design theorist John Thackara speaks of 'healthy growth' as a way to thrive in the next economy – healthy food, healthy social relationships, healthy housing. Healthy growth is neither growth nor its opposite, but a third solution in which small-scale, healthy actions transform social and ecological systems through small initiatives and actions involving local money, platforms for sharing, and the commons.

Another hopeful solution is the concept of 'scenius', a communal genius that opposes the more commonly known concept of a lone genius. 'Scenius' arises from intuition and intelligence supported by a particular 'scene' that enables mutual appreciation of individuals, exchange of thoughts, tools and techniques. It thrives in an environment that tolerates and cherishes novelties and shares the same language, and in which other people's success is empowering rather than overpowering.

As with the visionary minds in the 1960s and 1970s, with the close relationships between Stewart Brand, Buckminster Fuller, Victor Papanek and their peers, the idea of 'scenius' is crucially related to design education and schools, where creative talents exchange skills and knowledge.

But, however significant the perspectives above are, they are all white, male and Western. Designers, with design education at the forefront, must find a way to be inclusive: of other people, other experiences and other approaches. We must reach beyond the existing frames of reference, beyond the normative, and embrace the crazy, the unexpected and the unusual.

We have to learn to unlearn, and unlearning is looking in the mirror and seeing the world.

Bibliography

- Bonneuil, Christophe and Fressoz, Jean-Baptiste 2016. *The Shock of the Anthropocene: The Earth, History and Us.* Verso Books.
- Glaeser, Edward 2011. *Triumph of the City: How Our Greatest Invention Makes Us Richer, Smarter, Greener, Healthier, and Happier.* Penguin Books.
- Thackara, John 2015. *How to Thrive in the Next Economy.* Thames & Hudson.

Jan Boelen is the artistic director of both Z33 – House of contemporary art in Hasselt, Belgium, and of Atelier LUMA Arles in Arles, France, and also head of the Master's programme on Social Design at Design Academy Eindhoven (NL). He is chairman of the Committee of Arts of the Flemish community. In his work as a curator, Jan Boelen has collaborated with Raf Simons, Studio Makkink & Bey, John Körmeling, Thomas Lommée, Martí Guixé, Aldo Bakker, Dunne & Raby, Konstantin Grcic, Joseph Grima, etc. At the initiative of Z33 and the province of Limburg, Manifesta 9 took place in Belgium in 2012. In 2014, he curated the Design Biennial of Ljubljana and BIO50 in Slovenia and he has led a series of international debates on the future of design.

previous spread:

Raf Simons graduated as a Product Designer in 1991 with a project entitled *Corpo*: seven different little accessories cabinets with a skeleton of four vertical metal pipes subsequently 'dressed' with a tap and die. Simons showcased the relationship between the human body and the embodiment of the product. The inner: the skeleton, the structure, the construction, as opposed to the outer: the embodiment, the dressing and the ornament, always with different materials from leather (cf. skin), fabrics (cf. clothing), metal mesh and even chain mail (cf. protection) ... *Corpo* is a stylised intersection where Product Designer Raf Simons turns on to the road to fashion.

CORPO

RAF SIMONS

PHOTOGRAPHER KRISTOF VRANCKEN
ART DIRECTOR PABLO HANNON
ASSISTANT PHOTOGRAPHY JONAS VRANCKEN

A TO Z

D

Marleen Daniels

Marleen Daniëls is a Belgian reportage photographer who covers human interest stories about war, poverty, refugee crises, child labour and has supplied work to the Gamma agency. Her work has been published in *Paris Match*, *Newsweek*, *Time*, *El Pais*, *Max*, *National Geographic*, *New York Times*, *De Standaard Magazine* and others. Marleen has done commissioned work for Coca Cola, KPN, Dow, Raggs&Dept and Philips, *Elle*, *Elegance*, *Glamour*, *DSM*, *Red*, *Vrij Nederland* and *La Vie En Rose*.
www.marleendaniels.com
— CHAPTERS 6, 8

Christophe De Schauvre

Christophe De Schauvre works as a freelance designjournalist and is co-founder of the creative office Comosie.
www.comosie.be
— CHAPTERS 1, 6

Hanne de Wyngaert

After graduating in Fashion Design at the Royal Academy Of Fine Arts in Antwerp, Hanne de Wyngaert was the co-founder and co-designer of Ti+Hann. She founded Que Onda Vos as a collaboration with the Guatemalan World Fair Trade organisation Y'abal Handicrafts, and stands for hand-woven products, such as carpets, scarves and bags. Que Onda Vos combines Mayan tradition with Western culture, which we like to call slow fashion.
www.queondavos.eu
— CHAPTERS 5, 9

Fredrik Delbart

Frederik Delbart Design Studio is an independent creative office located in Brussels and Hasselt, active in product design, strategic design management and consultancy. He designed for companies as Per/Use, Quincalux and Van den Weghe Items.
www.frederikdelbart.be
— CHAPTER 8

Design Is Wolf

Design Is Wolf embodies the Globelge style: a mix of pure simple design linked with high end luxurious finishing. Their business model is simple and innovative: (inter)national designers guarantee Globelge design, production is solely done in Europe – with a big part in Belgium, and the finished design products are exclusively sold via their own channels.
www.designiswolf.com
—

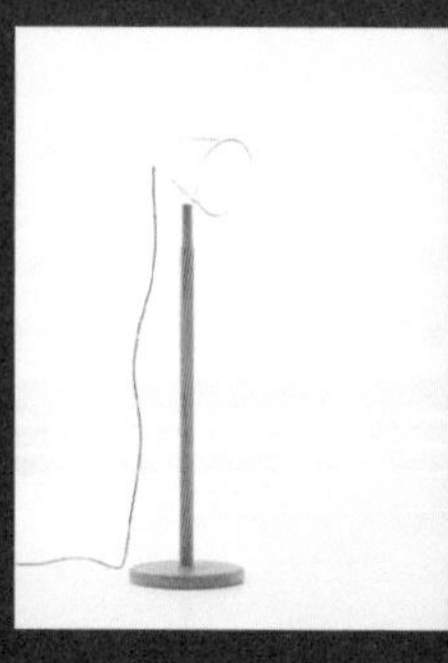

Isabelle Dierckx

Isabelle Dierckx (°1992) lives and works in Zonhoven. Photography is the trusted medium with which she shows her vision and view of the world. She is particularly interested in photographing objects and still life. She came in contact with other disciplines during her training, resulting in her great interest in graphic and object design. As a photographer, she sets much store by the process involved in a photographic image or design object. She also finds it important to make a cross-over between various media in her projects.
www.isabelledierckx.be
— CHAPTER 2

Peter Donders

Peter Donders sure has been making waves in recent years. Images of the C-Bench and C-Stone went viral within hours after they first hit the web. Right from the start the fascination was global. He launched his own jewelry line under the morphsine brand name and works as a freelance teacher exploring and explaining the very latest in 3D Design and Direct Digital Manufacturing techniques. From the initial design concept right down to the finished product, that is, of course, since Peter had obviously mastered most of it.
www.peterdonders.com
— CHAPTERS 5, 7

Hugo Duchateau

Hugo Duchateau explores the cornerstones of painting: color, shape, matter and the effects. Hugo goes one step further, to the hyperrealism. He concentrates on the tools, the matter, the tension between progress and creation. In his paintings lines and surfaces are a game of controlled chaos in which the artist can experiment with color, shape and substance. www.hugoduchateau.net

— CHAPTER 5

DW Plastics

DW Plastics produces several sorts of plastic packaging. Based in Bilzen. www.dssmith.com

— CHAPTER 7

E

Will Erens

Will Erens worked with Creneau International all over the world: New York, Barcelona, Londen and Hasselt. Meanwhile he exchanged Hasselt for Antwerp, where he had his own company Puresang. More recent he founded Too Many Agencies, an international design agency with a network of creatives. www.toomanyagencies.com

— CHAPTER 6

Eurofilters

Eurofilters produces vacuum cleaning bags. Based in Overpelt.

— CHAPTER 7

F. Egidio

In 1992 fashion designers Egidio Fauzia and Joke Houbrechts launched the brand Kyuso. When that label was discontinued they each went their separate ways. Since 2012 Egidio has started his own label: **F. Egidio**. He uses a unique way of selling it: customers can only view the collection on appointment or in pop-up stores. www.f-egidio.com

—

F

Em Fexeus

Em is a professional blogger, freelance writer and interior stylist. www.emmas.blogg.se

— CHAPTER 8

Flanders Fashion Makers

Flanders Fashion Makers is a third generation manufacturer of high-end clothing based in Alken. Their team of fifteen specialists translate the concept and the structure of ideas of fashion labels and fashion designers into a production project. The direct and open collaboration between customers at one side and patternmakers and seamstresses on the other side is the source of a co-creation of a big amount of new styles every season. flandersfashionmakers.be

—

Alexandra Fraraccio

Alexandra Fraraccio obtained her Master's in Product Design from Genk's Media & Design Academy in 1998 and started working for Toyota in 1999. She is a product designer with Toyota in Nice, where she strives to bring together Japanese and European thinking on cars.

—

Jean Paul Froyen

Jean Paul Froyen graduated as a Graphic Designer in 1969 from the former Sint-Lucas School in Hasselt. Jean Paul worked as a graphic designer for Concentra, publishers of *Het Belang van Limburg* newspaper, for about 25 years. In his free time he prefers to go artistic: ceramics, free graphics and sculpturing.

—

Alastair Fuad-Luke

Alastair Fuad-Luke works as a design facilitator, educator, writer and activist. His books include *Agents of Alternatives* (co-edited), *Design Activism*, and *The Eco-Design Handbook* and *The EcoTravel Handbook*. Presently he is Professor of Design Research at the Faculty of Design and Art, at the Free University of Bozen-Bolzano in Italy. Previously he was Professor of Emerging Design Practices at the School of Arts, Design and Architecture, Aalto University, Finland, exploring approaches based upon co-design, openness and sharing, and at the Department of Communication and Art, University of Aveiro, Portugal. www.fuad-luke.com

— CHAPTER 9

G

Denise Gielen

In 2007, while also pursuing a career as an architect/designer, **Denise Gielen** took her first steps into the world of jewellery design. Her predominantly formal style, often starting from an experimental and exploratory design mindset, leads to surprising jewels, objects, and utensils. Denise also runs the Oja concept store in Genk in the shadow of C-mine. www.denisegielen.be

—

GlazenHuis

The Flemish Centre for Contemporary Glass Art is known for its extensive collection of glass art from all over the world. www.hetglazenhuis.be

—

Daniel Golling

Daniel Golling is a Stockholm based architecture and design journalist. Frequently contributing to *Mark* and *Frame* as well as various Swedish and international titles. He is also a curator and a writer of books about architecture and design. In 2013 Golling co-founded Summit, a podcast and a publishing house for architecture and design. www.summitunlimited.se

— CHAPTER 6

Davy Grosemans

Davy Grosemans graduated as a Product Designer from the MAD-faculty Genk in 1999. In 2001 he set up his design studio das ding, based in Brussels. The main objective for das ding is to develop key objects and experiments into fully functional and commercial industrial products, in cooperation with manufacturers. This has already led to award-winning products. Often, his designs are inspired by archetypes. By transforming the characteristics of these archetypes, he tries to give his designs an almost iconic quality that make them instantly recognizable and a bit alienating at the same time. www.dasding.be

— CHAPTERS 5, 8

Serge Haelterman

Serge Haelterman graduated as an Industrial Designer in 1999. In 2000 he started the furniture brand JZUZ together with Steven Brouns. In 2002 the graphic firm WERKMANNEN was formed together with Stijn Segers. In 2004 Serge started working as freelance art director for design agency Creneau International. Whenever there is time left, he likes to make stuff he feels he needs to make. www.sergehaelterman.be

— CHAPTER 5

Kaspar Hamacher

With nature as his basis Kaspar Hamacher (°1981, Eupen) feels more craftsman than designer, he says so himself. The things he can do with wood appeal to the imagination. Whether it is a tree stump or a piece of leather, the most important thing is the authenticity in every link of his design process. www.kasparhamacher.be

— CHAPTER 4

Ado Hamelryck

Ado Hamelryck studied at the Royal Academy of Fine Arts in Brussels and the Higher Institute of Fine Arts in Antwerp. He is an honorary professor of Audiovisual and Visual Arts at the Limburg Catholic University College (Genk). In 1975 Aldo started an extremely patient type of writing consisting of filling immense sheets of paper, books, or wooden supports. Writing has been reduced to a repetitive movement, to writing away: "the senseless". In Ado Hamelryck's work, black is all over.

—

Pablo Hannon

Pablo Hannon has education roots in Architecture at SHIVKV and PHAI, Graphic Design studies at SHIVKV, and junior to Art Director design functions at Creneau. All this and more formed Pablo to become the open-minded, multidisciplinary and concept-driven designer he is today. A creative and collaborative reactivist, he is at his best in his own studio Hectica, at PXL-MAD School of Arts, and in every project he initiates. He is co-founder of creative festivals like Beyonderground, WHO:HOW and Kubus Kwadraat. *The Things I Like a Lot* blog is his haven for creative collabs. Pablo Hannon created the concept and design for the book in your hands. Pablo received *Henry van de Velde Labels* for two book designs. www.hectica.com

— CHAPTERS 1-10, URTH, BOOK

Jan H. Verbanck

Jan H. Verbanck is a text editor and senior writer, operating in Flanders Fields and beyond. He is a news addict, a devoted dog companion and a searcher of beauty, tempted by flaws.

— CHAPTER 7

Ben Hagenaars

Ben Hagenaars graduated as a Master in Product Design at the MAD-faculty in Genk. Additionally he gained a post-graduate degree in Packaging Design at Sint-Lucas Gent. He is active in the development of Resource Lab, a project on redesigning existing objects and materials using open-source tools. He is currently working as a designer/researcher on his PhD project *Cultivating Communities*. The aim of the project is to engage and enable local communities to participate in designing sustainable scenarios.

— CHAPTER 5

'DON'T TALK,

WILL ERENS, CREATIVE STORYTELLER (CRENEAU) PUR SANG

VEERLE WINDELS

JUST DO'

Creneau, Levi's RED presspack

Creneau, Levi's Europe, Pierre Koenig inspired exhibition stand

Will Erens wanted to be a tennis pro. But a knee injury made him change his career plans. The daredevil from Maasmechelen went on to become a visionary in the field of interior design and other design concepts. "You can't learn to be a designer in school, only life will teach you that."

Will Erens grew up in a James Bond interior. Pool on the roof. Verner Panton chairs and a Le Corbusier lounge chair in the living room. His father was an architect and a lover of anything visionary. He passed away when his children were teenagers, but had told them already that architecture was a no-go zone for them, because "you will always have to build someone else's dreams."

Will: "I was never ever going to follow in my father's footsteps. Tennis was my thing, but that dream vanished the day I injured my knee. Lying in hospital, I started drawing. Then I went to art school in Limburg, but I only stayed a year. I was doing everyone's homework except my own. I was into airbrush, I wanted to build sets. My internship at a local window-dresser's changed my view on things: he introduced me to the golden section. It was pure epiphany. I suddenly saw the light." He smiles.

Will started as a set builder and stylist, doing odd jobs like fashion shows (with some of the famous Antwerp Six) in shop interiors. One of his first ventures was turning a wash salon into a grocery store annex hamburger joint. He went on to make other dreams come true: whether it was for a fashion brand or for a café owner. "I think I learned a lot from my father, who tried out things in his own house, before doing it elsewhere. We had suspended stairs and olive green doors back in the 1970s. I believe you cannot learn to be a designer at school. Life and the people you meet will do that for you. And no, I am not talking about building a huge network; I always say that you have to surround yourself with nice people you would love to work with."

Will built a huge business working for people in the four corners of the world. Projects from his design studio Creneau (and later Puresang) made it into *Wallpaper** and other trending magazines, and even white-collar business schools like Vlerick invited Erens to give lectures and workshops. Erens lived life in the fast lane for more than twenty years, but the ups were often followed by downs, because money was never on Will's mind. "If you ask me about my favourite projects, I can mention the 17-million-euro hotel project we are working on right now (with his new business Too Many Agencies). But I'd rather tell you about that first café annex nightclub I built in Maastricht. Jabbedabbedoe was a 5000 Belgian francs project (125 euros). Today we would call it a hipster bar. It was vintage all the way. And storytelling. That's the current buzz word, but to be honest: I've been telling stories all my life."

Creneau, Lee Jeans presspack

Too Many Agencies, Suicide Club, Rotterdam

Even though Will Erens is a self-taught man, he is not anti-school. School can be okay, if the drive and the passion are present. "As a designer, I have always thought in concepts. You don't build an interior, you build a world, from postcards or menu to bricks-and-mortar. I do think that the schooling for creative jobs should change. I don't believe in entrance examinations at all, because few people know themselves at a young age and most do need time to develop their talent. It took me a while too before I acknowledged my creative path. I also think that splitting up disciplines isn't necessary. Why not present students with a broad creative program adding several specializations on Saturday. Then you put the question out there: is it worth this extra day? Do you really want to do this?"

Will often works with trainees, the last few years they mostly come from Holland. "I like the school system in Holland; they can be an intern for half a year and even more, if they want. And I get the feeling they really want to develop new stuff in Holland. Look at the rise of Amsterdam. What a great inspiring place. My philosophy is quite simple: just go for it. Try it. Live and dare. Lots of youngsters today immediately wonder how much money will be involved in a project. I have always thought about the project first; the money issue came later. I have always invested in my job. I thought: maybe there's no money yet. But maybe within a few months, there will be money, and then I will be able to do a second project."

Being a designer has never been a nine-to-five job for Erens. "It's like being part of the premier league in football. You always have to be on top of things. I never stop thinking about projects. My mind never stops. That's why I always want to do projects, rather than keep discussing them. I walked by the Central Station area in Antwerp a few days ago. My god, so many empty spaces. A ten-minute brainstorm with my team and I know the answer to that problem. Sometimes I get the impression that nothing ever happens in cities like Antwerp. People keep talking about projects, but they hardly do the work."

He has never considered himself a teacher, although he did give workshops and would love to be a Maecenas to youngsters. "One intern left here once, saying I taught him to think differently. I was absolutely stunned by those words. I would really love to help young people to build their own dreams. I would especially try and tell them what not to do, because the real world is not what professors tell them in school. That shouldn't be a negative thing: I can live with the fact that my ideas need readjustment, that people want some things done differently. As long as all of us are happy with the result, there's no problem now, is there?"

Too Many Agencies, Silo's, Boortmeerbeek

Puresang, La Bottega, Hasselt

Too Many Agencies, De Bonten Oss, Lommel

Needless to say, Will has ideas for the ideal design school. He has been discussing a particular project for quite some time now. "Think of this academy, which isn't really a school anymore but a real business. Even kids who cannot pay the tuition fees are welcome. Every student would get a share of the business and once the three-year course is over, the student would get a certain amount of money to start his or her own business. The teachers would not get paid. It's a way of giving back to society. And to be honest: I think we need more rough diamonds. So many people walk around with a talent that is undiscovered. Even to themselves. I would try to get a mix of nationalities and cultures in the academy, because I think there's lots of talent around, but we hardly see designers from our multicultural society. I understand why: they hardly believe that being a creative person can bring in money. Eventually, that is." He smiles again.

Interviews, reports, books: Veerle Windels (°1965) has been an enthusiastic journalist for more than twenty years. She always goes for the story behind the scenes. For the person behind the product. She launched her first book in 2001 (*Young Belgian Fashion*, Ludiion), compiled some of her best interviews with fashion designers in *Werken met Woorden* (2009, Ludion) and wrote a monography on fashion designer Tim van Steenbergen (Ludion, 2010). As a freelance journalist she mainly writes for the Belgian quality daily *De Standaard*, but also for international publications such as *Financieel Dagblad* (NL) and *StyleZeitgeist* (USA). She also teaches 'Fashion. NOW' at the fashion department of the KASK in Ghent.

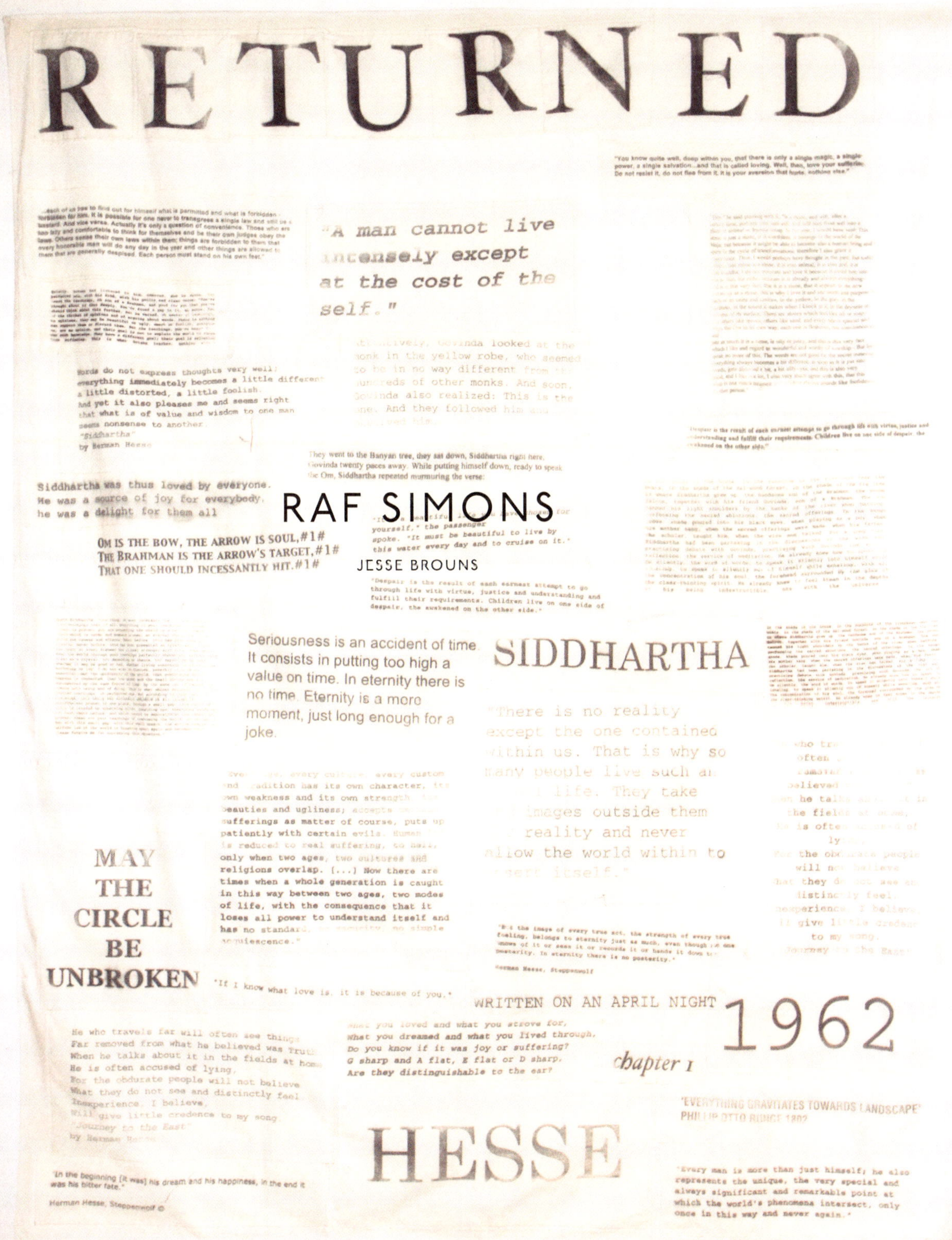

RAF SIMONS

JESSE BROUNS

THE JUMPER

Raf Simons was born in Neerpelt in 1968. His father worked on the military base at Kleine Brogel as a night porter, and his mother occasionally cleaned houses. In interviews, Simons has often stressed the cultural paucity of the Limburg of his youth, a provincial backwater void of contemporary art museums, arthouse cinemas or inspirational boutiques, far removed from the fashionable bustle of Antwerp and Brussels, not to mention Paris or London. He studied Industrial Design in Genk, thinking that it would be interesting to design products with a purpose.
He graduated in 1991 with 'Accessoiremeubels', a series of seven small cupboards that, in the designer's words, "reflect on the relation between the human body and the embodiment of the product". In some ways, the work can be considered as his first fashion project – up to the Raf Simons logo, which hasn't changed much since.

"I collect everything that I think could be interesting to develop a new product", said Simons in the booklet published on the occasion of the school's graduation exhibit. "Ideas, materials, techniques, forms, theories, texts, products, images, videos, films, visions, information, philosophies. I throw together these disparate elements and look for possible combinations to end up with a new product. I start from chaos and end up with order, thanks to the design process. Research and design go together."

Determined to make it as a furniture designer, Simons travelled to Milan, home of some of the world's most important design companies, selling his pieces through a gallery, although his work was never picked up by industry leaders like, say, a Cappellini or a Cassina.

His conversion to fashion happened while he was still a student. An intern at Walter Van Beirendonck, the designer, took Simons to a Martin Margiela show in Paris. The all-white Spring Summer 1990 show took place at a children's playground. Simons felt an immediate connection, a heartfelt emotion – he had found his calling. "I walked out of that show", he said, "and I thought, that's what I'm going to do. Prior to that, I was very much interested in fashion, but I didn't see it as something I could turn into a career." He soon began designing garments himself, and considered joining the Royal Academy of Fine Arts in Antwerp, but Linda Loppa, then head of the fashion department, convinced him to start his own line instead. (Loppa also acquired Simons' graduate work and put it on display in her shop.)

previous page:
Raf Simons, OMD SS 2004 Quilt
image by Kristof Vrancken

this page:
Raf Simons, Sterling Ruby collection
image by Jesse Brouns

"I couldn't find stuff I liked in clothing shops", Simons told me when I first interviewed him in his office in 1998. "I bought clothes at flea markets from time to time, and that was it. The lack of good clothes was the main reason I decided to start designing them myself. And I knew exactly what I wanted to do."

He started off designing a collection with two female friends. When they eventually dropped out, he decided to focus on menswear, fitting the clothes on himself.
Once again, he found himself in Milan, where Loppa had recommended an agent who also dealt with Helmut Lang's sales (Lang being a brand Loppa used to sell in her Antwerp store). Although it didn't get much attention from the press, that first collection was picked up by several Japanese and Belgian shops as well as Barneys, the American department store. The following season, Simons rented a gallery in Paris, and contacted buyers and press by himself. He showed for the first time in January 1997, in a small, rundown space near the Père Lachaise cemetery. "I was hiding upstairs, too scared to look."

Since then, Simons has shown his collections in Paris, with a few exceptions, when he set up camp in abandoned factories in the nearby suburban city of Vitry, and at the Le Bourget Airport branch of the Gagosian gallery. He has been an occasional guest at the Pitti menswear fair in Florence, Italy, and didn't show at all in 2000, when he shelved his brand for a year, not sure if he still wanted to be involved with the fashion industry.
Initially, his shows fit a mould set a decade or so earlier by Martin Margiela and the Antwerp Six. With their amateur teen models bussed in from Belgium, their locations at once unusual and distant, and their eerie soundtracks, they were (and still are) typically dark and enthralling.

Simons made his name with narrowly cut suits and shirts, at first glance designed for schoolboy frames. This in a period when most fashion was still meant for wrestler types, and a size 46 or 48 was unheard of in most shops. For bony young guys like me, Raf Simons was a revelation, and I still own a suit that I bought, in the sale, around 1997.
While still relatively obscure from a mainstream perspective, Simons set out to alter men's fashion. Along with Hedi Slimane at Yves Saint Laurent and Dior Homme, he set the template for the skinny silhouette that came to define the late 1990s and early 2000s (although he did plenty oversized looks, as well).
While Slimane remained safely within the bourgeois codes of traditional luxury, Simons set out to embrace reality, and more in particular, underground youth cults. Holland's hard-core Gabber kids were a notable early influence, together with bands from Kraftwerk to the Manic Street Preachers.

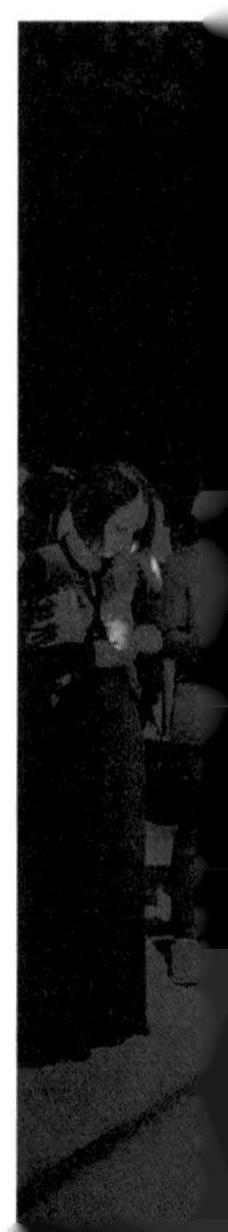

Raf Simons catwalks
images by Jesse Brouns

"My inspiration is very diverse," he said in 1998. "The style of a lot of sixteen-year-olds these days is just awful. Seeing a group of skaters isn't that impressive. Those oversized pants aren't that strong an image compared to punk, goth or new wave. Punks were strict. You had all these codes that you had to master in order to get the look right. These days, you can shop the skate look at H&M or P&C. I find it interesting when a look is a reaction to something, when you can't find it in high street shops, and when parents disagree with the way their kids are dressing. I just missed punk, but I was into new wave, and what came after it. I liked New Beat. I was never part of that phenomenon, but the music was fine, and the clothes weren't bad either. New Beat had a clear manifesto. It didn't happen in the street, but away from the street. In clubs and at parties. It was something you dressed up for. It was powerful, and it didn't last long. I like it when music and clothes interact. Like AC/DC, that mix of schoolboy and hard rock, or Kraftwerk."

His obsession with youth styles changed over the years, with Simons becoming enthralled with modern art and the fashion establishment, swooning over Pablo Picasso, Miuccia Prada and Robert Mapplethorpe rather than anonymous teen rebels; Hedi Slimane took the opposite direction, embracing youthful rock 'n roll. In 2014, Simons developed an entire collection with artist Sterling Ruby (one of many highlights in his career) and for Spring/Summer 2017, he worked with the estate of Robert Mapplethorpe, turning some of the photographer's legendary pictures into wearable designs.

In 2005, Simons was appointed creative director of the German label Jil Sander, which at the time was owned by Prada and based in Milan. It wasn't Simons' first foray into Italian fashion. At the very beginning of his career, he had been approached by Donatella Versace (she had been tipped by stylists Joe McKenna and Carine Roitfeld), although nothing came of that. In 1999, he designed two collections for the now defunct leather specialists Ruffo Research, along with Veronique Branquinho, his partner at the time. And for a while, he partnered with an Italian company for the production and distribution of his own brand. The deal went awry, and the brand almost collapsed at the time.

The Jil Sander job earned him the approval of the fashion establishment, and an opportunity to assert himself as a womenswear designer. His collections were critically acclaimed, and rightly so. Simons had no difficulties making the Jil Sander brand his own, replacing the original designer's sometimes stern minimalism with a style that was rather more gentle, sometimes almost couture-like. "When I started at Jil", he confided at the time, "I decided that if I wanted to do oranges, I'd do oranges."

left page:
overview Raf Simons collections
image bottom right: first collection from 1995

right page:
Jill Sander collection

He showed his last collection for Sander on February 25, 2012, and debuted at Dior on July 2 of that year. That couture collection was conceived in a couple of weeks. "It was hard, but it was doable", he said. "The people at Dior are used to working fast. They have to. Dior is not a factory, it's an intimate place, but you do have everything you need under one roof. You don't ever have to go out, which is efficient." His first months at the house were the subject of a full-length documentary, Frédéric Tcheng's *Dior and I*.

"I'm a jumper," Simons told me around the time he took over at Dior. We talked by phone while he was being driven from his Antwerp home to the Dior ateliers in Paris; the conversation lasted over two hours and Simons had to hang up when his car was pulled over by the police for speeding. "I'm a jumper, and I jump from one thing to another. Helmut Lang, Ann Demeulemeester and Rick Owens are repeaters. They evolve within the boundaries of their own aesthetic. Miuccia Prada, Marc Jacobs and Rei Kawakubo, on the other hand, are jumpers. Their collections are often totally different. I'm like that as well. At Jil, for instance, I wanted to work with historical influences, ethnic elements. I wanted to try new things. At some point, I decided to delve into the history of the couture houses. In Christian Dior's fashion, I found a huge sense of purity. His approach was at once simple and universal, but within that simplicity lay a spectrum of possibilities. And that's what I found appealing."

He said that he felt that, in the past, he had sometimes made things more complicated for himself by being conceptual without explaining his work. "In the end, people have to understand your fashion."
At Dior, he said he wanted to give the brand a younger mentality. "A red-carpet dress should also mean something in the reality of daily life. I want to make clothes that are relevant for now. I'm not interested in just creating a spectacle."

The Dior job had certain consequences for Simons' own line. Less time, increased attention from the mainstream press. In a way, his shows became more personal. In one collection, he used images of his family and himself as a teenager. Another featured graffiti-scribbled white lab coats, just like the ones worn by Belgian students celebrating their last 100 days in school. He also opted for a standing-only formula for his shows, constructing complicated mazes for the audience to stand in, leaving precious little room for the models to walk. One recent show was held in semi-darkness.
"With my own label", Simons said, "I want to experiment. In my way, with clothes. What you see at this moment is that many men's brands experiment with image-making, rather than with fashion. As I see it, this is not the most challenging moment in men's fashion." Simons has always taken risks, putting boys in skirt-like slips and tunics years before Alessandro Michele proposed his baroque gender-bending fashion at Gucci.
His brand remains small, and at times, the product that ends up in shops can be underwhelming and overpriced. However, his collaborations with brands from Adidas to Fred Perry help diffuse his ideas and aesthetics into the mainstream.

He quit Dior somewhat unexpectedly, in 2015. Neither the house or the designer revealed what led to the breakup, although it was hinted that work pressure might have played a role, or that Simons had wanted more responsibilities, bigger budgets, or both. "The speed of fashion might be the biggest challenge", said Simons in 2012. "I never feel that I'm ready. My work is never finished, and that is something I regret. That said, I'm not hugely frustrated by all the pressure. I wouldn't have taken these jobs if I couldn't handle them."

In the end, Simons opted for more speed, and bigger responsibilities. In August 2016, American clothing behemoth Calvin Klein announced the arrival of the designer as its first Chief Creative Officer, overseeing the company's catwalk lines for men and women (famously described by its former CEO as a 'marketing expense'), as well as its more popular offerings, from jeans to underwear. At Dior, Simons oversaw six collections per year, whereas Calvin Klein markets no less than ten labels, each with multiple collections per year. Simons will be the first designer to get full creative control over the brand since Calvin Klein himself sold the company to PVH Corp in 2002.

While still at Dior, Simons acknowledged that he wouldn't be able to turn the company around in a matter of seasons. "It's not possible, and it's not what I'm striving for. You need to stay real. Companies like Dior are machines. They just trundle on. They don't stand or fall with a designer. My own brand is like my baby, but at Dior, I'm a hired gun, and that is reassuring to me."

previous page:
Dior show in Cour Carrée of the Louvre
image by Jesse Brouns

This page:
Raf Simons 2015 collection
campaign image by Willy Vanderperre

Thanks to the archive of Raf Simons.

Jesse Brouns started his career in journalism on his 17th birthday at daily newspaper *De Morgen*. Since then, he has written for newspapers and magazines in Belgium and abroad. He was creative director of *Knack Weekend* for a short period and acted as a consultant for the Kortrijk Design Biennale, where he worked with guest of honor Junya Watanabe and architects De Vylder Vinck Taillieu. He live and works in Paris since 1993.

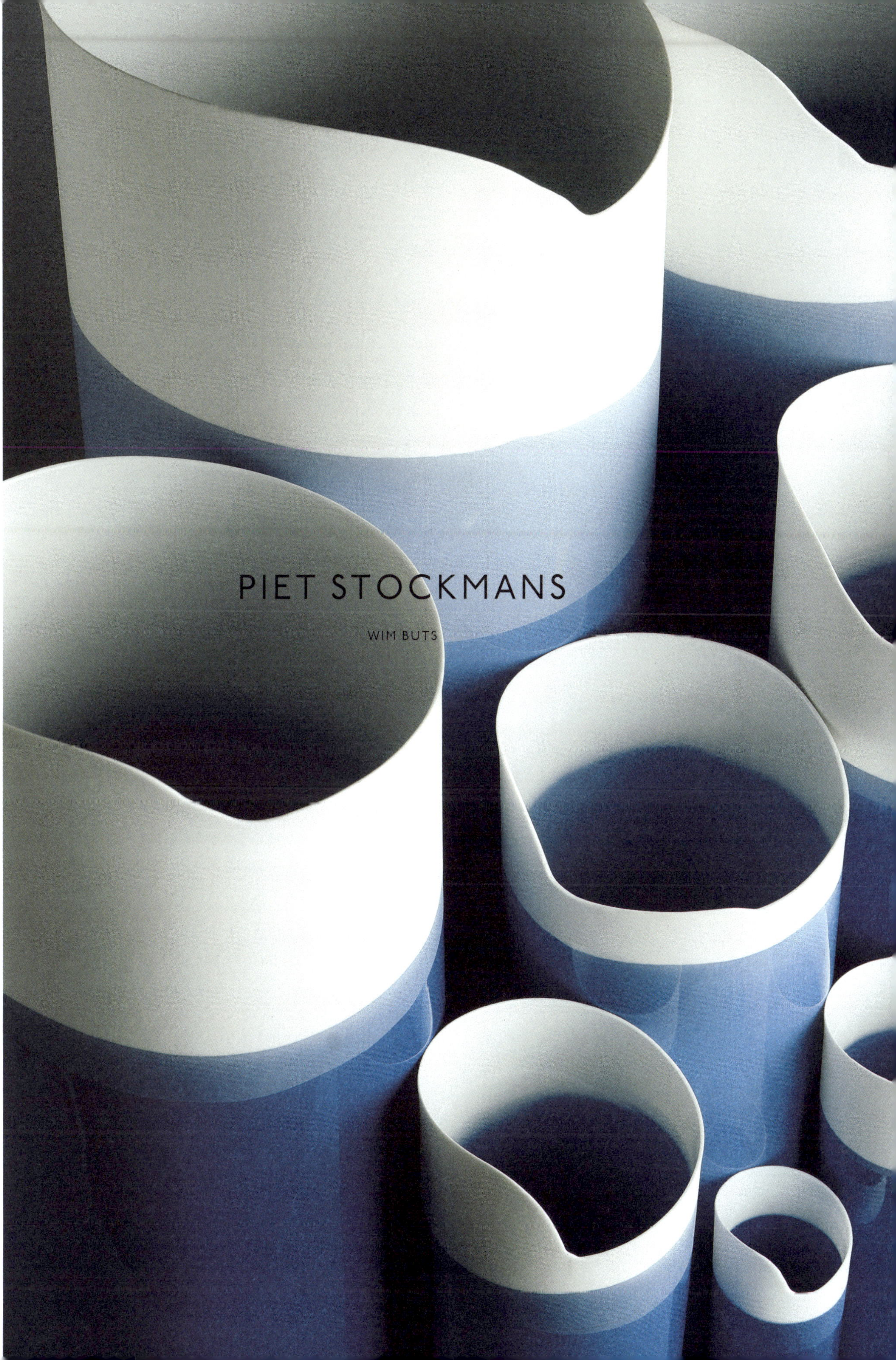

PIET STOCKMANS

WIM BUTS

PIET STOCKMANS

Piet Stockmans (1940) trained as a sculptor and ceramist at PHIKO, in Hasselt. However, having completed his studies, he didn't contemplate carrying on as an artist or a teacher. Instead, he wanted to design products, but there wasn't a single institute in the region which offered this training. In 1963, he was able to start working at Mosa, a manufacturer of porcelain utensils in Maastricht. To give him the chance to learn about designing series of products, they sent him to Germany in 1964. During that training, he came in contact with the influences of Bauhaus, and the Hochschule für Gestaltung Ulm, both very prominent in the German design world and industry at that time; and on his return to Mosa, in 1967, he designed the cup, *Sonja*. More than fifty million of those cups were sold. The seventeen copies which appeared on the market only serve to illustrate the success and quality of the design. Stockmans remained at Mosa till 1989, and in that time designed a number of successful product lines.

The Stedelijk Hoger Instituut voor Visuele Kommunikatie en Vormgeving (SHIVKV) was established in Genk in 1969, and Piet Stockmans was immediately made head of the Industrial Design programme. Using his experience in the industry, and the inspiration he had found in Germany, he put together a curriculum, and was the driving force behind this programme for the next thirty years. Then, from 1983 to 1985, he taught design ceramics at the Eindhoven Design Academy.

In addition to his work as a teacher and designer, Stockmans also makes non-commissioned pieces. Inspired by his work at Mosa, he researched the conceptual meaning of porcelain tableware, in the 1970s. His industrial products were often manipulated, questioning the function, among other aspects. From the 1980s, his work evolved into installations, often immense in size, with central themes of repetition and the use of blue and white. The work was exhibited throughout the world, from the Stedelijk Museum in Amsterdam to the Biënnale in São Paulo.

A new adventure began for Stockmans in 1987, when he began his own small collection. Within Studio Pieter Stockmans, for his porcelain art, as he himself describes it, he still combines traditional production with a contemporary experimental approach. The Studio gives Piet Stockmans the chance to be simultaneously active in various fields. In addition to designing and realising small but unique series of products, he also remains active as a visual artist and continues to design industrial products for companies. His daughter, Widukind, started to work in the studio, in the mid-1990s, and since that collaboration, the Studio has grown enormously. Michelin-starred chef Alain Ducasse discovered Studio Pieter Stockmans' crockery in 2004, and asked Stockmans to design customised tableware for his restaurants. Meanwhile, a number of other Michelin-starred chefs found their way to Studio Pieter Stockmans. A new chapter in Piet Stockmans' career had begun, without the others having to end.

BOEGBEELD

"Een van de boegbeelden van het Limburgse design is meteen ook het boegbeeld van het Limburgse designonderwijs. Hij bouwde niet alleen een succesvolle carrière als ontwerper uit, maar stond ook aan de wieg van een designopleiding en speelde daar dertig jaar lang een vooraanstaande rol. Een groot deel van de huidige generatie Limburgse ontwerpers werd door hem en zijn collega 's van het eerste uur opgeleid en gestimuleerd om het beste uit zichzelf te halen. Hiervoor nam hij tijdens de lessen vaak geen blad voor de mond, wat voor sommige studenten verwarrend kon zijn. Maar hij wist ze ook te inspireren en daar zijn ze hem vandaag nog steeds dankbaar voor. Niemand die ons beter kan vertellen wat het belang van onderwijs is voor ontwerpers."

De meeste ontwerpopleidingen houden een toelatingsproef voor kandidaat-studenten. Maar hoe weet je of een jonge student klaar is om ontwerper te worden?

"Een toelatingsproef zegt weinig over de toekomst van de student. Wat ik altijd heel belangrijk heb gevonden, is dat een kandidaat-student een driedimensionaal inzicht heeft. Als ontwerper is het belangrijk te weten hoe de achterkant van een product eruitziet, zonder het effectief gemaakt te hebben."

previous page:
Piet Stockmans, Blue Vase, 1980

this page:
Piet Stockmans, Sonja coffee cup
for Royal Mosa, 1967
Piet Stockmans, portrait, 1989

MANUELE INTELLIGENTIE

Aan het conservatorium kun je niet aan de opleiding piano starten zonder als kind al vele uren op dit instrument geoefend te hebben. Zou dit ook voor designers is spe moeten gelden?

"Eerdere opleidingen zijn niet van groot belang, maar er zijn wel enkele eigenschappen die een toekomstige ontwerper absoluut moet hebben. Naast het driedimensionale inzicht, waar ik het daarnet over had, is er ook de manuele intelligentie.
Het was niet in de beginjaren, maar pas nadien dat zich een generatie studenten aandiende die veel meer digitaal werkte. Die studenten hadden, bij wijze van spreken, nog nooit een nagel in de muur geklopt. Wij hebben altijd de nadruk gelegd op onderzoek en het zelf ervaren van materialen en machines, van wat wel en niet kan op een machine. Algemeen gezegd: onze studenten moeten handig zijn. De derde en belangrijkste eigenschap is motivatie. Een toekomstige ontwerper moet gedrevenheid als het ware ademen. Er zijn maar weinig studenten die naar ons komen en zeggen: Ik kom naar hier, omdat ik geen idee heb van wat ik anders zou kunnen doen."

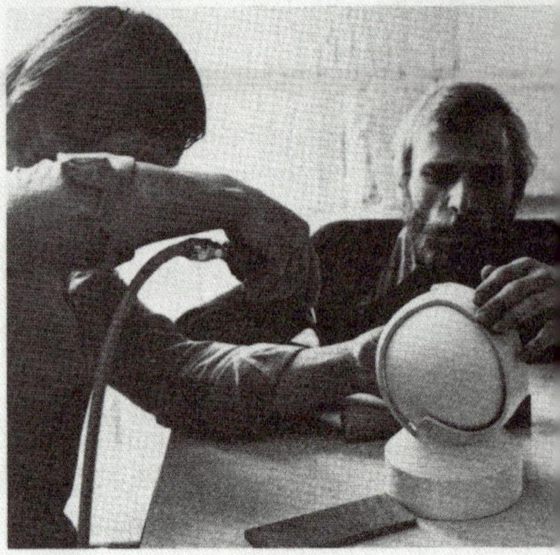

Zelfs voor mensen in het vak blijven design en al haar disciplines moeilijk te definiëren. Hoe kun je kandidaat-studenten vertellen dat design niet alleen over het vormgeven van wagens gaat en dat ze later waarschijnlijk heel andere projecten zullen uitwerken?

"Wat bij ons vooral heel goed werkte, was de manier waarop mensen, die informatie wilden over design, op onze school ontvangen werden en wat we hen lieten zien. Elk jaar was er de prachtige eindejaartentoonstelling. Wij namen de kandidaat-studenten dan mee naar onze afdeling en vertelden over de verschillende vakken. We letten er wel op dat we daar niet te ver in gingen, bijvoorbeeld met betrekking tot de theorie. Die was natuurlijk belangrijk, maar ze werd steeds toegepast op de praktijk. We legden bijvoorbeeld niet de nadruk op organische scheikunde in verband met kunststoffen, maar onze studenten kregen wel uitleg over matrijzen en over welke kunststof ze konden gebruiken voor welk product. In onze opleiding was er ook een gelijkwaardigheid van theorie- en praktijkdocenten en daardoor een verstrengeling van theorie- en praktijkvakken. Dat was de basis van onze opleiding."

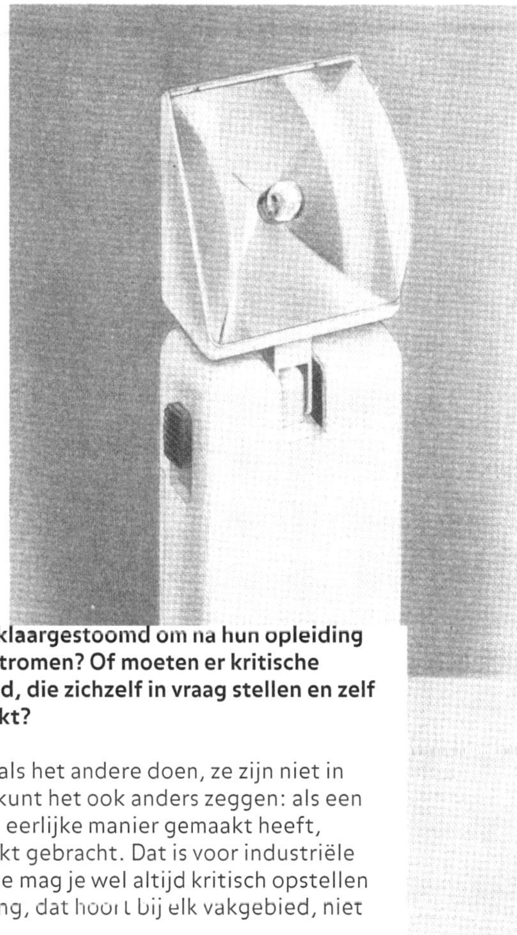

Moeten studenten worden klaargestoomd om na hun opleiding meteen in het werkveld te stromen? Of moeten er kritische ontwerpers worden gevormd, die zichzelf in vraag stellen en zelf een plaats zoeken in de markt?

"We moeten zowel het ene als het andere doen, ze zijn niet in tegenspraak met elkaar. Je kunt het ook anders zeggen: als een kunstenaar zijn werk op een eerlijke manier gemaakt heeft, wordt het daarna op de markt gebracht. Dat is voor industriële vormgeving net hetzelfde. Je mag je wel altijd kritisch opstellen ten opzichte van de omgeving, dat hoort bij elk vakgebied, niet enkel bij design.
Geen enkele opleiding levert kant-en-klare werknemers af. Wat onze opleiding zo uitzonderlijk maakte van bij aanvang, was dat we stages inlasten, want in de echte wereld leer je minstens evenveel als op de schoolbanken. De eigenlijke beroepsopleiding gebeurt echter altijd na het onderwijs. Dat is niets speciaals, dat is bij alle opleidingen zo. Niemand heeft meteen na het behalen van zijn of haar diploma al de maturiteit om een beroep uit de oefenen.
Ik gaf altijd de raad mee om eerst vijf jaar ergens te gaan werken en dan pas zelfstandig te worden. Zo leer je de branche kennen en kun je je eigen plekje in de markt zoeken, want er zijn even veel soorten ontwerpers nodig als dat er bedrijven zijn.
Wij hebben binnen de opleiding altijd gestreefd naar een goede basis, zodat onze studenten op zoveel mogelijk verschillende terreinen mondig zouden zijn en mee zouden kunnen praten, zonder daarom een specialist te zijn. Dat is nu duidelijk te zien in de richtingen die onze studenten uiteindelijk zijn uitgegaan. Er zijn er die voor een heel technische richting hebben gekozen, anderen trokken naar het onderwijs of zelfs de politiek.
Industriële Vormgeving is altijd een algemene opleiding geweest, bedoeld om de taal van anderen te begrijpen. Dat is heel belangrijk voor een ontwerper. Bedrijven zoeken iemand die de taal van de verkoper, van de productie en van de vormgeving spreekt. Vroeger (en vandaag misschien nog steeds) vond een verkoper het product dat het best verkocht het mooiste en koos een bedrijfsleider voor het best te produceren product. De vormgever van vandaag heeft de verantwoordelijkheid de uiteenlopende eisen in balans te brengen en ze op een verantwoorde manier vorm te geven. Dat esthetische aspect werd in onze opleiding nooit op de eerste plaats gezet. We vertrokken altijd vanuit een eisenpakket. Bij een goed esthetisch gevoel van de ontwerper komt die schoonheid vanzelf."

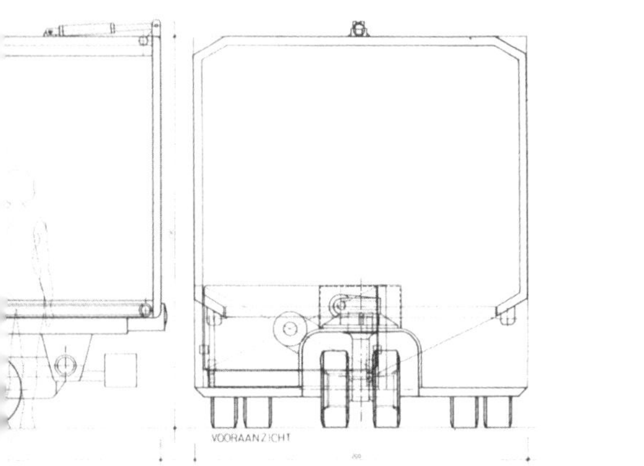

gustus tot

u. en van
t 16.30 u.

52 73

Piet Stockmans, Blue Book, 2009
fragments from folder SHIVKV, 1975

Het klassiek design- en kunstonderwijs was steeds gericht op een intensieve en persoonlijke begeleiding. Binnen het huidige onderwijs komt het zelfstandig vergaren van kennis en vaardigheden door studenten steeds centraler te staan. Kan de persoonlijke begeleiding volgens jou vervangen worden door onlinelessen of zelfstudie?

"Neen, ik vind dat helemaal fout. Onderwijs is in contact komen met mensen, alles uit de studenten proberen halen, creativiteit ontwikkelen, aanmoedigen, werken bespreken, adviseren, enzovoort. Dat kan niet ex cathedra. Misschien werkt dat voor de advocatuur, maar ik betwijfel het. Net de informatie die rond de wetgeving verteld wordt, is interessanter dan de wet zelf. Maar dat kan alleen op een persoonlijke manier.
Wij hebben ook steeds in groep les gegeven en opdrachten besproken. Misschien vertelden wij wel twintig keer hetzelfde, maar onze studenten hoorden dan ook twintig keer hetzelfde waardoor het bleef hangen. Alles wat je individueel bespreekt, geldt telkens ook voor de hele klas. Onderwijs is groepswerk, wat studenten de gelegenheid geeft elkaars klankbord te zijn. De docent is een katalysator, iemand bij wie de studenten ideeën kunnen toetsen. Zo maak je samen het onderwijs. Geen enkele docent heeft de waarheid in pacht. De studenten zijn daarin even belangrijk als de docent."

Binnen deze onderwijsveranderingen verschuift ook de rol van de docent. Welke houding moet hij volgens jou aannemen?

"Hoe groter zijn persoonlijkheid is, hoe sterker zijn invloed en impact zullen zijn. Eigenlijk moet hij werken met het materiaal dat hij krijgt en moet hij dat materiaal door en door kennen. Sommige studenten hadden problemen met de persoonlijke vragen die ik stelde, ik wilde weten uit welk nest ze kwamen. Ik vond dat, als ik iemands werk moest beoordelen, ik ook moest begrijpen waarom hij dat op die manier gemaakt had.
Met welk recht beoordeel ik zijn werk als ik de achtergrond ervan niet ken? Ik stopte nooit bij 'Het is niet goed', ik bleef advies geven om het werk te verbeteren. Zoiets kan niet vanop afstand."

Een veelgehoorde boutade is dat docenten in het kunst- en designonderwijs zelf slechte of mislukte kunstenaars en ontwerpers zijn. Moet je een groot designer zijn om studenten te kunnen opleiden? Is een goede designer vanzelfsprekend ook een goede designdocent of zijn dit volgens jou twee totaal verschillende kwaliteiten?

"Een goede ontwerper is niet altijd een goede docent en er zijn goede docenten die absoluut geen ontwerpers zijn. Ik heb ooit het verhaal gehoord van een docente piano, die les gaf aan de beste pianisten. Haar leerlingen deden mee aan de Koningin Elisabethwedstrijd. Toen haar werd gevraagd waarom ze zelf nooit had deelgenomen, zei ze: "Omdat ik niet goed piano kan spelen." (lacht) Je weet hoe het moet en je kunt het goed uitleggen, maar dat maakt van jou nog geen groot pianist."

Wat was jouw persoonlijke drijfveer om ontwerpers op te leiden?

"Ik zag het als een roeping."

Piet Stockmans, Windlight Round Blue Rim, 1987
Piet Stockmans, Expression salad bowls, 1989

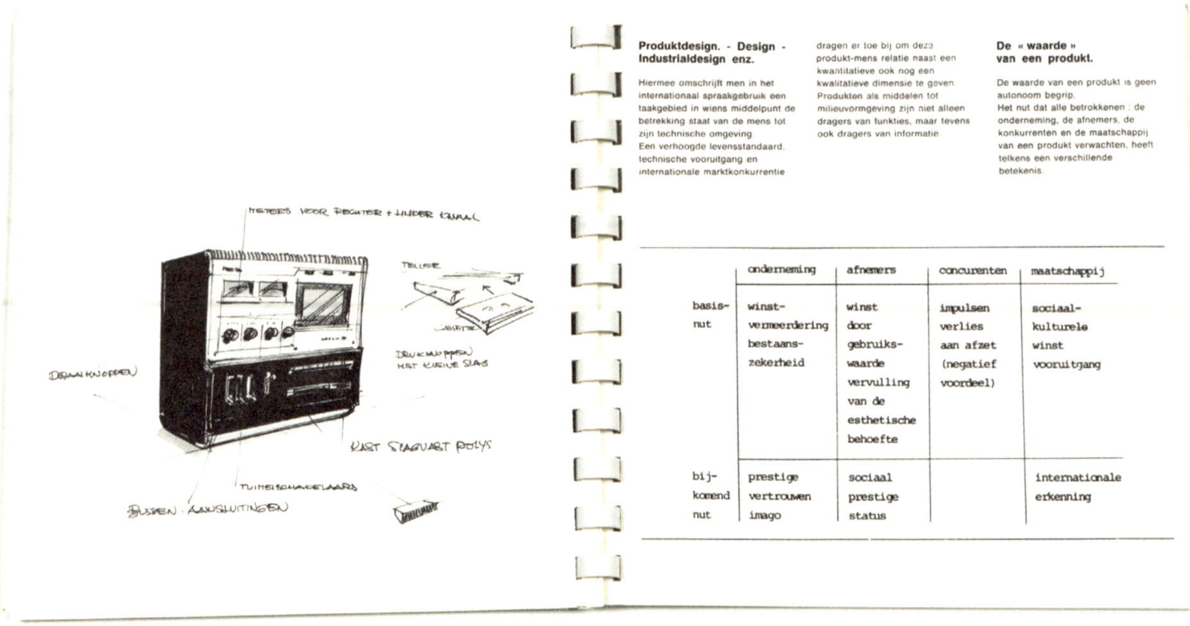

Produktdesign. - Design - Industrialdesign enz.

Hiermee omschrijft men in het internationaal spraakgebruik een taakgebied in wiens middelpunt de betrekking staat van de mens tot zijn technische omgeving.
Een verhoogde levensstandaard, technische vooruitgang en internationale marktkonkurrentie dragen er toe bij om deze produkt-mens relatie naast een kwantitatieve ook nog een kwalitatieve dimensie te geven.
Produkten als middelen tot milieuvormgeving zijn niet alleen dragers van funkties, maar tevens ook dragers van informatie.

De « waarde » van een produkt.

De waarde van een produkt is geen autonoom begrip.
Het nut dat alle betrokkenen : de onderneming, de afnemers, de konkurrenten en de maatschappij van een produkt verwachten, heeft telkens een verschillende betekenis.

	onderneming	afnemers	concurenten	maatschappij
basis-nut	winst-vermeerdering bestaans-zekerheid	winst door gebruiks-waarde vervulling van de esthetische behoefte	impulsen verlies aan afzet (negatief voordeel)	sociaal-kulturele winst vooruitgang
bij-komend nut	prestige vertrouwen imago	sociaal prestige status		internationale erkenning

'Industriële Vormgeving', booklet explaining industrial design, presentation at Provinciaal Begijnhof Hasselt, 1977

Wim Buts (°1983) graduated in 2006 as Master in Product Design at the MAD-faculty in Genk (now LUCA School of Arts). During his education he followed an exchange program at the Rietveld Academy and did several internships, including trainings at Piet Stockmans and Casimir.

After graduating he worked for five years as product developer and communication designer for lighting company Kreon. In 2011 he has joined REcentre to help to develop DoDesign (initiated by the MAD-faculty and Design Platform Limburg), an online materials and techniques database which can be used as an inspiring design tool.

Since 2012 he works for LUCA School of Arts. He is course coordinator of the Productdesign program, teaches courses concerning the materials and crafts and was involved within several research projects of Art|Object & Design and Social Spaces.

UNIQUE

COLOUR A CRAFTED PATH
MIRROR THE MAKERS
MANU FACES FACTORY

04

Contemporary design requires mastership. Unique and artisan designs always reveal the hidden hand of a master craftsman. The designer always has a hand in production, whether it is a limited edition or an industrial run. The range from one-man studio to mass production is what makes unique.

WHAT A *CRAFTY* PERSON

MATYLDA KRZYKOWSKI

When she spoke of some of our family friends, who were involved in dance, theatre, music or the arts, my mother would say: "What a crafty person". She also used to say that some people have a cleverness that not everyone has. As a child, I was unable to understand what she meant, but I had already realised that every profession requires a very specific aptitude.

A special skill, art or occupation, which requires a special skill or art, is called a craft. 'Craft' comes from the German word *kraftig*, meaning strong, or powerful. You might also say: skilfully done or made; intelligent, learned; artistic or even scientific.

What makes people become designers? What characteristics do they need to bring to the profession in order to be self-disciplined, to come up with ideas, to question existing structures and further develop them; perhaps also to always be able to look just that bit further ahead. And how do they know what it is they want to contribute?

Becoming a designer is easier now than it has ever been, because of the many design programmes and increasing demand. But design is not solely the domain of professional designers; it can also be the work of activists, hackers, craftsmen, engineers and artists. It's not like a fairytale, a story filled with unicorns and fairies; it's more like a quest, requiring dedication and endurance. And despite its pluralisation, it's still not for everyone.

Pablo Picasso once famously said, "Every child is an artist. The problem is how to remain an artist once we grow up." Picasso had a huge impact on the development of modern times, and what he said about the world of the arts applies to the world of design today.

This book presents a collection of projects and products very much connected to their designers. Does that connection help to preserve design as a profession? We are aware that anonymous engineers are not the only ones making the products in our day-to-day life any more. And in the same way as art is sold by knowing the artist, so design is sold by knowing the designer. A specific project or product can define a designer's career and vice versa. All of them seem to be 'crafty'.

The different types of design (product, graphic, fashion, furniture, ...) selected in this book are identified as being something physical. We are looking at Kaspar Hamacher's *Ausgebrannt*, Bram Boo's *Gipsy Things*, the *Home Work series* by Studio Job or the *Natal Chair* by Studio Segers. These examples are internationally known and have given their designers professional visibility. Some of the designs serve a commercial market, some of them contribute to the cultural field, and all of them are connected to the attitude of their creators.

Are they designing for the industry or are they making their industry? What other choices are there? Quantity is linked with equality and uniqueness with freedom. Sometimes it seems that the service side of design is diametrically opposed to the intrinsic motivation of a designer. At other times, it seems that the service side of design actually helps the process achieve the desired effect. Does the motivation develop best in projects in which the designer might trust himself, or herself, completely? Or is the key the relationship with an external entity supporting the realisation? Perhaps nowadays it is less about the contrast between mass production and handmade objects, and more about the mass communication of ideas about lifestyle. Will the fact that we're crafty bring us to a new form beyond the unique and the quantity? Or should we aim to withdraw from the distinction of these possibilities?

Whatever the designer chooses to make his or her contribution, speculation on what it takes to be and remain a designer will continue. My mum would probably say that being crafty is a mystery.

Matylda Krzykowski is a designer, curator and cultural advisor. She is co-founder of Depot Basel, place for contemporary design. Krzykowski's work is introspective, as it explores and experiments with the inner mechanisms of design. She lives in Basel and London.

NATAL CHAIRS X GYPSY THINGS

WIM SEGERS X BRAM BOO

PHOTOGRAPHER KRISTOF VRANCKEN
ART DIRECTOR PABLO HANNON
ASSISTANT PHOTOGRAPHY JONAS VRANCKEN

Wim Segers is recognised as one of the most productive and accomplished product designers in Belgium. His *Natal* chairs (around 3,000 have been produced every year since 1999) are just one of the many examples of Segers' commercial genius and high-quality design. They formed the basis of global success for him and a style direction for producer Tribù. The series production is in contrast to the ambigu, autodidact Bram Boo's limited edition chair, which elevates the craft of furniture-making to the art of design. Ambiguous, like the 'chair' from the *Gypsy Things* collection.

A TO Z

H

Byron Hawes

Byron Hawes is extremely well travelled. The Toronto-based travel writer and designer went to high school in Tokyo, worked in foreign affairs at the UN and decided the best way to learn Mandarin was to move to Beijing to experience it at first hand. He is co-founder of I-V, a boutique architecture and design firm that has done projects including a recording studio for OVOsound, Campari's Canadian HQ, and Spin Toronto. He was previously a Consulting Editor at *Architectural Digest China*, Greater China Editor for *BlackBook Magazine*, and a Contributing Editor for both *HighSnobiety* and *Flofferz*, as well as contributing to publications including *Monocle*, *Wallpaper**, *Hypebeast*, *Coolhunting*, and *Azure*, amongst others.

— CHAPTER 8

hegge ID

hegge ID is the industrial design / engineering studio of Frans Hegge in Hamont-Achel. Client needs and the added value of their product for the end user form the basis of their activities.
www.hegge-id.com

— CHAPTER 5

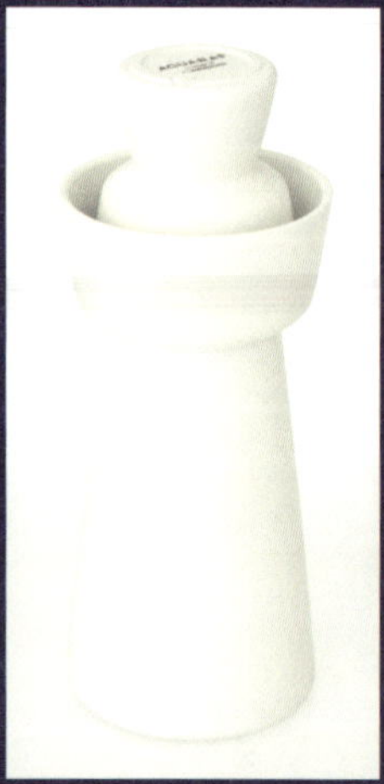

Stijn Helsen

After opening a new store in Hasselt, fashion designer **Stijn Helsen** worked on the costumes of the main characters in the box-office successes *Spiderman* and *Pirates of the Caribbean*. With his core business, bespoke suits, he clothes members of the Royal family, pop stars and actors such as Lenny Kravitz and Keanu Reeves. The public at large also loves his recognizable fitting. He would not be Stijn Helsen if he limited his interest to designing clothing.
www.stijnhelsen.com

—

Linde Hermans

In 1997 **Linde Hermans** obtained her Master's Degree in Product Design in Genk. She lectured at the Design Academy Eindhoven, designed street furniture, restyled the Tongeren prison and started her own label Rode Schoentjes. In 2008 she was presented the *Henry van de Velde Award for Young Talent*. In her work Linde makes use of recognisable symbols and stories – often with a twist – in an attempt to provide the user with a legible end result.
www.lindehermans.be
www.rodeschoentjes.be

— CHAPTERS 5, 8

Sarah Hermans

Sarah Hermans (1990) is a Belgian photographer based in Hasselt. She obtained her Master's in Visual Arts from Sint-Lukas, Brussels, in 2015. Everything nature spreads her love around, as does analogue photography. Her work has been published by the Belgian magazine *Label* and by the British online magazine *Dazed*. Sarah created *The Ways*, the analogue picture series that closes this book, the story of two canals in Limburg. The procedure she used is cyanotype. sarahhermans.tumblr.com

— OUTRO: THE WAYS

Het Labo

Het Labo collective was born at the end of the eighties in Hasselt's Gelatine Factory as a platform that would defend the crossover between the applied and the visual arts, and promote it with thematic exhibitions, and to this day it still does. It is a collective of applied and visual artists who disinterestedly organise thematic exhibitions in order to establish a dialogue between designers and other disciplines, and vice versa. At the same time, they are occasionally commissioned or requested to develop exhibition concepts by cultural entities. While it comes from a more applied-arts background, Het Labo has never avoided confrontation with the visual arts; on the contrary. Perhaps the thread that runs through Het Labo's history is its myriad of multi-disciplinary thematic exhibitions. www.hetlabo.be

—

Pieter Hugo

Pieter Hugo is a photographer who primarily works in portraiture and whose work engages with both documentary and art traditions with a focus on African communities. Hugo lives in Cape Town. www.pieterhugo.com

— CHAPTER 5

Huis Pauwels Spaenjers

Audi Pauwels studied at the Royal Academy of Arts, Antwerp, where he graduated in 1988. Five years later he founded the Object & Jewellery department at the PXL-MAD School of Arts, where he is still a senior tutor. Audi also runs the goldsmiths shop Huis Pauwels Spaenjers and Gallery Multiple in Hasselt together with his spouse, Kitty Spaenjers. www.pauwelsspaenjers.eu

— CHAPTER 4

David Huycke

David Huycke is one of the most important contemporary silver artists in Flanders and leading names in Europe. In his recent work and research, Huycke explored the traditional hallmarks of granulation, with the aim of uncovering the presentday possibilities and significance of this age-old technique. In 2010, he completed this PhD research at the Katholieke Universiteit Leuven and Hasselt University. He is Course Director of Object & Jewellery at PXL-MAD School of Arts. www.davidhuycke.com

— CHAPTERS 5, 8

I

Il Granito

Il Granito was founded in 1994 by Barbara and Vito Rizzi. Their artisan skills were locally recognized as only the highest level of quality. This was the credo of their company. In 2006 their son, Angelo Rizzi, followed the path of his parents and joined the firm, taking it far outside the Belgian borders. Il Granito continues to produce locally – they work for Michaël Verheyden – whilst completing projects all over Europe, America and Russia. www.ilgranito.be

— CHAPTER 4

Indera

Indera is a Belgian design company with a particularly creative collection of seating furniture in which focus has been laid on innovative functions, materials and design and where modularity and functionality form the main leitmotif. The company was founded by Carl Meers in 2006 and is situated in Dilsen-Stokkem. Indera has been working with various, often Flemish, designers. The company believes and invests in its partnerships with designers and they strive to create furniture that will be part of the collection for at least ten years. www.indera.be

— CHAPTER 4

Jaga

Since the beginning of the 1960s Jaga has continued to excite the heating industry with totally new concepts & D64 products. Not only technically, but also aesthetically. All of Europe is Jaga's marketplace with subsidiaries in Belgium, France, Czech Republic, Holland, England and Germany. On top of this there is also export to the rest of the world from Australia, China, Japan to Canada.
theradiatorfactory.com
— CHAPTERS 1, 4

JBC

JBC is a Belgian clothing-shop chain that offers fashion to the whole family. Founder Jean-Baptiste Claes started the first shop in Schulen, Limburg, in 1975. Since his children joined him in 1985, JBC has grown to more than 140 shops in Belgium and Luxembourg. JBC regularly works with well-known fashion designers, like Walter Van Beirendonck, for its own collection. JBC strives to offer sustainable fashion and is a member of the Fair Wear Foundation, an organisation actively working to improve labour conditions in the fashion industry. JBC's aim: fair clothes for a fair price.
www.jbc.be
— CHAPTER 8

Jongform

Seat manufacturer **Jongform** has been around since 1984. Under the direction of Marc Huls it has always put quality, durability and affordability first. It offers young, creative and lesser-known designers a chance to think freely, without conditioning, in an unlimited environment, so they can give added value and individuality to the concept of 'seat'. All products are developed and manufactured in Genk. The Surplus and Koozo brands show the same sensitivity as their mother company Jongform, which received the *Henry van de Velde Company Award 2013*.
www.jongform.be
— CHAPTER 8

Ilse Jooken

Ilse Jooken is the queen of no sleep, self-taught photographer, neon licker and crazy for funny furry animals.
instagram.com/scampishnit
— INTRO: NEEDLES

Hettie Judah

Hettie Judah is a writer and art critic for *The I*, art critic for *Artnet*, culture correspondent for *NYT/T Mag*, art writer for *The Spaces* and contributing editor *ArtReview*.
— CHAPTER 4

Jan Kenis

Jan Kenis (1951-1997) studied painting in Hasselt. After a brief teaching career, he worked for the culture department of the province of Limburg. In 1982 he was placed in charge of the Provinciale Commissie Kunstambachten. While holding this position, he organised many successful exhibitions like *Hoffelijkheden*, *Kijken is de kunst*, as well as idea contests such as *TIN TIN in Limburg* and publications such as *Limburg in form*, which are still very contemporary. As a cultural engineer he wrote the master plan for the Seafront project at Zeebrugge. He wrote numerous art reviews and texts for catalogues.
—

KesselsGranger

KesselsGranger DesignWorks is an internationally oriented design studio founded by designers Steven Kessels and James Granger. They offer their services to a wide range of clients, from starting entrepreneurs to well-established organisations. Their portfolio includes Product Design, Graphic Design and Design Thinking.
www.kesselsgranger.com

TALKING JACQUES BREL AND DONUTS: JOB SMEETS ON DESIGN,

JOB SMEETS (STUDIO JOB)

HETTIE JUDAH

ART AND HAND PRODUCTION WITH AN INTERNATIONAL WORLDVIEW

Working together as Studio Job, artists and designers Job Smeets and Nynke Tynagel have built up a distinctive, wide-ranging and internationally acclaimed practice that consciously draws on the traditions of the past to create a visual culture absolutely expressive of its own time. In projects ranging from a mass-produced postage-stamp to weighty and monumental works of sculpture, from architectural friezes for social housing developments to intricate marquetry cabinets, they have created an expressive revival of the decorative arts for the twenty-first century.

Following studies at Design Academy Eindhoven during the 1990s, Smeets (1970, Hamont-Achel, Belgium) and Tynagel (1977, Bergeijk, The Netherlands) established Studio Job as a joint enterprise in 1999. Deploying bold graphic patterns and cartoonish vernacular forms, as well as the elaborate decorative sensibilities and dark mood of the North European Gothic, their work was, from their earliest collections onwards, utterly unlike anything else on the international scene. Within a few years, their attention-grabbing creations had become a regular feature of exhibitions in museums and specialist galleries, and had started to find their place in important international collections.

META-DESIGN

Key among the early support for the Studio was an exhibition at Hasselt's Z33 House for Contemporary Art in 2007 – *No. 16 STUDIO JOB* – the first extensive monographic show dedicated to their work. The exhibition included cabinets from the Perished (2006) series, inlaid with a pattern of zoological skeletons in Macassar ebony and bird's eye maple; outsized 'domestic objects' in bronze, glass and wood from *Home Work - Domestic Totems and Tableaux* (2006-2007); a patinated bronze castle and bust from *Oxidised* (2003); and jagged, blackened and polished bronze seating from *Rock Furniture* (2003-2004).

By the time of the exhibition, Studio Job had already worked with celebrated design firms including Bisazza, Koninklijke Tichelaar Makkum and Swarovski, but while they exhibited at design fairs and exhibitions, and were represented by design galleries, their work did not (and does not) fit comfortably into a utilitarian discipline. Instead, one might see their oeuvre as artwork that uses the vernacular language of design. Or perhaps as meta-design – objects that appear to be functional, but the actual 'function' of which is to provoke questions surrounding use, making, collecting and the acquisition and display of wealth and taste.

Taste, and its related snobberies, are prime Studio Job territory. The trappings of class and social position are regularly inverted or subverted. In the *Home Work* series, domestic objects including pots and pans, a coal scuttle and a mug tree are rendered in outsized, polished bronze. These objects are not only mundane, but represent a superannuated nostalgic vision of a simple, unpretentious working homestead. In the *Gold Biscuit* (2006-2007) series, gilded crockery stands in for the 'best' china of a bourgeois home, the tasteful pattern motifs of the original here replaced with symbols of the counterculture of another age: CND[1] insignia and peace signs.

Studio Job, Job Smeets, Nynke Tynagel, Pouring Jug, Z33 exhibition, 2007
image by Jean-Baptiste Mondino

1. Campaigns for Nuclear Disarmamant

ICONOGRAPHY

The *Robber Baron* (2007) collection includes a bronze wardrobe with 'shot through' doors and a glistering surface relief compiled from iconography relating to weaponry, toxicity and pestilence. A table top is formed from polluting clouds pouring from factory chimneys and a safe is opened by twisting a clown's nose: wealth, of the kind required to purchase pieces such as these, is traced back to roots in violence, dirt and exploitation.

Already, in these earlier collections, Studio Job drew on the skills of expert artisans to explore and expand the language of traditions such as marquetry and bronze casting for a contemporary context. In the following years, the studio repertoire expanded to include works in stained glass, hand-painted Delftware, and cast iron. Their work steadily established itself as an ongoing reproach to the anti-embellished minimalist forms that functioned as shorthand for good taste, and which seeped further and further into the mainstream in the decades that followed Modernism. Studio Job relished kitsch; the clash of ancient tradition and modern iconography; painstaking handiwork and cartoonish graphic shorthand: they represented the laughing triumph of form over function.

The Z33 exhibition featured many works already purchased for the collection of the Groninger Museum in the Netherlands. Other significant monographic shows at major institutions followed, including the Groninger Museum itself in 2011, and, more recently, the 2016 exhibition Studio Job MAD HOUSE at New York's Museum of Arts and Design. Their work is represented in leading collections worldwide, including the Cooper Hewitt and MoMA museums in New York; Rijksmuseum and Stedelijk Museum, Amsterdam; Victoria & Albert Museum, London; Al-Sabah Collection, Kuwait; and the Vitra Design Museum, Weil am Rhein.

While their studio practice has expanded over the years to include commercial (if highly unconventional) product designs for brands such as Moooi and Seletti, Studio Job's core concern remains an exploration of the teetering edge between use and ornament, excess – be that of ideas, materials, references or all of the above – and clean, precise composition.

this page:
Studio Job, Job Smeets, Nynke Tynagel, Silverware, Z33 exhibition, 2007
image by Jean-Baptiste Mondino

next page:
Studio Job, Homework, Z33 exhibition, 2007
image by Kristof Vrancken

We often look into an artist's early life and the atmosphere and geography in which they were raised, and try to identify the origin of particular preoccupations and themes in their later work. If we were to do this with you as a designer, what elements from your own background would you identify that have fed through into your later work with Studio Job?
"To answer your question with a thought: aren't there always also other reasons? I totally believe in influences from our youth: not only for artists, but for everyone. But in adolescence, university and later, crucial influences – a breakup, for example – play an important part.
The length of the 'early life' depends from person to person. Personally – and I don't think I am an old soul – it might be that my early life continues until the end. Within the work it's different though. It's more visual. *Containers* (2000), our first bronze works, are lovely, naïve and raw, but our work changes through the influence of time. In work you become increasingly expert, but life stays abstract."

The design world is very international: you sell your work in London, New York and Miami and have collectors all over the world. Do you think that there is still a 'sense of origin' in your work as a designer from the Benelux?
" The more you travel, the more you become universal or international. You gain icons, archetypes and memories. Yes, we're from Europe. The Benelux is too small a categorisation – it's just a political or commercial border. When it all goes well, you leave the nest and try to fly on your own. To develop a voice of your own."

Do you think a sense of origin is tangible in your work though?
"'Le Plat Pays' – as Jacques Brel puts it. Literally a thick fundament of humus, clay, soil, bricks and turf in the Low Countries. All nicely compressed and solid: hardened by time."

We've spoken in the past about your interest in particular museum collections in Europe – could you tell me about the aesthetic and decorative arts traditions that inspire you and on which you draw in your work?
"Well I must admit, looking at our work, it becomes more and more universal, and less connected to a specific area. It took four years for us to study Modernism, ten years to study the ornament and more than fifteen years to study Europe. We work a lot in the US right now, which is also inspiring! Donut!"

What role have museums played in your own career? Is support from non-commercial institutions important?
" Museums are very important. They give you the chance to focus solely on the work and the installation. The story... Collectors collect the bricks and the museum builds. Although these days, private collections more and more take over the public collection. Is that a pity? Maybe... maybe not. But without the collector there is no museum... I'm equally happy with both: institution & private sector. Both feed each other."

While art and modern design are popular exhibition subjects in museums, decorative arts seem not to be. At the Wallace Collection in London, for example, visitors tend to look at the paintings but not the beautiful pieces of furniture or porcelain. Do you think people no longer know how to 'read' these works? Do you think that we're so used to mass-produced goods that we have lost our appreciation for them?
" Is that true? I always look at everything, to be honest. Don't underestimate the viewer! But if true: decorative arts need better PR and maybe even a better name."

We last spoke quite a few years ago, after perhaps the Delftware collection or a collection of marquetry cabinets – you were very inspired at the time by what seemed like a constant search for different artisans to work on each subsequent collection. I have a couple of questions in connection to this. Are you still regularly engaging with new disciplines in the applied art and crafts?
"Yes, sure, but only because we need them. It's not because we want to display crafts per se."

How much does your investigation into craft techniques inform your design work – is the craft always at the service of the design or do you sometimes design to showcase a particular craft?
"The craft is always at the service of the design, always. The brain is the filter, not the machine. Unless the brain asks me to leave the decision to the machine, of course!"

It seems to me that the high production standards in your work rely to a large degree on your engagement with groups of skilled artisans. Are you always able to find the skills that you need, or have there been some techniques that interest you that have slipped out of the makers' repertoire?
"Well, it depends on whether we're working on an object or a product. We are very 'Renaissance' and occupy a broad field: sculpture, design, fashion, music, architecture and graphics. As long as the translation is perfect and the work contributes, we are happy."

I regularly hear the complaint that young people are no longer interested in learning applied skills that will lead to a role in making – they all want to design, be that in fashion or products. Does it worry you that you might be part of the final generation of designers that can work with highly skilled and experienced artisans in the way that you do?
"No, we do it all. Super unique and super industrial...a ten-meter-high sculpture in Miami and the King's postage stamp in The Netherlands that's produced in an edition of ten million. But also: do you really believe avant-garde design is becoming more and more industrial? I'm not sure."

When I last interviewed you about six or seven years ago, you were engaged, by and large, in very limited production – designer artworks that were available in very small editions. Since then you seem to have augmented your engagement with...if not mass exactly, certainly larger production. I'm thinking here of your furniture and lighting collections with Moooi, tiles with Bisazza and garden furniture for Seletti. What considerations did you have in shifting from very limited production to something wider?
"That seems to not be in line with your previous question but: no, we do both... but 'industrial design' and 'sculptural design'!"

Does larger production demand something different of you as a designer/studio?
"Yes, totally. In our case, an industrial production is never produced in house."

At the time of the Delftware collection, I asked whether you'd consider putting the designs into wider production and I recall your saying that you weren't sure people really wanted to have such provocative motifs on their cereal bowls. Do you think the 'mass' audience has become more open-minded and adventurous now?
"You must mean *The Last Supper* (2009)? We never put it in a larger production, so I can't compare. But many things are born in the avant-garde or 'Haute Culture' and develop into the mainstream..."

A final question: are there any particular areas in design that you have not yet had the chance to explore, and that you are perhaps excited to experiment with in the future?
"We've never worked for Porsche or Apple!"

Hettie Judah is a writer and art critic for *The I*, art critic for *Artnet*, culture correspondent for *NYT/ T Mag*, art writer for *The Spaces* and contributing editor *ArtReview*.

FROM FASHION WEEK TO FOOTBALL: DIRK BIKKEMBERGS

DIRK BIKKEMBERGS

HETTIE JUDAH

ON DESIGNING FOR THE REGULAR GUY

After graduating from the Royal Academy of Fine Arts in Antwerp in 1982, fashion entrepreneur Dirk Bikkembergs first won acclaim as one of the group of experimental designers that came to be known as the 'Antwerp Six'. From his earliest menswear collections – celebrated for their innovative utilitarian style – Bikkembergs found a following among the global avant-garde.

In 1999, Bikkembergs took his eponymous company in a radical new direction, infamously placing a football on the table during a meeting to announce a change of focus, from the catwalks of Paris to the stadia of Italy. Dirk Bikkembergs clothing and footwear became synonymous with sport, and football in particular.

From 2005, the Bikkembergs label sponsored a local Italian football team, FC Fossombrone. The team became the 'face' of the Bikkembergs Sport brand, and were dressed in designer football boots and 'sports couture' suits and strips for ad campaigns and sporting fixtures alike. In 2011, Dirk Bikkembergs sold his eponymous brand, which today is majority-owned by the Chinese group Canudilo.

Dirk Bikkembergs, Fabrizio Ravanelli
Milan Fashionweek, SS 2010
image courtesy of press office

CLUBBING

Can you explain to me what your connection is to Limburg?
"I never actually lived in Limburg. My dad was from there, but he met my mum while he was in the army in Germany (she is German). I grew up in Germany and went to Antwerp when I was eighteen to go to the Academy of Fine Arts. While I was a teenager , we visited my grandmother and my father's brother in Limburg regularly. My cousin Mady got the fashion bug into my brain. So I just spent weekends in Limburg, but the club scene from there was very important for me, as I went out clubbing with Mady every evening I was there; so we knew all the important clubs in the province inside out. That's probably my strongest connection to Limburg."

Are there elements of your own background and childhood that you can identify as having fed through into your later work?
"When I arrived at the Royal Academy of Fine Arts in Antwerp, I came under the responsibility of [Mary] Prijot, the teacher, and I was sitting with Dries [Van Noten], Ann [Demeulemeester], Dirk [Van Saene], Walter [Van Beirendonck], Marina [Yee] and Martin [Margiela] in the same room: that's how it all started."

Is there a sense of roots that come out in anything that you've done?
"No, not at all."

Do you feel like you are a European?
"This is much better, but I would even go further: worldwide!"

GEOGRAPHICAL IDENTITY

Looking at the global fashion industry now, do you think a sense of origin and sense of place – a geographical identity – is important?
"The moment the Internet broke through changed everything. Communication via the Internet and all these other systems is not the same as it was before. Before it was very local – it was Milan, it was London – now, everybody knows how to communicate quickly. Before you know it, you are looking at the work of a Brazilian designer without even realising it. So, roots? I think they become less and less important. "

Even in your earlier collections, though – when you were creating pieces that were more influenced by military garb, for example – was there not a sense of origin?
"I was thinking about this question of what has actually influenced me – because when I went to school in Antwerp, I knew the name Yves Saint Laurent, and I knew the name Christian Dior, but that was all I knew: I didn't even really know what they did. So in some respect there was absolutely no fashion background whatsoever before I stepped into that school, which means that everything I did from day one – what they showed me there, what I heard from my colleagues, what we were talking about – was the starting line. I remember a *GQ* magazine cover in, I guess, the 1980s. It was a picture by Bruce Weber. It was just a guy, a typical American guy with short hair and he had Ray-Ban Wayfarers on and I remember I was just so struck by it. I'm a very visual person. Everything I like, everything around me, has to be beautiful. My eyes are always chasing beauty."

So not club style or anything like that?
"No, no, no. I was much more Olympic. I could say my influence might have been Nike, Bruce Weber and Giorgio Armani; put them in a blender and this was my vision. I couldn't work at that time with Nike because it was really sport-sport. Armani for me was spot-on at the time. And then obviously, when you saw Armani campaigns done by Herb Ritts or Bruce Weber – it was apocalyptic for me! As far as I'm concerned, these guys created my rules."

And did you draw anything from vernacular style, from people on the streets?
"I remember one of my first interviews was "what is your perfect outfit for a man?". I was at school still, in the final year, and I said, "A white Hanes T-Shirt, a 501 from Levis and a pair of All Stars", and if you asked me today, I would tell you exactly the same thing, just perhaps with other labels, but in some respects it didn't change. I always saw my vision there."

Dirk Bikkembergs, Gold underwear 2009 campaign,
shot in the desert of South Africa
image courtesy of press office

Portrait of Dirk Bikkembergs
image courtesy of press office

next page:
Dirk Bikkembergs, black leather boots, end 80s early 90s
image by Kristof Vrancken for Modemuseum Hasselt

ANN & DRIES

Is that partly because your interest is with the body in the clothes rather than the clothes themselves?
"Of course! But I always admired people who could live with strong willpower and self-discipline. I was always fascinated. People in the fashion business don't realise how much passion and compassion it takes to be a sportsman. They never understood that vision."

So your understanding of fashion all came from the education that you got?
"I think Antwerp was a moment in time, same goes for the people who we were with. In some respects, we handed it to each other; the taste or the vision was very personal for each of us. Everybody had his own way of seeing things. I could see it in front of me when everyone was sitting there: Ann was thinking one way, Dries another, Martin another and so on. I remember all of us were exactly like we are today, which is great, because nobody has been over-influenced or become someone else."

At the time when you all came out of the Academy, your generation had the support of the Golden Spindle Awards, which nowadays people view as having been very important. Do you look back and see this support as being a big deal?
"I don't know. It was nice at the time. But it was perhaps just another 'electric shock' to say "Okay, keep it up!" With or without it, I would have done the same thing afterwards."

NY PARIS

Do you think that your career would have been very different if you had come from a fashion 'capital', such as Paris or New York?
"Basically, whether in London or New York or wherever, at that moment people were looking at pictures by Bruce Weber, I would have gone after the same thing, I think. I don't think it would have changed anything in my vision of what I liked, no."

I always think that the designers that come out of Antwerp – not just in your time, but in general – are very good at presenting their work as a complete story. It's a bit like pitching a movie.
"In the years that we were at school, every end of year we had to give our presentation. I'd always watch these presentations and think about what I liked and what I wanted to do better. When we came out of school and there was no competition, we were always very on the ball, and able to tell a strong story in 30 seconds."

Because you never had a sense of entitlement, a belief that someone would listen to you, come what may?
"You have to consider that at that time, there was a lot of hunger in fashion. People really wanted things to happen. It's not like that today anymore – who's still hungry? Everybody has everything! I think, to be honest with you, that we lived through the most amazing time in fashion that there has ever been, in the 1980s, 1990s. By 2000, it was already over for me."

In the early days, you were making high fashion collections that were a lot to do with construction and detailing and so on. Do you think that people still understand those kinds of garments?
"Do you think they don't make the effort to think it through? I don't think that people sit down and start analysing a jacket. I analysed way too much, everything, which wasn't necessary. People look at a global movie in a blink of an eye – you either catch their attention or you don't."

SATISFACTION

I know there was this point for you when you felt you were done with the whole fashion carousel...
"I have never ever been a person who was really after the fashion thing – it was just a process. But when the day came that I put the football on the table, this was where I was meant to be: I was meant to be on the blacklist of Nike, I was meant to be on the blacklist of Adidas. This was what I was meant to do with my life."

So you're absolutely interested in mass fashion rather than something more rarefied?
"I like to reach an audience that is not interested in fashion for the sake of fashion. So when I did my shoes and saw regular guys who were not interested in fashion wearing them, that was satisfaction for me. To satisfy Anna Wintour is one thing. But to have a guy that has no idea and he goes in a shop and opens his wallet and he pays €150 for a pair of shoes or a jacket, and you see him in the street, and then you turn around, and there's another one, and another one..."

Have you now stepped back from doing anything with fashion?
"I sold my company in 2010, and I think 2011 was the last time I picked up a fashion magazine. I don't feel fashion anymore. I love, for example, Uniqlo. I love these kinds of things because I think they are 'just right'. And at the same time, fashion became so expensive, and that means that the niche that it was in the 1980s or 1990s became even smaller. In the 1980s, if a woman really wanted a Thierry Mugler *tailleur*, she could afford it. Today you have to be a Rockefeller. The whole market has shifted: it's just about money. It's about making business turnover grow every year."

ENJOYING LIFE

"What they sell you today is completely other-world – I don't feel it anymore. I liked the period that I started in. If you speak to an 18-year-old at Central Saint Martins, they will probably say something different: that now is the moment, which I can understand. But for me, it was perfectly fine in our day because we were all hungry for fashion. Every six months we'd take two old cars from Antwerp and drive to Paris for the shows. We had fake tickets because it was a fight to get in. It's not like that anymore: today you can click on your screen and watch the fashion shows in your bath. It's not my thing."

"Now I'm enjoying my life: I only do from morning to evening what I really want to. I worked non-stop for thirty years, but I did it with love and if I lived my life over I would do it again. If I had felt that what I was doing would lead to something that had an impact, I would probably have continued, but I could see that it wasn't. The fashion industry today is completely ruthless; it has nothing to do with beauty. It's just about turnover. There's no room for love."

Hettie Judah is a writer and art critic for *The I*, art critic for *Artnet*, culture correspondent for *NYT/ T Mag*, art writer for *The Spaces* and contributing editor *ArtReview*.

ATELIER x FACTORY
IRIS VAN DER HEIJDEN
F

JAGA

IL GRANITO

DELTARACK

HUIS PAUWELS SPAENJERS

INDERA

ARTE

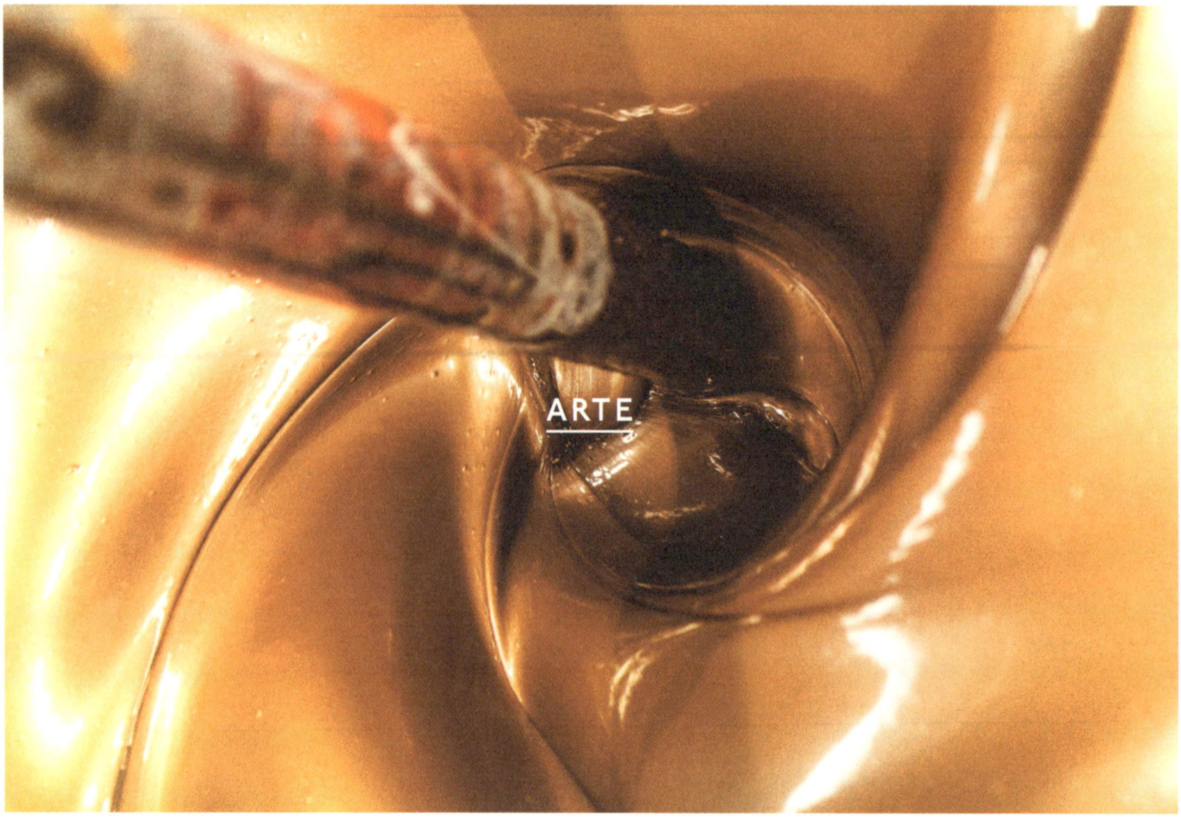

ARTGLAS

TRIBÙ

KASPAR HAMACHER

Iris van der Heijden is a graphic designer, born and raised in Maastricht. She graduated as Master of Arts at PXL-MAD School of Arts in Hasselt in 2016. The interaction between music and visuals constitutes the main theme in her work. Besides working as an interaction and graphic designer, Iris is also focussed on concepting, photography, video and illustration.

INTEGRITY

SUSTAIN WHAT MAKES LAND
MIRROR CLEAR OUR INTENT
COMPOSE THE DECAY OF LOSS

05

No design can exist on its own. It is always, and sometimes in a very complex way, influenced by a wide constellation of situations and attitudes. It is always dependent on its surroundings, the resources of the planet. Skill, vision, knowledge of materials, and conscious, honest use, all contribute to sustainability.

SUSTAINABILITY AND HONESTY

JOHN THACKARA

Scientists at Harvard have reported, with great fanfare, that the human brain runs on less energy than a household light bulb. Given its 86 billion neurons, and phenomenal computing power, this is an impressive technical performance. The only shame is that our brain has not proved itself to be as wise as it is energy efficient. The opposite is in fact the case. Our cool-running brains perceive it as normal to consume non-renewable resources, at an accelerating rate, in a finite world. With barely a second thought, we make money, rather than life, the defining cultural value of our species.

It's not that human beings are crazy, or deceitful by nature. Rather, our brains are processing incomplete data. Paved surfaces, and pervasive media, shield us from direct experience of the damage our activities cause to soils, oceans, forests, and air. Out of sight, out of mind.

This metabolic rift – between ourselves, and the living systems that surround us – is one reason we are so easily distracted by symptoms, at the expense of underlying causes. Two simple examples: if you or I take our shopping home in a re-used bag, and feel good about doing so, the bag is typically responsible for about one-thousandth of the footprint of the food it contains. Or if I turn off my phone charger, on the principle that every little bit helps, the energy saved in switching off for one day is used up in one second of driving a car. Re-using a bag or turning off a charger may make us feel good about ourselves – but a focus on small actions deflects attention from the underlying values and structures that shape our behaviour in the first place.

I experienced the grim consequence of this dilemma at a meeting of the 200 sustainability managers who work for a famous home furnishing giant in Sweden. During 20 years of hard work on sustainability, this famous company has made thousands of rigorously-tested improvements. The range of improvements is startling – even admirable – except for one fact: the one thing this huge company has not done is question whether it should grow. On the contrary: it is committed to double in size by 2020. And why? The senior manager who briefed our meeting on this plan put this growth into context: "Growth is needed", she explained, "to finance the sustainability improvements we all want to make".

A fatal flaw with her argument is best explained by the company's use of wood. The company is committed to a goal that half of all the wood it uses will be responsibly sourced. The problem is that as the company doubles in size, the other half of the wood it uses – the un-certified half – will be twice as much as all the wood it uses today. The impact on the world's forests, of this one company's hunger for resources, will be catastrophic. "Doing less harm" in a growth-at-all-costs economy means doing more harm in the medium term.

The committed and gifted people I met in Sweden – along with sustainability teams in hundreds of the world's major companies – are confronted by an awful dilemma. As long as growth remains the highest imperative, promises to "do less harm" or to leave the world "as unspoilt as possible" will remain empty.

What will it take to be a better ancestor and leave the world better than we found it? The answer, for me, is not a moral choice between honesty and dishonesty, good and bad. Rather, it's a practical matter of connecting with the myriad grassroots projects now emerging around the world whose core value is stewardship, rather than extraction. These edge projects and networks are the seeds of a new economy, in which care for the wellbeing of social and ecological systems replaces money as the ultimate measure of progress. Growth, in this care economy, takes on new meaning as the improved health of soils, plants, animals – and people. This new economy is not backwards-looking; it embraces technological innovations, too, but with a different mental model of what they should be used for. With every action we take, however small – each one a new way to feed, shelter, and heal ourselves, in partnership with living systems – the easier it becomes. Another world is not just possible; it is happening, now.

John Thackara is a publicist, designer, philosopher, but most of all, someone who puts things in motion. He is unique in his ability to offer words and indicate patterns: how small actions lead to large changes in systems. His motto is 'to do things differently, we need to see things differently' – and in that he attributes an important role to design. In September 2015, his most recent book was published, *How to Thrive in the Next Economy: designing tomorrow's world today.*

ILLUMINATION

ICK REUVIS

PHOTOGRAPHER KRISTOF VRANCKEN
ART DIRECTOR PABLO HANNON
ASSISTANT PHOTOGRAPHY JONAS VRANCKEN

previous spread:

Patrick (Ick) Reuvis' *Illumination* light totems are assembled from old glass opaline lampshades. Form and colour are matched to create a new, luminous sculpture, the whole exceeding the sum of the respective parts. It is considered to be a synthesis of lampshades from bygone decades. Reuvis is deemed an assembler and remixer; his work elevates upcycling to serendipitous sculpture.

A TO Z

K

Khuan + Ktron

Khuan + Ktron is the international-sounding studio manned by the Ningtiendo Segah, Mikail Mitmalka and Steebz aka ACPL trio. At least, that's what it says in their statutes. In reality, however, it is about illustrator Steve Reggers. Graphic-design studio Khuan + Ktron is known for its characteristic colourful illustrations for magazines such as *The Good Life*, *Wired* and *Monocle*. It creates everything from infographics to pamphlets and magazine covers.
www.khuan-ktron.com
—

Komono

Belgian accessories purveyor KOMONO – founded by Limburger Raf Maes and Anton Janssens – has found favor with many through the label's smartly designed array of eyewear and wristwear.
www.komono.com
—

Niek Kosten

Niek Kosten (°1986, Genk) is a graphical designer who says "design is everywhere". In his work, he investigates e.g. activism and visual identity. His graduating project is at the base of this. In *Manifest voor Winterslag Cité*, he tried to visualize the identity of a place by designing e.g. a flag. www.niekkosten.be
— CHAPTER 8

Kreon

Kreon is a trendsetting lighting manufacturer situated in Opglabbeek which approaches lighting from an architectural perspective. Kristof Pycke is the art director since 2005. He graduated with a Master's Degree at Henry van de Velde Institute in Antwerp in 1995.
www.kreon.com
—

Matylda Krzykowski

Matylda Krzykowski is a designer, curator and cultural advisor. She is co-founder of Depot Basel, a place for contemporary design. Krzykowski's work is introspective, as it explores and experiments with the inner mechanisms of design. She lives in Basel and London.
matyldakrzykowski.com
— CHAPTER 4

Kunstschool Genk

1952: Founding of the Genk 'Kunstkring Streven'.
1956 till 1957: The city of Genk takes over the private school, naming it 'Gemeentelijke school voor Sierkunsten en Tekenen'.
1966: The level is raised from lower to higher secondary art education.
1969: Founding of Higher Art Education with Visual Communication and Industrial Design departments.
1974: Separation into two autonomous institutions. All-day school: Stedelijk Hoger Instituut voor Visuele Kommunikatie en Vormgeving (SHIVKV). Evening and weekend classes: Stedelijke Academie voor Plastische Kunsten.
1994: The school is taken over by the Catholic education system.
1995 to 1996: Secondary art education is separated from higher art education and becomes officially Kunstschool Genk.
www.kunstschool-genk.be
—

Jan Kuppers

After studying Product Design Jan launched his first leather accessory collection with Michaël Verheyden and started teaching Design. In 2007 he organized a new department Industrial Design at Kunstschool Genk. In 2014 he received a *Henry van de Velde Label* for *Linea*,an outdoorset, created for the label kuppers&wuytens. In 2016 he started Monx coffee with Wilfried Thuwis.
www.monx.be
— CHAPTER 8

Tom Lambeens

The artistic practice of Graphic Designer and Doctor in the Arts Tom Lambeens concentrates on the presentation of daily phenomena. He focuses primarily on concepts like gravity, space, light and materiality, particularly of liquids.
— CHAPTER 5

Lore Langendries

Lore Langendries, Doctor in the Arts since 2015, is an artistic maker active in the field of contemporary jewellery and object design, based in Hasselt. In 2010 she received her Master's degree in Arts from the MAD-faculty in Hasselt.
www.lorelangendries.com
—

Bart Lens

The designs of Bart Lens excel in their simplicity and elicit both a tangible and visual impact. Bart Lens is the founder of Lens°Ass studio, and works on projects from architecture and interior design to product and concept development. He designed for companies such as Moome, Jongform, Eden Design but was also asked to guide BKRK into another era. He took on the job as curator of the site with the main goal of bringing back the artisan craftmanship of long ago.
www.lensass.be
www.objetbart.be
— CHAPTER 8

LUCA School of Arts campus C-mine

Until 1995, LUCA School of Arts campus C-mine went by the name of SHIVKV (Stedelijk Hoger Instituut voor Visuele Kommunicatie en Vormgeving).
1995 till 2010: Katholieke Hogeschool Limburg (KHLim). The name changed from Industriële Vormgeving to Product Design.
2010 till 2015: MAD-faculty
2015 till today: LUCA School of Arts campus C-mine with study programmes in Product Design, Photography, Animation Film, Communication & Media Design, Television & Film, and a postgraduate in Multimedia & Communications.
www.luca-arts.be/campus/c-mine-genk
— CHAPTERS 1, 2, 3, 6, 9, 10

LES HOMMES

LES HOMMES was created ten years ago by Belgian fashion designers Bart Vandebosch (Tongeren) and his partner Tom Notte. Both graduated from the Royal Academy of Fine Arts in Antwerp. Tom and Bart have formed an inseparable duo since they first met. Very charismatic designers with a strong personality, their menswear is sculpted, slender and sharp; a vision of fashion that brought LES HOMMES to be one of the most celebrated modern menswear brands.
www.leshommes.com
—

Kimberly Lloyd

Lloyd and Associates is a creative agency operating at the borderlands of experiential marketing, visual communication, luxury goods branding and premier publishing solutions. Founded by Kimberly Lloyd, the studio is a cross-pollination of merging disciplines driven by alternative perspectives and dynamic grids of interpretation that serve to catalyze exceptional time-honored design practices. With a cumulative repertoire spanning product development, commercial conceptualization, art curation, exhibition and environmental design, Lloyd and Associates is a vanguard in award-winning portfolios for international businesses and brands.
www.lloyd-associates.de
— CHAPTER 10

Kristof Luyckx

Kristof Luyckx (°1981) started working in 2009 as a freelance director, illustrator, motion designer and animator to work on commercial and personal projects.
www.kristofluyckx.be
—

Pieterjan Luyten

Pieterjan Luyten is a young photographer who has lost his heart to a photographic style which is characterised by stark, minimalistic/ simplistic compositions. Playing with light and dark, and tight framing and positioning are the elements I use to create an image which stops the spectator in his tracks. Whether in series for *NRC*, *De Morgen* or other Dutch newspapers or for his more hands-on assignments, he leaves his mark by staying close to the thin line between a natural, and a carefully constructed image, in every photograph. www.pieterjanluyten.com
— CHAPTER 8

Stan Maes

Stan Maes is a multi-award-winning Product Designer. Following positions throughout all of Europe, he worked for the Austrian company Kiska for ten years. This was followed by a position as lecturer at MAD-faculty in Limburg. Today, Maes is working as a freelance product designer for companies like Leica, Audiodata and Blaser. www.stanmaesproductdesign.com
— CHAPTER 8

Jeroen Maes

As artistic coordinator, Jeroen Maes was in 2007 among the founders of the glass centre GlazenHuis in Lommel, Belgium. From a theoretical and practical knowledge of old and new glass, of concept and technique, he made eighteen heterogeneous exhibitions. Several times he confronted high-quality contemporary art and design with unique historical decorative and utility glass. On the initiative of the Charlotte van der Seijs Foundation Jeroen Maes developed this triennial international competition for glass art and design. www.hetglazenhuis.be
—

MaisonCaro

MaisonCaro is a creative space created by Carolien Van den hole. Focused in telling stories and creating experiences in three-dimensional space resulting in environments such as sets, events, installations & interiors. Caro partly grew up in Jakarta, Indonesia. She mastered in Product Design at the Media & Design Academy in Genk and in Textile Design at Sint-Lucas Visuals Arts in Gent. Additional to working she followed courses in Food design by Marti Quixé and Experience design in BoisBuchet. She worked at Addictlab, Elvis Pompilio, Sofie Lachaert & Boss paints. www.maisoncaro.be
— CHAPTER 8

Mammae

Mammae developed a discrete breastfeeding bra. Based in Hasselt. www.mammae.be
— CHAPTER 7

Martin Margiela

Martin Margiela graduated from the Royal Academy of Fine Arts in Antwerp in 1980, and went to work as an assistent of Jean-Paul Gaultier in Paris. Five years later he set up his first fashion show in Paris, for which he teamed up with Jenny Meirens and became Maison Martin Margiela. He worked with different themes, like the reproduction of materials and deconstruction of patterns and shapes. In 2009 Martin Margiela pulled back in all discretion from la Maison, which still bears his name. www.maisonmargiela.com
— CHAPTERS 1, 3, 4, 6, 8

Jelle Martens

Jelle Martens (°1990, Neerpelt) is a Belgian artist, graphic designer and photographer. Since studying at art academy in Ghent he has provided graphic design work for the W.E.R.F. label, Vinyl On Demand, Other People, Software label,... as well for several cultural intentions.
— CHAPTER 8

Modemuseum Hasselt

ModeMuseum Hasselt (Fashion Museum Hasselt) opened in 1989. MMH is a municipal museum of authentic clothing and accessories, which is housed in a converted monastery. modemuseumhasselt.be
— CHAPTER 4

IT IS NO LONGER IN THE HANDS OF THE GODS, BUT WE MIGHT NEED ANOTHER APOLLO.

KURT VANBELLEGHEM

"We generally tend to think of evolution as something that takes a lot of time, and therefore moves slowly. It can easily take between hundreds of thousands and millions of years for species to evolve and adapt to changing circumstances. But apparently this is not always the case."

Pim Martens, mathematician and Professor of Global Change and Sustainable Development.

"We tend to see design and sustainability from the perspective of a provider. And this necessarily means that we tend to filter everything we see through the lens of our own competence. We now need to consider a whole new paradigm – a paradigm that revolves around and is driven by the community for whom design, innovation and sustainable change is being conceived. (...) Then, and only then, will our designs and innovations become contextually relevant, culturally appropriate and sustainable in a meaningful way."

Dr R. Balasubramaniam, development activist, medical doctor, Mysore, India

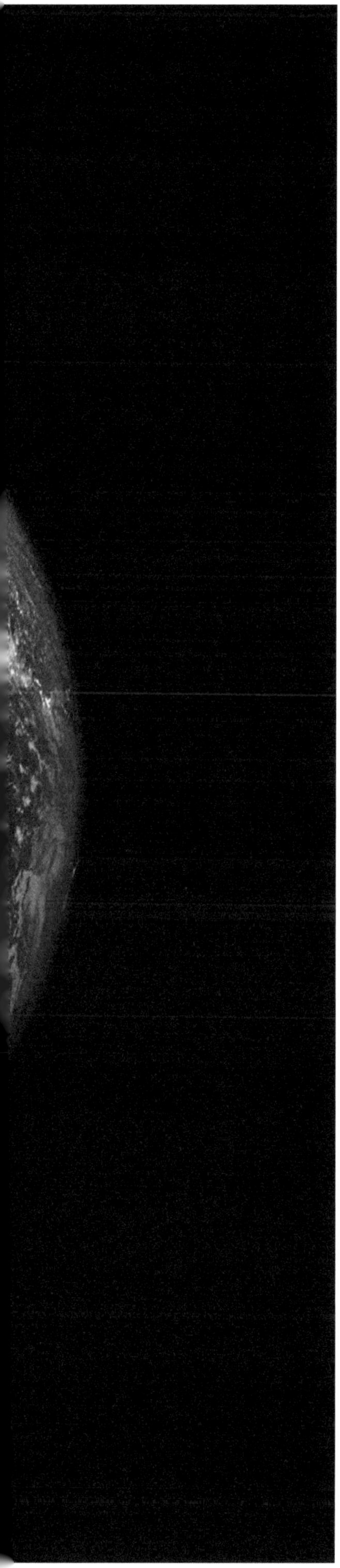

THE BLUE MARBLE

On 7 December 1972, as the last manned NASA moon flight was about 45,000 km above Earth, the crew of the Apollo 17 spacecraft took a number of photos of our planet. One of those images, officially labelled by NASA as AS17-148-22727[1], would become the most iconographic and most widely-distributed photo of our planet ever, nicknamed 'The Blue Marble'. So it's less than 50 years ago that mankind first got a real image of that fragile pale blue dot in that immeasurable black setting.

The famous words spoken by Eugen Cernan, one of the astronauts on that flight, and last man on the moon to date, have become much more than merely symbolic: *"We went to the Moon and discovered the Earth."*[2] His words inspired astrophysicist Neil deGrasse Tyson to make the short film essay *We Stopped Dreaming - A New Perspective*, in which he presents a summary of all the accomplishments in American environmental policy which took place during the time of the Apollo missions. *"During our race to the Moon we found time to start thinking about Earth. That is space operating on our culture, and you cannot even put a price on that. That is a nation, that is a world reacting to a new perspective of what it is to be alive, to be on this planet that we all share."*[3]

In his article on the impact of iconographic photography, American biochemist Gregory Petsko sketches, in a poetic, geopolitical-ecological way, the prototypical use of this Blue Marble image within an emerging ecological awareness: *"The timing of the picture was auspicious, to say the least. The early 1970s marked the beginning of an era of environmental activism in the US, and the Blue Marble Earth photo, being the first ever taken of an illuminated face of the entire planet, rapidly became a symbol of the movement. It's easy to see why. Our whole planet suddenly, in this image, seemed tiny, vulnerable, and incredibly lonely against the vast blackness of the cosmos. It also seemed whole in a way that no map could illustrate. Regional conflict and petty differences could be dismissed as trivial compared with environmental dangers that threatened all of humanity, travelling together through the void on this fragile-looking marble."*[4]

1. National Aeronautics and Space Administration (NASA) online image library http://spaceflight.nasa.gov/gallery/images/apollo/apollo17/html/as17-148-22727.html.
2. Quoted in Ulrich Grober, *Sustainability, A Cultural History*, Green Books, 2012, ISBN 978-0-85784-045-5, p. 21.
3. Neil deGrasse Tyson, *We Stopped Dreaming (Episode 2) - A New Perspective*, published on YouTube on 3 June 2012. www.youtube.com/watch?v=BFO2usVjfQc.
4. Gregory A. Petsko, "The Blue Marble", article published online on 28 April 2011 in *Genome Biology* 2011 12:112, reference 10.1186/gb-2011-12-4-112.

AS17-148-22727, 7 December 1972, NASA

Let's not go so far as to claim that this image set in motion the sustainability debate as we are now experiencing it, but it is an absolute, albeit indirect, achievement of the former Apollo Project that our urge to explore space determined the manner in which we now consider sustainability on our planet. The unconscious implications of the ambition to walk around on the moon radically changed our view of Earth. As so often happens in history, this was synchronous with numerous other events, meetings, reflections and inventions which have given shape to, and become a part of, a global movement which increasingly strongly demands attention for the problems caused by a rampant, uncontrolled abuse of Earth's natural riches.

FROM PLATO'S CAVE TO SPACESHIP EARTH

The notion of sustainability has always existed. In his majestic book *Collapse*, evolutionary biologist and environmental scientist Jared Diamond describes the downfall of the greatest civilisation the world has ever known. The central thread in the book is that the repeated disastrous impact on the living environment as a result of a long-lasting, thoughtless use of natural sources emerges as one the most important causes with which to explain the collapse of those rich and powerful communities.[5]

As far back as the 5th century before Christ, Plato reflected, in his allegory of the cave, on mankind's inability to live in balance with nature. His assertion is that as long as mankind is incapable of reaching a perfect symbiosis with nature, it is also incapable of understanding the authenticity of the world, and is doomed to live in a world which is merely an image of the actual reality. *"And as long as we do not know the nature of the good, the just, or the beautiful, we can never attain real knowledge as to which particulars are good, just, or beautiful either."* [6]

In his *Meditations*, a series of posthumously published personal notes and thoughts, the Roman emperor Marcus Aurelius (161-180 AD) ponders the idea of Unus Mundus, where the emphasis is on the absolute necessity of finding and maintaining a perfect balance between, on the one hand, everything that is present on Earth, and on the other hand, everything that mankind creates: *"All things are implicated with one another, and the bond is holy. For there is one world (unus mundus) made up of all things, and one god who pervades all things, and one substance, and one law, one common reason in all intelligent animals."*[7]

From that point on, we perceive that the reflections on sustainability throughout more than 1,500 years have taken place almost exclusively within a religious discourse. During that long period, everything about this is dominated by the concept of divine providence, and treated within its indisputable impact on nature and on the life of medieval man. From the Renaissance on, scientists and philosophers such as Leonardo da Vinci, Johannes Kepler, Blaise Pascal, René Descartes and Baruch Spinoza did explore other routes regarding sustainability, but their theories largely remained by-products, and thoughts in the margin, of the work which put their names in the history books. We have to wait until after 1750 to see new points of view and opinions, when the consequences of a sharp increase in the population and a corresponding consumption of raw materials, fuelled by the first Industrial Revolution, start to trickle through. From that point on, for the first time, there is a growing insight into the finiteness of the Earth's capacity.[8] In 1798, the pessimistic but influential *Essay on the Principle of Population* by the British demographer, economist and preacher Thomas Malthus appeared, in which he described the potentially catastrophic consequences of the exponential growth in population which was taking place at that time, and which was not supported by a proportionate increase in food production. His radical solution was to forbid people to start a family if they did not have the means to support that family.[9]

"Een duurzaam beeld veronderstelt een bestendige blik op de wereld. Deze blik moet langer aangehouden worden dan het fysieke momentum en moet ook zelf aan verduring onderhevig zijn. Duurzaamheid veronderstelt dus een strenge omgang met weerbare materialen om tot de ontwikkeling van een dergelijke blik te komen. Het is net het duurzame dat de duurzaamheid aantast. Onze 'obsessie' voor duurzaamheid duidt op een gefixeerde belangstelling voor het duurzame als materieel gegeven, dat evenzeer van voorbijgaande aard blijkt te zijn. Het ene duurzame voorwerp ruilen we met sprekend gemak in voor een ander slijtvast object."

Tom Lambeens

In the first half of the 19th century, and from a more humanist point of view, the economic philosopher John Stuart Mill developed his vision on the stable state, an economic, social and political equilibrium, making him the first to integrate an ecological and sustainable development into general considerations on social models. To be fair, the discussion was not framed those terms at that time.[10] It was not until the end of the 19th century that the Danish botanist, Eugenius Warming, elaborated on the principles of ecological discipline in the margin of his research into the physiological relation between plants and their surroundings.[11] It would take until 1987 before we would see the expression 'sustainable development' being defined and assimilated.[12]

After the Second World War, the world economy experienced exponential growth, and early in the 1960s, the first protests against the disastrous impact of the way in which large-scale industry was treating the Earth, were already taking place. It was at this time, when NASA's Apollo programme was being thought up and implemented, that the sustainability discourse within which we still think and act took on its present form.

In 1962, American marine biologist and environmental activist Rachel Carson published her book *Silent Spring*, in which she strongly criticised the then-widespread use of the disastrous pesticide DDT. Not only did her protest lead to a ban on the use of that weed killer, she inadvertently became an influential voice and a significant symbol of the upcoming environmental movement.

"Duurzaamheid is het ontwerpen en ontwikkelen van producten met een sociale impact op de gemeenschap die ze produceert, met respect voor hun omgeving en de omgeving waarin ze terechtkomen. Specifiek werken we samen met arme inheemse gemeenschappen in Guatemala. Door daar werkgelegenheid te creëren en kennis te delen, trachten we de eeuwenoude weeftraditie in stand te houden. We creëren bewustzijn bij de consument door te communiceren over het ecologische productieproces, de weeftraditie en de levensomstandigheden van de wevers. Doordat duurzaamheid een 'business' is geworden, denken we immers al te vaak dat duurzaamheid gekocht kan worden en onze levenswijze onaangepast kan blijven."

Hanne De Wyngaert

5. Jared Diamond, *Collapse: How Societies Choose to Fail or Survive*, North Point Press, 2004, ISBN 978-01430-365-55.
6. Steinar Bøyum, "The Concept of Philosophical Education", in *Educational Theory*, University of Bergen, Norway, Volume 60, no. 5, 2010, pp. 543-559.
7. Marcus Aurelius, *Meditations*, Penguin Classics, 2006, translated and annotated by Martin Hammond, ISBN 978-01404-493-34.
8. Desta Mebratu, *Sustainability and Sustainable Development: Historical and Conceptual Review*, published by the International Institute for Industrial Environmental Economics, Lund University, Environmental Impact Assessment Review, Elsevier Science, 1998, no. 18, pp. 493-520.
9. Thomas Malthus, *An Essay on the Principle of Population*, Online version provided by the Library of Economics and Liberty, www.econlib.org/library/Malthus/malPlong.html.
10. John Stuart Mill, *Principles of Political Economy with some of their Applications to Social Philosophy*, Online version provided by the Library of Economics and Liberty, www.econlib.org/library/Mill/mlP.html.
11. Leslie Real & James Brown (Eds), *Foundations of Ecology*, University of Chicago Press., 1991, ISBN 978-02267-059-41.
12. In 1987, the UN's World Commission on Environment and Development (WCED), led by the former Norwegian Prime Minister Gro Harlem Brundtland, published the report *'Our Common Future'*. That report defined sustainable development as the development which matches the needs of the present, without endangering the ability of future generations to meet their own needs.

Some years later, on the other side of the ocean, British economist and peace activist Kenneth Boulding developed his Spaceship Earth metaphor, in his ground-breaking essay *The Economics of the Coming Spaceship Earth*,[13] in which he warns against the disastrous consequences of an open economic model which continues to behave as though it has unlimited natural resources at its disposal. The economy of the future should take on a closed form, and people can regard Earth as a spaceship with limited supplies which can be used, but must also be constantly replenished. Mankind is not above nature, but is an elementary component of a circular ecological system. Within the sustainability discourse, his essay is regarded as being fundamentally instrumental. Thanks to the symbol of Spaceship Earth, awareness grew that, if mankind wanted to remain much longer as a species on this Earth, the economy would have to operate in a direct balanced interaction with nature. American designer and system theoretician Buckminster Fuller would almost immediately incorporate Boulding's ideas into his own thinking, and subsequently published his Operating Manual for Spaceship Earth in 1968. In it, he writes: *"We can make all of humanity successful through science's world-engulfing industrial evolution provided that we are not so foolish as to continue to exhaust in a split second of astronomical history the orderly energy savings of billions of years' energy conservation aboard our Spaceship Earth. These energy savings have been put into our Spaceship's life-regeneration-guaranteeing bank account for use only in self-starter functions."*[14]

As well as the fact that his vision laid the basis for our present-day experiments in the field of circular economy, Kenneth Boulding's spaceship metaphor continues to inspire many. In 2013, social economist Clive Spash re-evaluated Boulding's original text and came to the following observation: *"Almost 50 years later we are no longer in the luxurious position of being able to reflect in an abstract way about such issues, as if they only affected some distant future generation to come. The consequences of hitting the biophysical constraints are still an all too present reality."*[15]

INTRODUCING THE SOCIAL WITHIN THE INSTITUTIONAL

In 1972, a few months before the Apollo 7 crew would give mankind an effective picture of Spaceship Earth for the first time, a report entitled 'The Limits to Growth', better known as the Club of Rome report, was released. A group of leading scientists and economists came, by way of all sorts of computer models, to an apocalyptic conclusion: *"If the present growth trends in world population, industrialisation, pollution, food production and resource depletion continue unchanged, the limits to growth on this planet will be reached sometime within the next one hundred years. The most probable result will be a rather sudden and uncontrollable decline in both population and industrial capacity."*[16]

Thanks to this publication by an internationally renowned think tank, the issues regarding the overexploitation of our planet landed high on the agendas of numerous national and international political organisations. In that same year, the UN organised the first of a series of conferences in Stockholm on the impending ecological crisis. The final report of these 'Conferences on the Human Environment' reached a joint conclusion: *"A point has been reached in history when we must shape our actions throughout the world with a more prudent care for their environmental consequences. Through ignorance or indifference, we can do massive and irreversible harm to the earthly environment on which our life and well-being depend. Conversely, through fuller knowledge and wiser action, we can achieve for ourselves and our posterity a better life in an environment more in keeping with human needs and hopes . . . To defend and improve the human environment for present and future generations has become an imperative goal for mankind."*[17]

A year earlier, in 1971, Victor Papanek finally submitted for printing a publication which he had spent years painstakingly preparing, and with which he generated a radical and permanent change in the way in which designers developed their design practices. Papanek, who was born in Austria in 1923 but emigrated to America in 1939, after the *Anschluss*, put paid, in his publication *Design for the Real World: Human Ecology and Social Change*[18], to numerous obsolete visions on and taboos in the field of design. One of his most controversial propositions was the idea, extremely radical for the time, that a designer had to have conscious knowledge of the social context in which his designs functioned, and that he should integrate that context into his thinking on the finished design. He himself

"In my field, industrial design, sustainability is present in the analytical, conceptual and development phases. If attention is paid, during these phases, to market needs, re-usability, modularity, product improvement, detail solutions, production techniques, assembly and disassembly, then a sustainable product can be created which will last for years. The sustainability concept must always meet external financial demands. A product may well be sustainable and well thought out, but above all, it has to have the right price, quality and batch size. Commercial designers often use sustainability to come across as exclusive, and that keeps prices high. A sustainable product doesn't necessarily have to be more expensive or of a lesser quality."

Frans Hegge

described it as follows: *"It is a necessity for designers to adopt a morally responsible and holistic approach, adapting technology to the individual's real needs and tapping into the wisdom and experience of other societies."*

Papanek's ideas initially met with a great deal of resistance, and it was only a new generation of designers which would work out his ideas within their own practices. Thanks to Papanek, they were in particular aware of the responsibility they bear. In the preface of his increasingly relevant publication, he already referred to that liability: *"In an age of mass production when everything must be planned and designed, design has become the most powerful tool with which man shapes his tools and environments (and, by extension, society and himself). This demands high social and moral responsibility from the designer. It also demands greater understanding of the people by those who practise design and more insight into the design process by the public. Design must become an innovative, highly creative, cross-disciplinary tool responsive to the true needs of men."*

The impact Papanek's thinking had on present-day design discourse is immense. Many design students still regard his 1971 book as their design bible, and all forms of social design have been directly developed from his ideas. However, his influence reaches beyond the present-day design practices, and with his attention to the social context has resounded directly in the broader debate on sustainability.

The UN Commission on Environment and Development, known as the Brundtland Commission after its chairman, former Norwegian Prime Minister Gro Harlem Bruntland, came up with a definition of the notion of sustainable development for the first time in the *Our Common Future* report from 1987. That report defines sustainable development as the "development which matches the needs of the present, without endangering the ability of future generations to meet their own needs"[19]. In this approach to sustainable development, there is not only an ideal balance between ecological and economic interests, but both must also strive for an ideal balance with the social reality. So Papanek's thinking also ensured that from 1987 on, political authorities made clear links between economic growth, environmental problems and the poverty and development issue. This is exactly what Professor Michael Redclift, of King's College in London, indicates in his analysis of the impact of the Brundtland report: *"This report led directly to the term 'sustainable development' passing into policy discourse, if not into everyday language. It was also the first overview of the globe, which considered the environmental aspects of development from an economic, social and political perspective."*[20]

"Duurzaamheid is binnen onze ontwerppraktijk een contradictorisch gegeven. Hoe duurzaam projecten ook worden uitgevoerd, ze staan altijd haaks op het duurzaamheidsprincipe. Als conceptbureau proberen we namelijk onze klanten meer business te later genereren. Wel kunnen we onze ecologische voetafdruk zo veel mogelijk verlagen. Hoewel milieuvriendelijke producten niet bestaan, proberen we de schade te beperken door met verantwoorde materialen en technologieën te werken. We moeten afstappen van het idee dat de natuur zelf hierdoor gediend wordt. Het is in de eerste plaats uit zelfbescherming dat de mens zijn omgeving stabiel tracht te houden."

Serge Haelterman

13. Kenneth Boulding, *The Economics of the Coming Spaceship Earth*, 1966. Downloadable in PDF version on www.ub.edu/prometheus21/articulos/.../BOULDING.pdf.
14. Buckminster Fuller, *Operating Manual for Spaceship Earth*, Lars Muller Publishers, Edition published in 2008, ISBN 978-30377-812-65.
15. Clive L. Spash, *The Ecological Economics of Boulding's Spaceship Earth*, published by the Institute for the Environment and Regional Development at the Vienna University of Economics and Business, 2013.
16. William W. Behrens III, Jorgen Randers, Dennis Meadows & Donella Meadows, *The Limits to Growth*, Universe Books, New York, 1972, online PDF version available on www.donellameadows.org/wp-content/.../Limits-to-Growth-digital-scan-version.pdf.
17. *Declaration of the United Nations Conference on the Human Environment*, published online on the website of the United Nations Environment Programme, www.unep.org/documents.multilingual/default.asp?documentid=97&articleid=1503.
18. Victor Papanek, *Design for the Real World: Human Ecology and Social Change*, New York, Pantheon Books, 1971, ISBN 0-394-47036-2.
19. Gro Harlem Brundtland, *Our Common Future*, published by the United Nations in 1987, online version on www.un-documents.net/our-common-future.pdf.
20. Michael Redclift, *Sustainable Development (1987–2005): An Oxymoron Comes of Age*. Published online 22 July 2005 in Wiley InterScience (www.interscience.wiley.com). DOI: 10.1002/sd.281.

PERMANENT ERROR

PIETER HUGO

The striking images of the South African photographer Pieter Hugo are documenting a dump near a slum called Agbogbloshie in Ghana. This area is referred to by local inhabitants as Sodom and Gomorrah and is a cruel result of our globalized, low-cost consumer addiction. The consequences of our obsession with faster, cheaper, slimmer and more performative is dumped onto marginal communities in the rest of the world.

This wasteland, where people and cattle live on mountains of motherboards, monitors and discarded hard drives, is far removed from the benefits accorded by the unrelenting advances of technology.

Al Hasan Abukari, Agbogbloshie Market, Accra, Ghana 2009

"Ik stond tot voor kort nooit stil bij het duurzaamheidsconcept in het kader van mijn professionele activiteiten. Duurzaamheid had in mijn hoofd vooral betrekking op grotere producties en grotere oplagen, terwijl ik heel ambachtelijk en kleinschalig werk. Toch probeer ik te streven naar wat we een artistieke duurzaamheid zouden kunnen noemen. Ik tracht werk te maken dat tijd, mode en tendensen overstijgt. Duurzaamheid kan in vele gevallen ook een inspiratiebron zijn voor nieuwe ontwerpen. Toch bestaat het gevaar dat de ontwerper er alles aan doet om duurzaam werk af te leveren en dat zo de essentie van goed design verloren gaat."

David Huycke

Al Hasan Abukari, Agbogbloshie Market, Accra, Ghana 2009

"Als schilder en beeldend kunstenaar streef ik altijd kwaliteit na. Mijn schilderijen moeten niet alleen goed, maar ook origineel en technisch in orde zijn. De gebruikte materialen en de behandeling ervan moeten ook een zekere garantie kunnen bieden. De context waarin het realiseren en verhandelen van een kunstwerk plaatsvindt, moet ten slotte zo transparant mogelijk zijn. De prijs speelt immers altijd een doorslaggevende rol. Waarom moet een werk zo duur zijn? Als er kwaliteit wordt bereikt en een werk lang kan meegaan, is een hoge prijs gemakkelijker te verantwoorden."

Hugo Duchateau

Abdulai Yahaya, Agbogbloshie Market, Accra, Ghana 2009-10

"As a social designer, I believe that new relationships have to be created between humans and the natural resources they consume. I empower citizens to take action by co-designing objects and artifacts that connect them with a specific natural challenge. Designers have the unique opportunity to make the public think about the deeper origin of our material surroundings. When asked about sustainability, we often have a naive idea of nature in our heads. Maybe our perception would change if we were aware of the invisible dynamics of our production systems. Sustainability would also benefit from a better collaboration between scientists and designers."

Giacomo Piovan

Abdulai Yahaya, Agbogbloshie Market, Accra, Ghana 2010

"Duurzaamheid wordt in een product bereikt door op zoek te gaan naar een perfecte harmonie tussen functie en materiaal. Het resultaat mag echter nooit extreem zijn. Binnen mijn ontwerppraktijk maak ik dikwijls gebruik van porselein Dit is een heel duurzaam materiaal, aangezien de hele reconstructie van de cultuurgeschiedenis mogelijk is gemaakt door keramische overblijfselen. Ik ben verder niet alleen met de vorm van een product bezig, die uiteindelijke vorm ontstaat immers vanuit de eisen die aan het product worden gesteld."

Piet Stockmans

Pieter Hugo is a photographer who primarily works in portraiture and whose work engages with both documentary and art traditions with a focus on African communities. Hugo lives in Cape Town.

Abdulai Yahaya, Agbogbloshie Market, Accra, Ghana 2010

FROM LESS TO MORE CONSCIOUSLY

Since 1990, the discussion has erupted in all sections of our society. Keeping our planet liveable for the next generation is the biggest challenge facing all of us. During the last 25 years, numerous economists, philosophers, politicians, scientists, biologists, sociologists, managers, urbanists, ecologists, artists, academics – the list is endless – have increasingly emphatically highlighted this in scientific articles, popularising books, indisputable images, inspiring speeches and controversial documentaries.

In addition, this thinking is conveyed in an individual and anonymous way on a daily basis, by hundreds of thousands of people on this planet. Some of us perceive this sustainability notion as a form of religion[21], in which one of the aims is to live 100% carbon neutral preferably in a completely passive wooden house, and eat only organic food, either self-grown or produced locally. All utensils are shared or, if necessary, can be bought second-hand. Minimum use of electrical apparatus, total waste recovery, renouncement of the use of fossil fuels and anything made of plastic all belong in there too. American writer and environmental activist Colin Beavan goes even further; and in his blog *No Impact Man*, he summarises his radically sustainable lifestyle as follows: *"To live without harming the planet means in other words, no trash, no carbon emissions, no toxins in the water, no elevators, no subway, no products in packaging, no plastics, no air conditioning, no TV, no toilets …"*[22]

Although this extreme way of sustainable living could serve as a source of inspiration to many, it appears that the majority of us are less affected by such fanaticism. From expressing your concern that your children will be less well-off than you are, refusing to continue using plastic carrier bags or travelling more often by bike or public transport, to investing in sustainable businesses or demanding a say in the decision-making processes surrounding sustainable development at a government level: these are just a few examples of the variations in sustainable thinking. Despite the fact that everyone translates his or her principles regarding sustainable living in a different way in everyday life, an important evolution can be observed, which has an influential impact on the reflection on, and development and branding of, new products and services.

Until recently, sustainable living equalled consuming less. However, any politician and his spin doctor will tell you that 'consuming less' never sells well, partly because it is the complete opposite of the fundamental mantra of the ruling neo-liberal hypothesis, namely constant economic growth. As a consumer, you are actually encouraged to keep consuming in order to support the growth of the economy. Advertising makes good use of that by associating increased consumption with a greater feeling of well-being. Happiness is having, having and having.[23] According to a report by the OECD in 2006[24], we are in fact being influenced by numerous factors to consume more, rather than less. The most significant drivers in this are:

+ the rise in available income per inhabitant
+ the increase in the number of one-person households
+ the more active role of women in society
+ the longer life-span and improved health of the individual
+ the expansion of leisure time
+ the cultural preference for diversity, choice and speed
+ the increased demand for products which are constantly being renewed and fitted with extra functions
+ the strong increase in readily available information about products and services
+ the increased diversity in sales channels and their logistical support

As early as 1998, Geoffrey Heal, Professor of Public Policy and Business Responsibility at Columbia University, rightly noted in his book *Valuing the Future* that a change in consumer behaviour can only be achieved by propagating consuming differently rather than consuming less. *"We will not significantly change the potentially unsustainable aspects of human activity unless we can develop an economic environment within which they are no longer attractive. In other words, we need to change the rules of the economic game so that it becomes economically rational to pursue sustainable alternatives."*[25]

"Duurzaamheid staat voor mij gelijk aan het efficiënt benutten van zo weinig mogelijk materialen en energie. Toch is het moeilijk om duurzaamheid in mijn ontwerppraktijk te integreren. Het merendeel van wat ontwerpers bedenken en (laten) maken, is namelijk onnodig. Ik ga heel selectief te werk, streef naar kwalitatieve producten en probeer in de mate van het mogelijke weg te blijven van de vicieuze cirkel waarin ontwerpen en producten elkaar razendsnel opvolgen. Ik haal vooral voldoening uit concepten die niet noodzakelijk omgezet moeten worden in materie. Ik zie alleen maar voordelen in een obsessie voor duurzaamheid. Minder, maar wel kwalitatievere producten voor iedereen!"

Davy Grosemans

By way of, on the one hand, a strong increase in awareness regarding the ecological reality of our planet and the corresponding doomsday scenario, and on the other hand the protracted impact of the 2008 financial crisis, we have now arrived at a point at which the necessary changes in the economic environment have materialised.

In recent years, the idea of sustainable living has more often been interpreted as consuming more consciously instead of less. Conscious consumption means that you, the end-user, will investigate a product or service according to a number of sustainability criteria which form the translation of a personally construed balance between ecological, economic and social interests and values. This conscious consumption naturally has a direct effect on your sense of well-being. Sustainable living is no longer a succession of things you're not allowed to do, as stacked up in Colin Beavan's blog. You enrich your life by consuming in an informed manner, and your personal feel-good factor is further reinforced by the fact that you are consciously contributing to a general sustainable development which still has in it the ambition, appearance and determination as formulated in the UN Brundtland Commission.

Although it's possible to criticise the way in which our need to consume more consciously gets used and abused, this movement has been a catalyst for the radically different way of thinking about our economy whereby innovative developments such as circular, peer-to-peer and the sharing economy have led to completely new business models. There are, in addition, numerous initiatives which have come into existence in the area of local and personal production, where the consumer steps right into the production process. Gradually, everyone will become aware of the fact that sustainability will always win in the long term, because at the end of the line, production is cheaper and cleaner, and uses fewer raw materials.

All kinds of designers, from the most traditional of product designers to the most experimental of open source process designers, are concerned parties in this shift from less to more conscious. Thanks to Papanek, present-day design has been leading the way in this, from the very beginning. However, this doesn't mean that it is always clear what it is that this conscious consumer expects from a designer, or which values people want to see represented in the products, projects, programmes, processes and services thought up by designers.

"Ik maak een onderscheid tussen duurzaamheid als onderwerp en duurzaamheid als proces. Duurzaamheid als onderwerp is gekoppeld aan materiële designuitdagingen, die alles te maken hebben met het duurzame (her)gebruik van materialen. Duurzaamheid als proces is gelinkt aan immateriële designuitdagingen. De focus ligt op het initiëren van duurzame processen, waarbij de perspectieven van alle participanten worden betrokken. De complexiteit van duurzaamheid als designprobleem is dat het zowel materiële als immateriële uitdagingen combineert. Designers moeten beide uitdagingen herkennen in de ontwerpen die ze maken. Traditioneel ligt de focus sterk op de materiële designuitdagingen, maar deze kunnen enkel slagen wanneer ze ook effectief duurzaam gebruikt worden."

Ben Hagenaars

21. Joanne Kaufman, *Completely Unplugged, Fully Green*, The New York Times, 17 October 2008. Digital version of the article www.nytimes.com/2008/10/19/fashion/19greenorexia.html?_r=0.
22. Colin Beavan, *No Impact Man*, blog, http://colinbeavan.com/.
23. Edwin Zaccaï (Ed.), *Sustainable consumption: Ecology and Fair Trade*, Routledge, Londen, 2007, ISBN 978-0-415-41492-0.
24. OECD rapport from 2006, as cited in the booklet *Duurzame Consumptie, Welke rol is er voor de consumenten weggelegd?*, published by Federaal Wetenschapsbeleid België, 2007.
25. Geoffrey Heal, *Valuing the Future: Economic Theory and Sustainability*, Columbia University Press, 1998, ISBN 978-02311-13076.

HOMO SUSTINENS

The increasingly large group of conscious inhabitants of this planet might best be characterised as Homo Sustinens, as described in the book of the same name from 2001, written by German ecologist, economist and politicologist Bernd Siebenhüner.[26] In this excellent study, he not only analyses the sustainability challenges with regard to economics and politics, but also raises questions, in particular about the personal skills and features people need in order to arrive at a practical implementation of their sustainability concept.

Siebenhüner also goes looking for the ways in which Homo Sustinens can, and will, contribute to an economically, ecologically and socially balanced society, observing that the commitment turns out to be a constant translation of the ethical perception of sustainability which people as conscious consumers fundamentally envisage. People will always try to express the almost effectively demonstrated concern for nature through a perfect lifestyle. The resulting critical, but consistent, social vision leads, self-evidently, to a set of strict demands which the products and services must meet, in order for Homo Sustinens to agree to consume them.

In 2002, Veronica de Raadt, researcher at the Melbourne Centre for Community Development, elaborated in her book *Ethics and Sustainable Community Design* on the Homo Sustinens typology, as described by Siebenhüner, and made an initial analysis of the characteristic features and actions, including an evaluation of the context and the system in which those actions take place.[27] She remarked that Homo Sustinens often wishes to communicate their motivation (evaluation of their intentions). Through that communication, they construct networks of like-minded, with whom they subsequently set up or support collective initiatives around sustainability (evaluation of the inherent characteristics). These initiatives serve, among other things, to push through their agenda with government and industry, resulting in them being increasingly heard (evaluation of the causal effects). They also constantly engage in peer-to-peer learning processes in these collective initiatives, persistently honing their norms, values and ideas about society (evaluation of the system). These learning processes serve not merely to start them thinking in an increasingly sustainable solution-oriented way, but also to further develop their character, emotional intelligence and creative thinking (evaluation of their character, the circle is complete).

Bruce Jennings, researcher at the Center for Humans and Nature in Chicago, provides a more general context in which to study the impact of this interwoven ecological, economic and social system of values and translate it within a present-day design practice. In an essay from 2013 on the ethical aspects of sustainability, he discussed four methods of evaluation with which a designer can gain insight into the specific and complex values matrix of these conscious consumers.[28] According to Jennings, as a designer, you should start by evaluating the character and intentions of the end-user. Then, you should evaluate the inherent characteristics which the conscious consumer wishes to express when he decides to buy a product or service. The third criterion is that a person estimates the causal effects which result from the purchase of a service or object. Can that conscious sustainable consumer unleash further sustainable advantages by means of his purchase, or does his action, on the contrary, cause damage to the environment because the product is not recyclable, further down the line? Lastly, following in Papanek's footsteps, you should as a designer evaluate the context in which all these actions take place. In doing that, you search in particular for the mechanism with which this behaviour is characterised as meaningful, within the system where this sustainable identity is accrued.

"Duurzaamheid is een 'state of mind' die ik ook in mijn professionele activiteiten tracht te verwerken. Specifiek binnen design is het ook een zuinigheidsprincipe, de nieuwe betekenis van LESS IS MORE in de vormgeving. In het kader van mijn ontwerppraktijk draag ik hergebruik dan ook hoog in het vaandel. Hierbij hecht ik vooral belang aan de transitie naar C2C. Er is echter nog een lange weg te gaan. Echte duurzaamheid wordt vaak niet bereikt, omdat economische belangen misbruik maken van vermeende ecologische belangen."

Patrick Reuvis

This somewhat complex analysis of the values systems predetermined by people who want to live and consume sustainably, in a more conscious manner, often results in multidisciplinary and trans-disciplinary design practices. That isn't so surprising in itself, given that the study of sustainability has become a trans-disciplinary science, placing the emphasis more than ever on learning to design in networks. The models and processes aimed at sustainability are designed and developed within an extensive knowledge matrix which demands extremely advanced insights on economy, psychology, sociology, social philosophy and evolutionary biology, and which therefore often occurs in direct collaborations between professionals from these disciplines. The greatest challenge for a designer is to realise an added sustainable value, through his design, to every link in the design chain, from the philosopher and biologist who were there at the cradle, past the producer and distributor through to, and including, the end-user. However, it doesn't stop there, because the product should also be cyclical in character, meaning that it should be able to be processed as much as possible within new production chains after use. This total added value will contribute, as a whole, to the sustainable development of the entire community.

SEARCHING FOR APOLLO (AGAIN)

So can we regard these multidisciplinary and transdisciplinary oriented designers, challenged and supported by millions of people throughout the world in their efforts to realise a consciously sustainable society, as the possible heralds of the new and essential Apollo project needed by mankind in order to prevent a climate catastrophe?

In the introduction to his book *Sustainability, A Cultural History*, Ulrich Grober refers to the need for a new Apollo project: *"We do not have a large narrative any more, and no visions that motivate and drive us. This vacuum is not good. We would need a new Apollo project, an over-arching idea which activates large potential in a short time."*[29]

The original Apollo project, in the 1960s, gathered together thousands of scientists, designers and engineers from all over the world with the sole objective of using their thinking skills to get a human walking on the moon and safely back on Earth again. This exuberance inspired the entire post-war generation to an unbridled optimism and drive. According to Grober, we now need a similar project, here at the start of the 21st century, but aimed more at preserving Earth as a home for the present and future generations of humans.

"In het kader van mijn professionele activiteiten moet de oplossing voor een bepaald probleem steeds duurzaam zijn. Ik probeer met gezond verstand rekening te houden met zo veel mogelijk factoren, maar weeg deze steeds af tegen mijn eigen normen en waarden. Zo zijn bijvoorbeeld levensduur, tijdloosheid, soberheid, prijs-kwaliteitverhouding, leesbaarheid, zinvolheid, meerwaarde, herstelbaarheid of herbruikbaarheid aspecten waar ik lang bij stilsta. Sommige 'duurzame' producten hebben immers al te vaak geen bestaansrecht, omdat ze overbodig of niet goed ontworpen zijn. Ook maakt reclame dikwijls gebruik van duurzame aspecten om het koopgedrag te stimuleren, terwijl niet kopen nog steeds de duurzaamste oplossing is."

Linde Hermans

26. Bernd Siebenhüner, *Homo Sustinens - Auf dem Weg zu einem Menschenbild der Nachhaltigkeit*, Metropolis Verlag, 2001, ISBN 3-89518-367-9.
27. Veronica de Raadt, *Ethics and Sustainable Community Design*, Universal Publishers, 2002, ISBN 978-15811-260-37.
28. Bruce Jennings, "Ethical Aspects of Sustainability", published in *Minding Nature*, April 2010, Volume 3, Number 1.
29. Ulrich Grober, *Sustainability, A Cultural History*, Green Books, 2012, ISBN 978-0-85784-045-5.

In recent years, there have been a number of initiatives in the energy sector which have taken inspiration from the impact of the original Apollo campaign. In 2008, the American green energy movement, The Apollo Alliance, published the New Apollo Program report. Their aim is clear: *"The New Apollo Program is a comprehensive economic investment strategy to build America's 21st century clean energy economy and dramatically cut energy bills for families and businesses. It will accelerate the development of the nation's vast clean energy resources and move us toward energy security, climate stability, and economic prosperity. And it will transform America into the global leader of the new green economy."*[30] Chemist and Permanent Special Representative for Climate Change of the UK Government Professor Sir David King, formulated very similar ambitions last year, when he christened his think tank and action group Global Apollo Programme. Their objective is to make carbon-free electricity much cheaper than the predominant variety we now generate from coal or other unsustainable sources, by 2025, by way of a world-wide research programme.[31]

The envisioned Apollo project for which we sound a loud fanfare here has, however, a more integral ambition in its thoughts and deeds.It concerns not only the energy issue (though this is a crucial part of it), but rather the totality of the sustainability effort. This means that every scientist, engineer, academic, creative thinker and genuinely committed citizen can also be called upon to use their thinking skills to ensure that, now and in the future humans will walk around on this planet. Just as in the Apollo project 60 years ago, our starting point is also a clear vision, and the enthusiasm is present within a relatively large group to make a serious effort (although on a global scale, it is still much too small). But this is where the similarity ends. There is no consensus on the route to be taken, never mind a road map and a predetermined time schedule, acceptable to everyone, in which we want to have that vision realised. Throughout the world, the financial means are present, but they are all serving individual, or at most national interests, meaning they are largely being spent very inefficiently. More than 2,500 years after Plato wanted to get man out of the cave, there is the realisation that we are still sitting in that cave, and the consensus grows that it is high time that we finally leave it. But how we want to do this – after all, we all have to leave that cave simultaneously – no, that we don't know yet. Can Apollo offer insight?

CATHEDRAL BUILDERS

At the core of this global, ambitious and at the same time most necessary challenge mankind has ever faced, we place the designer - for the simple reason that the designers are the ones who shape the future. Every design, regardless of whether it is thought up by a product, graphical, social, process, service, industrial, societal or mobility designer, should contribute fundamentally to a sustainable society.

As opposed to the NASA officials, we have no blueprint for the plans we wish to realise. Work on this new Apollo project will have to take place analogous to the way in which the Gothic cathedral builders went to work in the 13th century. Engineer, philosopher and system theoretician Philippe Vandenbroeck describes this as follows: *"The first is the 13th century Chartres Cathedral: an amazing innovation of its time, but without signature. There is no architect's name (unthinkable today!) nevertheless it's still standing. Chartres is the equivalent of a modern-day laboratory, where people collaborated, experiments happened, discoveries were made and the knowledge base grew, using the rule of thumb, life-sized drawings and a strong overarching mission (building the house of God): no blueprint, pragmatic, and messy."*[32]

The role of the designer in this laboratory consists of designing the objects and services which will enable everyone to make their own contribution. Just as the designers in the 13th century (who also had to go through life without the added value of that professional categorisation) who through their designs gave stonemasons and sculptors, and all the other craftsmen, the opportunity to realise all that was monumental and unique, out of gratitude for all that divine providence offered them.

"Duurzaamheid is in mijn ontwerppraktijk geënt op een integrale aanpak van het designproces. Hierbij neem ik zowel artistieke, sociale, economische als ecologische duurzaamheid in beschouwing. Vanaf het begin breng ik elke schakel van het proces in rekening. Deze holistische aanpak laat toe om een nieuw businessmodel te creëren voor de maakindustrie. Meer specifiek probeer ik mijn ontwerpen steeds te individualiseren aan de hand van duurzame materialen. Door een band te creëren tussen de gebruiker en het product neemt de levensduur van een product aanzienlijk toe. De ontwerpers van morgen zullen duurzaamheid in alle aspecten moeten integreren om te kunnen overleven."

Karen Wuytens

DESIGN FOR A SUSTAINABLE SOCIETY

Although the responsibility the 'designers for Apollo' bear can be expressed in thousands of ways, two structural design dynamics can be distinguished with which their contributions can be characterised. In the first place, they are designing for Homo Sustinens, the species of man which is already convinced of the necessity for a sustainable society. They are constantly searching for products and services which are not only designed in such a way as to give shape to the designer's outlook on life, but can also be used to express that outlook.

For them, the sustainability issue cannot be solved with one grand gesture. It is their honest opinion that you only get results if there is a chain of programmes, which continually deal with smaller aspects of sustainability. So as a designer, you design those products and services which sustainability-conscious people regard as necessary tools which enable them to add a link to the chain of solutions.

The most radical demand that the conscious consumer makes of the design process is undoubtedly the call to be given complete and transparent insight into the production and recycling process. Promises will not suffice; the proof must be demonstrated. The product should be made from reclaimed and energy-efficient materials from suppliers who set store by environmentally-friendly production processes, and the distributor should also guarantee a warranted return policy for total recycling.

With respect for all the Homo Sustinens' sustainability principles, Viktor Papanek, the great advocate of ecological design, postulated as a primary condition that the sustainable society can never be attained if man's basic needs remain unfulfilled. We will chop down the last tree and pull the last fish out of the ocean in order to survive. A sustainable Earth without social sustainability is unattainable.[33]

DESIGN FOR SUSTAINABLE BEHAVIOUR

A second dynamic can be briefly described as design which should be supportive and encouraging. In a 2015 survey of a thousand Belgians, commissioned by the sustainability network *The Shift*, one in every two Belgians says that they no longer understand what the idea of sustainability embodies, and one in three even says they are tired of the idea. Other conclusions were: *"More than half of those questioned admit to not making it a priority in everyday life. Only one in three sees himself as a 'sustainable citizen' and more than four in ten are more likely to be let themselves be led by comfort or price rather than sustainability. The survey also shows that one in three Belgians feel that they have too little understanding of sustainability."*[34]

In addition to designing for the growing group of Homo Sustinens, there is still much more to be done to encourage the non-believers and heretics to display a renewed interest in a sustainable lifestyle, by way of intelligent, innovative and accessible products and services. Countless studies show that the sustainability concept germinates mainly in people who are more well-educated. Other studies indicate unanimously that with a non-convinced public, the importance of the sustainability factor of a product will always compare unfavourably with the price.

"Binnen mijn ontwerppraktijk wordt duurzaamheid gekenmerkt door het digitale karakter van de ontwerpen. Dit geeft mij immers de mogelijkheid om een oneindig bewerkingsproces na te streven. Duurzaamheid plaats ik dus niet meteen binnen een ecologisch denkkader. Mijn producten moeten in de eerste plaats maakbaar zijn. Het financiële luik is hierbij prioritair. Duurzaamheid kan volgens mij ook een gevaarlijke vorm aannemen wanneer uit louter winstbejag enkel bepaalde aspecten van een ontwerp als duurzaam uitvergroot worden. Daarbij worden de minder duurzame onderdelen niet benoemd en krijg je tenslotte een heel vertekend beeld."

Peter Donders

30. Jerome Ringe, *The New Apollo Program*, published online by the Apollo Alliance, 2008, on http://community-wealth.org/content/new-apollo-program-clean-energy-good-jobs.
31. David King, John Browne, Richard Layard, Gus O'Donnell, Martin Rees, Nicholas Stern & Adair Turner, *A Global Apollo Programme To Combat Climate Change*, published by the Centre for Economic Performance, London School of Economics and Political Science, 2015, on cep.lse.ac.uk/pubs/.../Global_Apollo_Programme_Report.pdf.
32. Philippe Vandenbroeck, *Systems thinking for wicked problems: pipe dream or cure-all?*, lecture at Namahn, Brussel, September 24, 2015.
33. Viktor Papanek, *The Green Imperative: Ecology and Ethics in Design and Architecture*, Thames & Hudson, 1995, ISBN 978-05002-784-68.
34. Gert-Jan Swinnen, *Belgen zijn duurzaamheid moe, maar niet beu*, De Standaard, Editie van 2 juni 2015.

As a designer, you focus first on designs which encourage people to embrace sustainable behaviour. The design should be not only inspiring, but also economically positioned in such a way as to convince the cost-conscious consumer to choose the sustainable version anyway, which therefore comes down to designing added value. Equally, designing for sustainable behaviour implies that the design should also exert influence on the way in which someone deals with a particular product or service after it has been purchased.

As a designer, you can only adjust human behaviour by not seeing humans themselves as the problem, but rather exerting influence on the context in which humans frame their behaviour. Analogous to Papanek's thinking, as a designer you will have to research what it is that makes people take decisions. Search for the various influences on the decision-making process and then look for ways in which non-sustainable behaviour can be dealt with through the impact that your design can have on those influences.

OUT OF RESPECT FOR MOTHER EARTH

All this is not an impossible undertaking and takes shape from the realisation of the new Apollo project, our 21st century cathedral in worship of Mahimata, Pachamama, Cybele, Gaea, Nerthus, Isis, Hathor, Kupupa, Arinna, Isjtar, Rhea or any one of the dozens of other names given by civilisations, through the ages, to their most important god, the mother of the gods: Mother Earth.

"Duurzaamheid heeft voor mij twee primaire doelstellingen: de onderneming en de ontwerpen. Enerzijds proberen we met onze medewerkers en leveranciers een duurzame relatie op te bouwen. Zo kunnen we tot een snellere en betere ontwikkeling van onze producten komen. Anderzijds ontwerpen we producten die passen binnen een circulaire economie. Hierbij begint en eindigt alles met grondstoffen. Door deze in een microcirculaire omgeving te houden, kunnen producten veel duurzamer vervaardigd worden. Ontwerpen is steeds een combinatie van *emotional, rational* en *producable*. Duurzaamheid is daar een onderdeel van. Functionele, mooie en economisch rendabele producten zijn een prioriteit voor een groeiend bedrijf."

Frederik Boonen

Kurt Vanbelleghem is a curator and publisher of contemporary art and design. He received a Master's in Psychological Sciences and in Art History from the University of Ghent, Belgium and in Visual Arts Administration from the Royal College of Art, London, UK. He is specialised in modern-day art & design practices and theories. His focus is on creating a synergy between both disciplines with regard to their relevance to society. He has been a contributing editor to a number of art & design magazines and has published several monographs and artist's books. Since 2010 he has also been working as a curator at St Lucas University College of Art & Design in Antwerp, Belgium, where he coordinates extra-curricular projects for students and alumni.

URTH

THE GLASS NEGATIVES
AND BIRTH OF A NEW LIMBURG
1905-1950

PABLO HANNON

A20

A TRIBUTE TO THE
ANONYMOUS PHOTOGRAPHER

MOMENTUM

TAKING TURNS WITH EARTH
SAYING WHAT DRAWS LIGHT
AND RESIDES IN PAST

06

Momentum always indicates a tipping point, a crucial phase where energy is condensed or a critical mass created. A turning point waves thanks to – or because of – people taking a certain road. The turning point rides on choices that, often with hindsight, look decisive in time or space.

TIME AND MOMENTUM

LUT PIL

There's something strange about design and time. Good design is timeless, and seems not to suffer from the laws of time. The fact that the beauty of timeless design demands to be understood completely is actually a quality, and adds depth to things. In Jasper Morrison's vision of design, beauty is "not just beauty quickly perceived but beauty on other levels, the beauty which takes time to be noticed, which may become beautiful through use, the beauty of the everyday, the beauty of the ugly and the useful, long-term beauty."[1] A designer, however, is more strongly bound by time, whether he likes it or not. After all, time does not easily let itself be formed. One may believe that 'in the meantime' offers a lot of space, but 'time is mean' and leaves no space.[2]

Furniture maker Casimir (1966), who trained as an industrial designer at SHIVKV in Genk, knows only too well how unavoidable the laws of time are. He has been producing pieces of solid oak furniture since the 1990s, archetypes which can be 'read' in a variety of ways, and which seduce subtly by way of their material and clean lines. The pieces of furniture are indisputably 'present', but at the same time abstracted from a clear here and now, because of their remarkable shadows. Casimir deliberately produces the furniture traditionally. Recent comments made as a result of his solo exhibition at Galerie Valerie Traan confirm that he has felt the same way about the essence of his work all those years: "While beauty is a fundamental fact, not at all bound by time, trends or fashion can be described as consumer deception. [...] I'm not interested in furniture which will be passé in five years' time. My *Schaal 1* is already 25 years old, but still relevant. I'm working on an oeuvre that has to stand the test of time. And in the end, it will be time that decides whether or not my work was worthwhile."[3] However, restrictions in production and logistics, and the disadvantages of heavy, wooden, space-consuming furniture which reacts to humidity, led to his later deciding to launch a design label for which design products are manufactured industrially. He included the Flemish-Burgundian character that he recognises in his work in this label, which was launched in 2004 as *Vlaemsch()*. The collection received an enthusiastic response. Unfortunately, the label turned out financially to be 'a premature baby', as Casimir describes it regretfully, in 2005, at the cancellation of the label presentation during the Milan design week. The industrial project was forced to shut down in 2009. But Casimir "rose from the ashes of *Vlaemsch()* with unusual designs such as the *Ladder* book rack, the *Poutrel* sofa and the *Kist* chest of drawers. The circle closes seamlessly."[4] Time bears him out on this. The fifteen new pieces of furniture, shown in 2015 at Galerie Valerie Traan, display again clearly what the designer-maker has known for years. His work is back in the spotlight, in a here and now which expands into what has already been, and what is still to come.

At other times, the public performance of designers creates a huge social dynamic. The presentations are pivotal moments that tilt public opinion. Everyone is familiar with the Antwerp Six, partly due to the nickname given to the fashion designers collective by the British press in 1986, at their presentation during the London British Designers Show. The international success of the Six – Walter Van Beirendonck, Ann Demeulemeester, Dirk Bikkembergs, Dries Van Noten, Dirk Van Saene and Marina Yee, later also known as 6+ because Martin Margiela had been invited to join them, but later left, only to be replaced by his former girlfriend Marina Yee – reflected on the fashion programme at the Royal Academy of Fine Arts in Antwerp, from which the designers all graduated in the early 1980s. Their international breakthrough signified an important turning point for the school and made Belgian fashion a hot topic. They greatly influenced the fashion of the 1990s, and brought about a new era. The momentum of the Six never actually seemed to come to an end, even though the designers all went their own ways after 1986, and Marina Yee even turned her back on the fashion world for a while. She disappears from the stage sometimes, only to return in a new role, with theatre costumes, a collection of interior fabrics or her own perfume, in addition to her fashion collection.

1. Jasper Morrison talking to Francesca Picchi, in Naoto Fukasawa and Jasper Morrison, *Super Normal. Sensations of the Ordinary*, Baden: Lars Müller Publishers, 2007, p. 103.
2. Lize Spit in her début novel *Het Smelt* in 2016.
3. Casimir is quoted in 'Poëzie met hout', (poetry with wood) in *MAXzine.be*, 2015.
4. Frank Huygens, 'Houterig? Hoegenaamd niet' (Wooden? In no way) in *Kwintessens. Vlaams tijdschrift voor vormgeving en mode*, 1, 2011, p.15.

Lut Pil is Professor of Art History and Design at LUCA School of Arts - Sint-Lucas Campus Gent and visiting assistant professor in the fine arts at KU Leuven. She is coordinator of the research group Matter & Image (LUCA School of Arts). Her research focuses on art and design of the 19th-21st century. She is currently coordinating the cross-disciplinary research project 'The Black Cat Territory: Fictions and Frictions of Inhabited Space' (LUCA School of Arts – Kunsthalle Erfurt).

M

Alain Monnens

Alain Monnens was born in Bree and graduated cum laude with a Master's in Product Development from the SHIVKV in Genk. He rather accidentally surfaced in West Flanders, started as an independent designer in 2006 and designed for a number of companies such as Toss B, Durlet, Wildspirit, XLBoom, alongside teaching in the Faculty of Industrial Design and Industrial Product Development at the University of West Flanders. He won several design awards, including a *Henry van de Velde Label* and several *Red Dot Design Awards*.
www.idam.be
— CHAPTER 8

Monroe

Monroe develops shock absorbers. Based in Sint-Truiden.
www.monroe.com
— CHAPTER 7

Moome

Moome is a new Belgian design label created from collaboration between design furniture manufacturer Indera and MOOZ creative agency. It stands for compact and affordable contemporary design and, in addition to quality design furniture, also offers interior accessories. There are no compromises in terms of comfort and quality.
www.moome.be
—

Musketon

Musketon is the creative alter ego of Bert. As a young and ambitious artist from Belgium, he developed his own style over the years and started posting his work on the internet. He studied graphic design and what started out as a hobby eventually became a business. Today he is focussing on working with a select number of brands that he can relate to (like Mazda) and develops personal art projects.
www.musketon.com
—

N

Ivo Nysten

Ivo Nysten (°1954) graduated as Product Designer at SHIVKV in 1977. He set up Nivo Design in 1993. So far he has developed durable products in particular, such as radiators. Starting from the essence, he tries to come to an interesting shape. Nivo Design does the whole production development process for Jaga.
— CHAPTER 1

O

Wout Olaerts

Wout studied Graphic Design & Illustration at Sint.-Lucas in Ghent, and has been a freelance illustrator/designer since 1990. He worked for different (inter)national publishers. In 2006 he won a *White Raven award* for *Kol, poes, uil en raaf* (de Eenhoorn, Minne-Olaerts) at the Bologna Book Fair in Italy. Wout has been teaching at PXL-MAD School of Arts in Hasselt since 2009.
—

Joren Peters

Joren Peters is a freelance animator, graphic designer, illustrator, etc. Animator & Director at Volstok.
www.jorenpeters.be
—

Igor Philtjens

Igor Philtjens is member of the Provincial Executive for Tourism, Culture and Heritage. He studied business economics at VUB and worked as a consultant for banking and insurance companies. His main aim is to stimulate tourism and culture, to create more jobs in the leisure economy and to encourage cooperation between all partners.
www.igorphiltjens.be
— CHAPTER 1

PIKOH

1955: Founding of the Provinciale Technische School voor Ambachtelijke Kunsten en Bouwkundig Tekenen. The first teachers were friars from Sint-Lucas Gent, leading to the school being popularly known as 'Sint Lucas', even though that was not its official name.
1958: Provinciaal Hoger Instituut voor Architectuur en Toegepaste Kunsten: higher-education departments added.
1970: Provinciaal Hoger Instituut voor Kunstonderwijs: the departments of Architecture and Higher Interior Arts split off.
1995: PHL-Departement Beeldende Kunsten: Visual Arts higher education incorporated.
A Nursing department is added to secondary art education, resulting in the Provinciale Secundaire School Hasselt, Kunst en Verpleegkunde, with a department of Arts (PIKOH) and a department of Nursing (PIVH). Its current name is Provinciale Kunsthumaniora Hasselt – PIKOH.
kunsthumaniorahasselt.be
— CHAPTERS 1, 3, 6

Lut Pil

Lut Pil is Professor of Art History and Design at LUCA School of Arts - Sint-Lucas Campus Ghent and visiting assistant professor in the fine arts at KU Leuven. She is coordinator of the research group Matter & Image (LUCA School of Arts). Her research focuses on art and design of the 19th-21st century. She is currently coordinating the cross-disciplinary research project *The Black Cat Territory: Fictions and Frictions of Inhabited Space* (LUCA School of Arts – Kunsthalle Erfurt).
— CHAPTER 6

Giacomo Piovan

Giacomo Piovan is an Italian designer based in Luxembourg. He was trained as an industrial designer at the Politecnico di Milano (IT) and at the Design Academy Eindhoven (NL), with his project *Farming the Pollution*, a field system to soil pollution remediation. In 2013 the project was selected for 'Toegepast', a design contest promoted by Cultuurplatform Design. He is currently researching sustainable ways to clean up contaminated environments together with the University of Hasselt and other professionals.
www.socialmatter.eu
— CHAPTER 5

PXL-MAD School of Arts

Up till 1995, PXL-MAD was known as PHIKO (Provinciaal Hoger Instituut voor Kunstonderwijs).
1995 till 2003: PHL, department Beeldende Kunsten
2003 till 2010: PHL Arts & Architecture
2010 till 2015: MAD-faculty
2015 to the present: PXL-MAD School of Arts, situated in Hasselt with specializations in Graphic Design and Fine Arts (ceramics, object&jewellery, painting, print making, sculpture & installations).
www.pxl-mad.be
— CHAPTER 9

R

Arnoud Raskin

Arnoud Raskin graduated as a Product Designer from the KHLim in 1997. For his thesis Arnoud developed the first prototype of his Mobile School, a product he developed for those who really need it: street children. He then travelled through Ecuador, Peru, and Bolivia. Thanks to the information he gathered, the help he got from volunteers from an educational work group, and the collaboration of the Provincial Secondary School in Bilzen – his home base – his thesis project became a real product.
www.mobileschool.org
— CHAPTER 9

P

Patrick Reuvis

Graduated as Master in Interior Design, Patrick Reuvis soon engaged himself within several collectives such as Het Labo bringing together national and international artists and designers from different disciplines in dozens of thematic exhibitions, both in museums and public spaces. His individual work focuses on redesign and assembly-techniques with a heart for sustainabilty. As a teacher in Furniture Design he is affiliated to the Lessius University College of Mechelen, Belgium, and as such involved in VOMO, the postgraduate course in Furniture Design. In association with Jeff Rutten (b-ALLROOM) he designs furniture, lighting and scenographies for summer pop festivals and other events.
www.reuvis.be
— CHAPTERS 5, 8

Nele Reymen

Nele Reymen writes: to do lists, magazines and books.
www.nelereymen.be
— CHAPTER 2

Liesje Reyskens

From the very beginning Liesje Reyskens prefers young cute models, portrayed as dolls in an overly colorful, pink and periwinkle world, restricted to move in society's rhythm. This image is miles away from the down to earth, ambitious woman Liesje is. With her innovative art she obtained global interest and has exposed in Copenhagen and Milan, from Amsterdam to Madrid, even transatlantic exhibitions in Toronto and LA.
www.liesjereyskens.com
— CHAPTER 8

Ridley Bikes

Ridley is the Belgian market leader for racing bikes.
www.ridley-bikes.com
— CHAPTER 7

Sarah Rombouts

As a student Sarah Rombouts mingled design and social innovation; as a designer she made this her job. She started her own social enterprise where designers and refugees work hand in hand: Studio Refugee.
www.studiorefugee.be
— CHAPTER 9

S

Stijn Schauwers

Stijn Schauwers (°1977) graduated as an Interior Designer from PHL in 2000. He is a lecturer at the University of Hasselt's Faculty of Architecture and Art, and his NO SPOONristretto cups won first prize in the BKRK competition.
stijnschauwers.wordpress.com
— CHAPTER 8

Stijn Segers

Stijn Segers focuses on printed matter for clients in the cultural scene and creative and commercial industries. Next to that, he initiates projects dealing with heritage, typography and public space. He is the co-founder of print club KOPIJ and makes music under the moniker of TOUR.
— CHAPTER 8

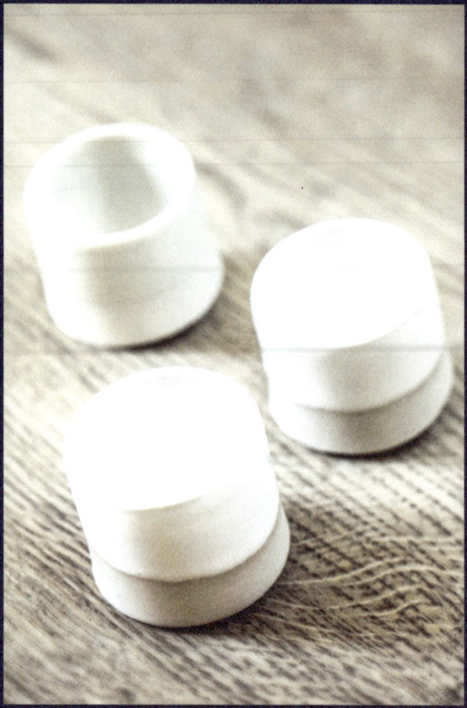

Wim Segers

Studio Segers is a creative family corporation founded in 1989 by Rita Westhovens (graphic designer) and Wim Segers (product designer). In 2009 their son Bob Segers (product designer) and Marjan Brants (graphic designer) joined the design team. These two generations form a powerful symbiosis of experience and young creative talent. Studio Segers symbolyzes a no-nonsense approach where only sensible and down-to-earth concepts find their realization.
www.studiosegers.be
— CHAPTER 4

CASIMIR

CHRISTOPHE DE SCHAUVRE

Flemish giant with nine lives

"International Man of Mystery" was the heading, in *Wallpaper* Magazine*, of a wildly enthusiastic article about Casimir, a designer as special as he is distinguished. And even though he prefers 'furniture maker' to designer, his oeuvre speaks for itself. In the twenty-five years that Casimir has been making furniture, he has worked his way up to become a master of contemporary design with craftsman-made oak furniture. He has continued to plane his style and his designs with an unfailing individuality. Casimir's master signature is embodied in an oeuvre which is both solid and delicate.

"Casimir is someone who appears and disappears", you'll hear them sometimes say, in the circle of design aficionados who have been following him since the beginning. He graduated in Industrial Design in Genk in 1991, together with Raf Simons and Jan Boelen, with a thesis titled *There are many roads, but there is no Rome*. A harbinger of the permanent quest he was to develop during his career. The man has certainly had his highs and lows. "When I first started, with the few tools I had then, wood was the only thing I could work well with. Solid wood demands a lot of manual labour, but I had plenty of time", he said at the time. However, Casimir has never renounced wood. A good example of his poetic craftsman-like skill is the *Schaal n°1*. He has been making this solid wood object – somewhere between a table and a bowl – for more than twenty-five years, and still it has lost none of its mesmerising beauty.

CULTURE PRIZE

The designer had soon developed his own design language. For example, at the Kortrijk design biennial at INTERIEUR '92, Casimir introduced two furniture projects. These were immediately included in a new collection of Belgian design, put together by Ziggurat, an illustrious Gent 'Gallery of individualistic furniture objects', which at the time was trying to launch its own line, with works from ten designers. Incidentally, that collection also included furniture by Christian Kiekens and Dirk Meylaerts, and fellow student Raf Simons. Even then, the young Casimir's work stood out – not that it already had the stature, enormity and massiveness that so characterises his later work.

Casimir's skills did not go unnoticed. In 1994, he received the Cultuuronderscheiding (Culture Prize) from the Province of Limburg, even though his furniture collection was not yet rooted in a professional structure. "I soon encountered the boundaries of the possibilities, and the limits of the procedure. There was no professional production, and logistically it was improvised. And I made rather large, solid wood furniture which needed to be treated carefully. Transport meant watching out for any damage, the influence of changing climatological conditions, and therefore meant a high entry-level cost. Potential dealers aren't just going to purchase a collection costing between 10,000 and 15,000 euros, which also takes up an awful lot of room."

previous page:
Casimir, Schraag 1 and Kist 3
image by Jean Van Cleemput

Vlaemsch( ), ICON
image by Ronald Stoops
concept and art direction by Siegrid Demyttenaere

VLAEMSCH( )

In 1995, Casimir started his own design studio, in which he focused on commissioned interior, graphic and industrial design, in addition to the craftsman's furniture collection. In an interview with *Weekend Knack*, in 2001, Casimir explains it as follows: "I wanted to try and live from my furniture. I actually made a mistake with that. I had a number of sales outlets who thought my work was good. Those people supported the work, but they also asked questions. I had refurbished a restaurant in Hasselt, including making a table. A buyer then asked if I could make that table for him too, because he would be able to sell something like that easily. It was pure project furniture, it had nothing to do with my design language. But I let myself be talked into it. After all, I had to earn my living. Every now and then, I fall for things like that." Nonetheless, in 2000, his company received the Henry van de Velde Prize for 'Best Business'. Casimir was on the right track, but it wasn't in his nature to blindly charge along in the same direction, and apart from anything else, the business troubles started to pose an obstacle for him. This period, from 1990 to 2000, in which he searched for his own design language, can, in retrospect, be regarded as the period in which Casimir developed an artistic personality.

"I need a new challenge every three or four years", says the affable Limburg man. He was constantly working on new ideas, and one of them matured into a new project: a label which enabled products to be industrialised without them being subject to material restrictions, as was the case with his furniture. It was to be called Vlaemsch( ). Vlaemsch( ) was to be everything Casimir couldn't be: industrial instead of craftsman-like, conquering the market instead of passively waiting for the customers to come. Moreover, it was to present a range of products with a competitive, fair price, offering products which everyone needs, supplemented with carefully-chosen accessories.

Casimir, STAM
image by Jean Van Cleemput

MARKET-CONQUERING

Although there was an avant-première at 'Hasselt showt smaak', Casimir saved the real christening of Vlaemsch( ) for INTERIEUR 04. "Simplicity, level-headedness, a touch of surrealism, and quality too, those are the keywords of Vlaemsch( )", was reported in the national press, which was clearly not yet ready for the obligate parentheses of the logo. The items exhibited included the *Annual chair* – a slice of a birch trunk as a seat – by Leon Ransmeier, Saskia Marcotti's almost iconic *Bootbag*, the *Deer-hertenkop*, made of birch plywood by Augustin Scott de Martinville, now enjoying success with *Big Game*.

"The response was very positive, but after INTERIEUR came disillusion", Casimir remembers. "One of the initial investors withdrew from the plan, saying he had no understanding of the unmeasurable culture product, and saw no other examples on which to base himself. He was afraid of the risk, and because we couldn't replace him quickly, the other two investors withdrew as well." Vlaemsch( ) imploded just as it was about to go public at the Milan design week. "I was forced to cancel the presentation. I was all alone, with a premature baby which everyone thought was very beautiful, but which turned out not to be viable." Vlaemsch( ) had hooked its barbs into Casimir. In that same year, 2004, on the very day that designer Maarten van Severen died, Casimir was awarded the Flemish Culture Award for design, possibly the most important recognition of his work in Flanders, and by extension, the whole of Belgium.

Vlaemsch( ), Deer-hertenkop
Vlaemsch( ), L&P CHAIR
images by Ronald Stoops
concept and art direction by Siegrid Demyttenaere

IMPLOSION

After a break of four years, Casimir seemed for the first time to be picking up Casimir Meubelen again in 2008 and 2009; the company had been restyled and given a new logo. *Poutrel*, *Kist*, *Zak* and *Ladder*, as the pieces were called, proved without a doubt that Casimir still had it in him. And yet, he was still plagued by business troubles.

"My company went bankrupt in 2010", he says, referring to Licensed. "It was a limited company that acted as an umbrella for everything I made for Casimir Meubelen, and also Vlaemsch( ), the design business that is best described as a sort of 'prêt-à-porter' collection of design items. My own work was separate from that; the 'haute couture', you might say." Taking a fall happens when you lose control of things, but Casimir insists there were no reckless manoeuvres before the bankruptcy. At least, not on his part. "My biggest problem was being mistaken in the people, and of course, I made my own mistakes too", he says. "I'm not trying to dodge my responsibility. But the biggest mistake of my life was founding Vlaemsch( )."

"I was determined, that's for sure. It was to be everything that Casimir couldn't be: industrial instead of craftsman-like, market-conquering instead of a passive approach. I think I must have had too much testosterone at the time." His down-to-earth attitude make it clear: he's done with it. All of it. "How could I have believed so blindly in it? How could I think that I had to do something which is the exact opposite of who I am and what I stand for? I don't know. I made a huge mistake. And let myself down." It remains undeniably connected to his career; however, while one might welcome guts and entrepreneurship from an American mentality – there's that wonderful quote from the former opera star, later manager of the New York City Opera Beverley Sills, who said, "If you fail, you might be disappointed, but you're doomed if you don't try". In Flanders, the image of the failure dominates all too often. Like a cat with nine lives, Casimir still manages to keep starting up new projects. He has learned his lesson, however. "I'm a furniture maker. I'm not a designer; I'm not interested in design, or what they've been calling design for the last decade." And even though the international focus and ambition presentation in the period 2000-2010 took up all the time which might have been spent on developing non-commissioned work, the pieces from this period still form a special turning point.

Casimir, BOX
Casimir, POUTREL
images by Kristof Vrancken

SUBVERSIVE

As a furniture maker, Casimir has always had a subversive streak; it's what made him who he is; because of that, he's made his opportunities. Not been given, but made them. His oeuvre arose from a metier, from a modus operandi which embodies the soul of a craftsman. Casimir's unconventional furniture is driven by the honesty of the construction and the material, and just like the large furniture pieces by designers such as Maarten van Severen or Dirk Meylaert, every single piece is made without any form of structural support. When Casimir really went to town at the famous Valerie Traan Galerie in Antwerp, in 2015, presenting no less than 15 pieces in a single exhibition, it did not go unnoticed. This impressive display revealed an oeuvre which was both strong and coherent. "His best work yet", according to Job Smeets of Studio Job, who added,"one of the few designers in the whole world who has succeeded in owning a material." That oeuvre stands, and will never lose its value. The great thing is that he continues to work, with even more conviction, and his studio on the outskirts of Antwerp offers him enough space to do so.

"Casimir is an artistic genius, a true craftsman who also has a nose for young talent", confided the CEO of a Limburg design manufacturer to me once. "The man has a track record. And no, it hasn't always been all that pretty, or successful, but the designer will always prevail. As a furniture maker, he ranks among the best in the world." All design connoisseurs agree. Casimir stands for authenticity, and there's always an undertone, a certain irony – some even say Belgian realism à la René Magritte and Marcel Broothaers. Maybe one day he will be called the standard-bearer for what could be regarded as a Flemish style: sincere, down-to-earth and solid. There have been earlier comparisons made with a Brabant shire horse, or the Mechelen Cuckoo, but Casimir is already a Flemish Giant.

Casimir, MAX LE BELGE
image by Kristof Vrancken

Christophe De Schauvre works as a freelance designjournalist and is co-founder of the creative office Comosie.

MARINA YEE

DANIEL GOLLING

Marina Yee, Recycled collection, 2003
image by Marleen Daniels

previous page:
MY Atelier in Antwerp, 2016
image by Cecile Bortoletti

The power of six

We look at the creative minds, those who have had the ability to reshape and redefine our culture, and we wonder how it began, where did they get it from? How come it was just them? Did location matter at all? Marina Yee is a fashion designer and was once a member of the legendary Antwerp Six, a constellation of six Belgian fashion designers – all educated at the Royal Academy of Fine Arts in Antwerp in the early eighties – who redefined fashion and made the world realise that there in fact was such a thing as Belgian design. In Marina's case, the question as to where it all began can be answered with 'Hasselt' and 'Limburg' (hardly a surprise for any reader of this book).

Although it's true that Marina Yee, at the age of 15, enrolled in a course at St Lucas Institute of Fine Arts in Hasselt, she's unsure whether that particular town at that particular point in time was the deciding factor in what was to come.

"Limburg", Marina Yee starts explaining, "It's a bit on the outskirts of Belgium, geographically, it has always functioned alone. So it is a popular place? No, not really, but I think people there are sincere with themselves and authentic and I like that. But when I lived there I was just fifteen and I had nothing else to compare it with."

MUSE

When trying to find the answer to 'where does it come from?' – and where 'it' is, that quality which can be called talent or a creative mind – it's not only a question of geography, but also of the circumstances or the context, which might trigger creativity. What separates Orson Welles, Marie Curie and, for that matter, Marina Yee from mere mortals such as you and me? What brings out the creative geniuses in the scientists, artists and designers who have redefined and shaped our world?

The ancient Greeks had their muses, the Erik Saties and Toulouse-Lautrecs of the late 19th century had their absinthe, and those of us fortunate to grow up in post-war Europe, just like Marina Yee, had boredom. Boredom is now gone. It's a thing of the past, ready to be put on display in a museum next to infant mortality and typewriters.

In many ways it's a pity; it makes one wonder what the future has in store for us, but let's put the alarmism on hold for a while. Let's go back in time – to the mid 1970s. A time when there was boredom in abundance.

Marina Yee acknowledges that this state of mind can be a source of creativity, but she won't go as far as to say that Limburg (when her parents decided to settle the family in Hasselt) was a particularly boring place.

No. 17 SLOW, SEELIGHT video stills and mirror room
at Z33 exhibition curated by Marina Yee
image by Kristof Vrancken for Z33, 2007

NOMAD ARTIST

On the fringes of Belgium, yes. But a place no worse to live than any other place. We have to take Marina Yee's word for it, because if anyone should know, it's her. Raised in a family where the father was a department store manager, Marina Yee had moved no less than fourteen times before she reached the age of twenty.

"It made me this nomad artist that I am now, she explains."
Hasselt, as it turns out, was just a brief stop on a path that took her not only to Brussels, Antwerp and long stretches of travelling, but also to fashion stardom. But it was there that the creativity that she had in her could be released, it was also there she met Martin Margiela and a creative friend- and partnership began (yes, they were romantically involved on and off).

"We had this plan to go to Antwerp, she explains and then returns to dwell a bit on boredom: Young people who have ambition and talent usually want to escape. They don't get enough stimulation and want greater challenges."
At eighteen they did just what the young and ambitious tend to do: Marina Yee and Martin Margiela left Hasselt and moved to Antwerp where they both enrolled at the Royal Academy of Fine Arts.

"Expectations?! I didn't have any", she says answering my question of what her hopes were when she moved to Antwerp. "I didn't have any expectations because fashion didn't really exist at that time."

Marina Yee for the Royal Theater of the Mint in Brussels 1994

next page:
Nr. 17 SLOW, projection / wall painting at Z33
exhibition curated by Marina Yee
image by Kristof Vrancken for Z33, 2007

PRÊT-À-PORTER

To understand the cultural context in which Marina Yee grew up and subsequently how the Antwerp Six could have such an impact on the international fashion scene, let's take a look at fashion in the late 1970s as Marina Yee remembers it. "Fashion was not in fashion", is her short description of a time when the only designers that anyone had ever heard of were French (with easy-to-pronounce names like Chanel, Dior and Saint Laurent). Prêt-à-porter was just emerging as a concept that would vitalise and popularise the fashion industry. So in a way, the late Seventies formed the beginning of fashion; Marina felt it and her friend Martin Margiela felt it. The pair was well-informed and had noted that something was happening, that talent was emerging from France. But not only that, they felt that they – although they were in Antwerp and not in Paris – were part of a movement, something akin to the punk movement.

Quite early on, she and Martin Margiela met and befriended the others who would later come to be known as the Antwerp Six (although Martin Margiela never actually joined the group).

"We all had different visions, Marina Yee says, but we all had a common vision and that was that we knew we had something to offer."

What was the Belgian component of that vision? "That talent doesn't have to come from France."

THE VAN

Here's how the story of the Antwerp Six is told: in 1986 six designers from Belgium bundled into a van, drove to London where they exhibite, achieved success, and changed fashion forever. Since nobody outside of Belgium could pronounce their names, they were simply called The Antwerp Six.

"We had never thought of a name for the group, but we liked The Antwerp Six", Marina Yee says.
Since everybody loves the story of an underdog coming from nowhere and making it big, this one has stuck, even with people with little or no interest in fashion. The story of The Antwerp Six is legendary, so much that it's been called part of 'fashion folklore'. Their show at Westway Studios has gained a mythical status and their introduction of deconstruction to fashion became synonymous with Belgian fashion – not to mention that, thanks to them, the words 'Belgian' and 'fashion' could be used in the same sentence. Not a bad contribution to the fashion industry for someone who discovered fashion on her own through the magazine *100 Idées* and her mother's copies of *Marie Claire*.

Given a unique chance to add something to this story, I ask Marina Yee what kind of van it was.
"I don't know", she says. "We just hired a thing to put our stuff in it for our presentation. We flew to London."

By 1986 the group had found its form and had already achieved some degree of success. Marina Yee graduated in 1981 and in the years following, the group worked together.
"The power of being a group was a power because we worked together", Marina Yee says a bit cryptically.

She continues by telling me about what must have been a happy time, during which the members of the group lived out their dreams and fantasies, testing their ground as fashion designers in an atmosphere of encouragement and competition. These were also the years during which The Six, still young, broke free from backgrounds that, for some, were very bourgeois, and found themselves.

The Antwerp Six reunion,
jury gathering for MoMu & Royal Academy of Fine Arts in Antwerp, fashion department,
honouring the 150th anniversary of the Academy

next page:
Marina Yee, Recycled collection, 2003

images by Marleen Daniels

The adventures of The Antwerp Six began with the Golden Spindle (Gouden Spoel), a competition organised by the government to promote Belgian design and Belgian manufacturing. The group's success in the competition led to the opportunity of publishing their work in the magazine *Mode, dit is Belgisch* (Fashion, This Is Belgian). This led to the chance to do shows with manufacturers who would also produce their collections.

But Marina Yee's time with The Six ended quite quickly. Following in the wake of their success Marina Yee, like the rest, was encouraged to commercialise her design. The attempt didn't turn out well.
"At a certain point, I became really depressed, so I left," she says. "I knew the way it was going with success and with the rhythm of delivering, it would kill me. I knew it would break eventually and it was a very tough ending."

In no way was Marina Yee prepared for what would follow in the wake of success.
"If you want to make it," she explains, "you have to inform yourself and surround yourself with the right people."

Marina Yee failed to do either, and the experience when her own brand didn't manage to take off was painful, at first. In the end, she claims, leaving the group turned out to be a blessing as it allowed her to follow her own path, working in more alternative ways designing scene costumes for the theatre or making clothes critical of consumer culture out of recycled thrift store finds.

Marina Yee currently divides her time between her homes in Antwerp, The Hague in the Netherlands, and Ghent in Belgium, where she teaches at the Academies of Fine Art. Although the Internet has made it easier for independent designers to reach customers, and there are more ways of expressing individuality, the competition is tougher; there are now more young talents to compete with for anyone who aspires to a career in fashion.

The major change in fashion since the heyday of The Six is, according to Marina Yee, that fashion is to be found everywhere now.
"You no longer have an excuse not to dress well. Today fashion reaches everybody."

Daniel Golling is a Stockholm-based architecture and design journalist, frequently contributing to *Mark, Frame Modern Design Review, Icon, Azure, Interni* as well as various Swedish and international titles. He is also a curator and an author of books about architecture and design. In 2013 Golling co-founded Summit, a podcast and publishing house for architecture and design. He was formerly editor-in-chief of *Form Magazine* and *Forum Magazine*, both Swedish titles.

TECHNOLOGY

WHAT NURSES THE COMPOSED
INDIFFERENT TO CONSERVATISM
INGENIOUS TO THE BRUTE

07

There is no end to the possibilities for innovation. Technological developments always offer new options for innovative design. But innovative design always develops in combination with innovative technology and can thus never be an end onto itself. – Dieter Rams

TECHNOLOGIES AS CULTURES

MARTIN BORN

TECHNOLOGY AS A LABEL

When invoked, as in this segment, as a perspective or lens through which to survey the productive merits and potency of a design *Standort* such as the region of Limburg, the term 'technology' does not refer to the historical, joint treasure of techniques available to a community. As a diacritical label separating 'technological' artefacts and undertakings from such others that supposedly are 'not technological', it draws a circumference that includes certain technologies, while excluding others. It is the truncated meaning of the term that we have become used to expect in our contemporary media discourse. Our attention is directed to the 'high' and 'new' technologies of our time, and to their appreciation as beneficial to a progress measured commercially.

Setting off from this specification, in this essay I will try to lay out, on somewhat of a gravel bed of remarks, a position for the relationship between design and technology as one of its important media. I will do so from the perspective of a practicing designer, and a viewpoint, thus, developed through project experience, in particular with co-operators.

A TECHNICALLY ELEVATED PLATFORM

Today's Western society looks onto Earth from a technically elevated platform to which our appreciation and imagination of actions are bound. If even we look at a rock or a river, a technically informed 'buffer' exists between them and us: should it make us think of angling, then we think of the swirl of the reel with its ball bearings and the die-cast rotor, the nylon line, a pier or a rubber boat, watertight waders, colourful lures and the injection-moulded tackle boxes they are kept in – all of which are high-tech devices that direct our experience.

THE TECHNOSPHERE

Doug Tompkins, founder of The North Face, calls this condition of life in the West the 'technosphere', an analysis valuable, particularly, for its diagnosis of the interpretative bubble. If we call the biotope we exist in, the medium of our lives, may we, with McLuhan[1], say that our telos is inscribed in its makeup? Tompkins, I assume, would agree: setting off from a technological platform, we will likely arrive only at technological responses. Yet Tompkins' metaphor is elucidative also in its suggestion of the perimeter. Other than e.g. the age of technology, the image of the technosphere provides the idea of an outside. What can this outside be, and how might we get there?

SUPER NORMAL, TO ACTUALITY

A successful experiment was undertaken by Jasper Morrison and Naoto Fukasawa in their 2006 'Super Normal' exhibition. Gathering objects that, bare of formal pretence or emphatic authorial originality, fulfilled their duty in "normality", the two designers removed a notion that had long been a most popular demand on design, namely that its production be astonishing, extraordinary.

A notable fruit of this venture into uninterestingness was Morrison's Crate Series of the following year. Were one to disregard the colour highlight of the fabric hinges (a fossilised nod, I feel, to media/audience attention), the elemental makeup of the board-based furniture had done away with anything spectacular. Let us assume it had: where would one go from there? Clearly, the answer cannot be sought on an aesthetic terrain, or else the question would follow suit: must we now make only rectangular pieces? The door that Morrison pushed open was another. He did not delete aesthetics from design, but design from aesthetics. His path thrusts not towards a new way of discussion, but to the abandoning of a way of discussing. After *Crate* and *Super Normal*, design rationale can no longer be guided by "shape that is attention".

Discussing the concept themselves, Morrison's and Fukasawa's vocabulary generally stayed on the plane of the aesthetic. Yet the exhibition and the subsequent production of the two hint at a wider horizon, long veiled by the usurpation of design by the industry which, after the satisfaction of need, has glossed over the question of the object's propitiousness in, and to its surroundings with sales-propelling seduction – a path that designers have come hiking on. As in the *New York Times*: "Both Fukasawa and Morrison resent the mediatisation of design and the tendency of young designers, in particular, to fall into the trap of creating superficially spectacular objects to generate media coverage, rather than to be used."[2]

While Morrison's defence of the objects he chose for the show remains on the level of the 'atmospheric', I believe he is missing his best point.[3] In the normality of the objects presented, their merging with the various dynamic dimensions of their environment is excavated, amounting to a focus on the object's 'performance', in a sense of adequacy and relativity. The plane of the context is revealed, in and to which the object 'makes sense'. In a term recurring frequently in discussing the show, the 'everyday', contained beyond formal 'commonplaceness' is the object's existence outside of creative-professional-only scales like authorship or originality. The 'everyday' points to a quality that one may call embeddedness or, actuality: the object's inclusion in the complex that is 'life', to which, besides its use, belongs its generation, including all temporal, economical and epistemological structures it activates.

1. Herbert Marshall McLuhan, CC (21 July 1911 - 31 December 1980) was a Canadian professor, philosopher, and public intellectual.
2. *The New York Times*, 11 June 2006. Quoted from http://www.nytimes.com/2006/06/11/style/11iht-dlede12.1944160.html (retrieved 13 September 2016).
3. "If I use a different type of glass, for example, I feel something missing in the atmosphere of the table." – Jasper Morrison, "Super Normal." Lars Müller Publishers, 2006. Quoted from Jasper Morrison, "Super Normal", https://jaspermorrison.com/publications/essays/test-publication-1 (retrieved 13 September 2016).

The distinct orientation present in designers' (and others') striving for attention which Fukasawa and Morrison criticise, is a call to their work's recognition and sanctioning (its 'communication', in the Catholic sense) by social strata imagined as 'higher' – the hope of social ascendance. Sociologist Lewis Mumford describes this ambition as a characteristic of what he calls the 'machine' type of human organisation: the thrust upwards on society's vertical plane. Bound in with the appearance of a hierarchical social order through the coalition of the violent force of the hunter with a mythology provided by the clerical cast, Mumford calls the vertical a dedication vector standing orthogonal to a 'horizontal' commitment, in his example of the village or the family, i.e. the immediate social surrounding. When Fukasawa and Morrison protest vertical aspiration, what remains with their proposal is then precisely this: a regained attention, so to speak, for the environment in which the object both finds its use and has its origin, including in full the concern for all use, production, economy, aesthetic-symbolic and technical value, exacted here only in an orientation to the communal, not leveraged for social ascendance.

UPWARDS, NEW

This *upward* inscribed in the commerce-technosphere and Mumford's machine society is the trajectory prescribed by the myth of the new, of progress, or the future. It is a drift readily bought into by the industry: "Shaping the Future Together" is an actual claim of a real 'technology' company, yet the reader will effortlessly translate it into any and all such industries' claim, discovering, effectively, their mythology.

If we call the techno-commercial trajectory vertical, Hella Jongerius folds the arrow over and bends it onto the lateral, planar through a minimal, yet ever so powerful semantic move. In visually striking out every occurrence of the word 'new' in the "Beyond the New" manifesto she co-authored with Louise Schouwenberg, a fully different plane for progressable directions opens, and the blinder that the word is becomes strikingly clear. Consider the difference: "an industry that is willing to embrace new challenges" versus "an industry that is willing to embrace challenges". In the first case, one can almost see one 'industry' trot alongside a like-minded pal down the path pre-described by their consensual new, where in the second case, no direction is given, and more importantly yet, the impact of the challenge is no longer limited to the bucket catchphrase. Challenges now reach the foundation of the industry, and mobilise it in every direction. One can see what a corset the new is, and the idea of progress we have bound into it: the new, indeed, is not as it appears, a category of time, but a cautious – because it is substantive – security phrase.

LATITUDE

Of his visit to the office of Konstantin Grcic, Mateo Kries notes in his text for the Vitra exhibition, Panorama: "[...] Grcic does not regard technology as an end in itself: repeatedly, the camera pans over plain everyday objects that are scattered throughout his studio [...]. Such encounters seem to create frictions with the past, which are essential to Grcic's work as a designer [...]."[4]

Deserving of special attention here is Kries' mention of the notion of 'friction'. This figure can only be understood in the existence of some sort of delineation plane, which I believe must coincide with the distinction made in the beginning of this text between the 'new/high' and the 'other'. Although Kries places the plane in a temporal location (a presumed interface with a presumed historic past), it will be more accurate to speak of the remembered here, grating against the *forgotten*, and more precisely yet, of the *communicated* against the *excommunicated*.

Kries calls Grcic the designer 'a man in space'. By this, he does not refer only to Grcic's sensitivity for architecture, nor solely to his insistence on sharing the same reality with the subject of his work.[5] Instead, what appears is the lateral attitude that characterises Grcic's mindset, his attention outside and across a streamlined up- or forward. Grcic's work, from *Missing Object* through *Avus* and the *Champions* tables to *Sam Son*, has kept stepping sideways and up and down cultural planes; the way it does so shows how he navigates long memory not just for visual excitement. Essential to his work is the conceptual latitude he cultivates by letting his rationale be affected by his ventures outside the linear progressive – breaking, as it were, any membrane to the excommunicated.

DIGRESSION: MY PRACTICE

In 2013 my first design commission in Finland took me on a tour around a number of cabinetry workshops in the Helsinki region. I encountered a great deal of skill in those visits, which made the banality of the commissions they all said they largely depended upon for economic health all the more dispiriting to see. People around me, who knew their material and how to give form to it so well, mostly made kitchen cabinets, while indifferent companies like Hay would rule the market with their ever-conventional, ever-converging, picture-happy aesthetics.

4. Kries, Mateo, "A Man in Space – The Exhibition Panorama by Konstantin Grcic." *Konstantin Grcic – Panorama*, edited by Mateo Kries and Janna Lipsky, Vitra Design Museum, 2014, p. 21.
5. A desire expressed in Grcic's reference to Yves Klein's quote, "Let's be honest, in order to paint space, I must put myself on the spot, in space itself." – Kries, Lipsky, 2014, p. 12.

Returning from the trip, I drew up a research project for myself to try and find out how I could utilise my practice to put to work these skills and create income for these studios. My motivation was economic at the outset, however cultural by intent. Money in these craftsmen's pockets would mean money spent in the communities they live in, and tax paid there. Bringing them in contact with my clients would open their workshops for potential future commissions, and the simple knowledge of their existence would establish a living sign of the hand in the city, a topic I had worked on earlier and one I consider crucial to a democratic citizenry.

Additionally, as the study progressed and became my main path of work, there were many more things to find for me as a designer. As most commissions revolved around one-off pieces or spaces to be designed, I noticed how the individual response to space in my medium of furniture became an impulse I had not earlier known in my design work, but had come to appreciate in some curating commissions I had done. Furthermore, I began making some pieces myself, which opened up a sculptural approach that, as a trained industrial designer, I had never known.

Today I work mostly with architects; collaborating with them on the spatial plan, I design furniture, lighting and other items in a production network of cabinet makers, blacksmiths, glassblowers, a motorcycle builder, stonemasons and a movie prop studio. For me, the most notable benefits in this are: one, as we feed the vitality of skill around us, we provide for a production cluster that is also our direct, municipal environment, and two, as we work directly with our clients, we engage with them in a *bidirectional* questioning of their spaces and life organisations, enabling us to react with creatively more intimate responses.

TECHNOLOGIES AS CULTURES

I began this text with a remark on the term technology as a concept abridged today, and have used the subsequent paragraphs to try and show how its truncation is but an example of a more global discriminatory 'tactic', exacted onto, and by means of, a range of concepts for the sake of a cultural alignment to industrial culture's ideological goals.

My aim with this is two-fold. One, to show how these abridgments are specific, i.e. how their existence proves that industrial culture is a culture to which there exist alternatives. Any abridgment is specific in that it is directional, and everything specific has a negative space by definition, i.e. an outside. Two, that our taking position on the terms abridged is of cultural value: if industrial culture indeed prefers, i.e. depends upon, a certain regard of technology, or a *certain* attitude vis-à-vis the concept of the *new*, our positioning on these concepts is of cultural momentum, i.e. of the power to enforce or disenforce a specific or different arrangement on subsequent levels such as the organisation of work, skill, memory, distribution of profit, forms of communication/interaction etc.

Even though, and as much as this position is in motion lately, design is for its history strongly rooted in industrial practice. The multiple as one of its defining moments is based in the logic of capital investment, mass communication and output, and on the *model*, which is as much a step in the process as a token of cultural primacy. From Ford through Loewy to Starck and Roosegaard, technological ideology has commanded the discipline to such a degree that today it has come to appear identical to industrial culture.

Revealing this complicity and, as I have tried to do, producing an understanding of that alternative modes of operation are possible, may give the profession renewed cultural leverage, however this requires the detachment from elements thus far considered integral to its self-conception. As previewed in my opposing lateral with vertical aspiration, the commitment of the designer to her immediate surrounding detaches her from the mediated market of attention, and allows her to relate to the economic and social viability of her 'society' first. Detaching ourselves from striving for the fascinating, frees us to behold the object's actuality in its context as in ours, and its validity as a functional object as well as the subject of human work, *before* considering its impact on the global screen of the market.

Choice of technology is pivotal here, as it is the compositional medium unlocking all such rearrangements. Each technique in operation locates the object, its designer and the practice of creating differently (physically, figuratively) in relation to a society that itself is internally arranged differently each time by different communicational, monetary, physical etc. modes of exchange. With this exhaustive faculty for mediation in mind, an unabridged reading of the term technology that can work as an operable for design practice will succeed better in the plural: *technologies, as cultures*.

Martin Born (1977) is a furniture designer based in Helsinki. He designed in Cologne and Pforzheim before graduating from the Design Academy Eindhoven in 2007. Upon coming to Finland, Martin began to explore design in the technical, social and economic context of manual production. Besides his design work, Martin curates art and design presentations and runs a library for design books.

C-BENCH

PETER DONDERS

PHOTOGRAPHER KRISTOF VRANCKEN
ART DIRECTOR PABLO HANNON
ASSISTANT PHOTOGRAPHY JONAS VRANCKEN

previous page:

C-Bench flirts with the boundaries of material and technology. Six different ropes are used for a single bench, each 700 metres long, totalling 24,000 carbon fibres, every one of which is one-seventh the size of a human hair. That means that a total of 100,000 kilometres of wafer-thin carbon fibres is wound around a mould for *C-Bench*: innovative design weighing less than 10 kilograms, including the resin. Peter Donders is conquering the world with his 'complex' design, described by Rob Cassy, of *The Garden Journal*, as "calligraphy in 3D".

A TO Z

S

Raf Simons

Raf Simons (born in Neerpelt) is a Belgian fashion designer who graduated in Industrial Design at SHIVKV in Genk. He launched his own menswear label in 1995. In 2012 he was announced as the Creative Director at Christian Dior. In 2016, Simons was announced as the new Chief Creative Officer at Calvin Klein. www.rafsimons.com
— CHAPTERS 1, 3, 4, 6, 8

Smisdom Plastics

Smisdom Plastics is a family business, specialised in the development, manufacturing and injection moulding of plastic parts and artifacts for various purposes. Based in Sint-Truiden. www.smisdomplastics.be
— CHAPTER 7

Jan Snoekx

Jan Snoekx has garnered seventeen years of experience in the field of animation, CGI and film production. During his career, he has worked for international agencies and clients, and has done high-end CGI work for many well-known animation houses. Over the years, Jan has worked on several U.S. and European feature films, international animated series, high profile commercials and music videos. Recently, Snoekx created his own animation production company, XiOLA based in Hasselt. www.snoekx.com
—

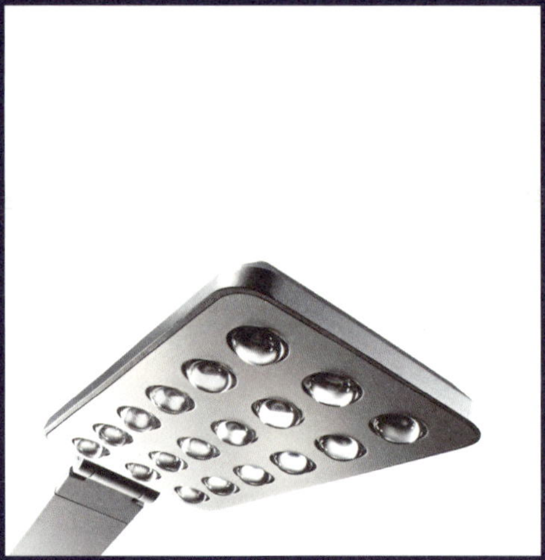

Dany Snokx

Dany Snokx has a unique track record and professional experience in the field of design since 1997, working for such companies as Philips, Barco and the Newell Rubbermaid as well as in local (semi) public environments. www.snokx.com
—

Benjamin Sporken

Benjamin Sporken (°1988) is a multidisciplinary designer living and working in Rotterdam. His practice is defined by collaborative, commissioned, and self-initiated projects within the expanding field of graphic, type and spatial design. In addition, he is working on a digital type foundry under the moniker ONMIN, alongside Wout Trippas. www.sporken.be www.onmin.eu
— CHAPTER 10

Jenny Stieglitz

Jenny Stieglitz (°1989) has been active since 2012 as an independent illustrator for cultural institutions, designers, research projects and governments. The work she creates in her commercial as well as personal projects reflects her playful vision of the world; sometimes a bit poking fun, but always in a friendly way. www.jennystieglitz.be

—

Piet Stockmans

Piet Stockmans worked for twenty years at Royal Mosa. Besides this industrial work, Stockmans also experiments with china, making installations and art work. From 1969 to 1998 he teaches Industrial Design at the Product Design department of the SHIVKV and later on KHLim in Genk. www.pietstockmans.com

— CHAPTERS 1, 2, 3, 5

Studio Job

Soul mates Job Smeets (°1970, Hamont-Achel) and Nynke Tynagel (°1977, Bergeijk) founded Studio Job in 2000. In the fifteen years since they graduated from the Dutch Design Academy in Eindhoven and established the studio, they have become contemporary cultural pioneers who are slowly revolutionizing common preconceptions about the distinct realms of art and design. studiojobgallery.com

— CHAPTERS 1, 4

Virginia Tassinari

Virginia Tassinari (°1974, Conegliano Veneto (IT)) has a background in philosophy. She is researcher & educator in Design and Philosophy at LUCA School of Arts (Belgium), where she also founded the DESIS Lab. Virginia is a member of the International Coordination Committee of DESIS (Design for Social Innovation & Sustainability), an international network within which she is also co-initiator of the DESIS Philosophy Talks, a series of discussions in which design for social innovation and philosophy are brought into dialogue with one another.

— CHAPTER 10

John Thackara

John Thackara is a publicist, designer, philosopher, but most of all, someone who puts things in motion. He is unique in his ability to offer words and indicate patterns: how small actions lead to large changes in systems. His motto is 'to do things differently, we need to see things differently' – and in that he attributes an important role to design. In September 2015, his most recent book was published, *How to Thrive in the Next Economy: designing tomorrow's world today.* www.thackara.com

— CHAPTER 3, 5, 9

Annelies Thoelen

Annelies Thoelen works as an art historian and economist at Design Vlaanderen, where she is responsible for advice and international networking. She is specialised in design thinking, craftsmanship design and positioning and branding in the creative industries. Annelies is also a researcher at the SEIN Instituut of UHasselt, and shares her knowledge of the modern-day design world as a teacher at LUCA School of Arts C-mine.

— CHAPTER 9

Joke Timmermans

Joke Timmermans is a Belgium-based journalist, videographer, photographer and teacher, passionate about stills and moving images, people, storytelling, art and culture. www.joko-ko.com

— CHAPTER 7

Toykyo

Toykyo was founded by Mathieu Van Damme and Limburger Joeri Steegen (aka Pointdexter) in 2006, sparked by a passion for refreshing and innovative design. Limburger Esther JL Noben joined Toykyo later. Toykyo is producing consistent brand identities and exciting graphics. Their clients range from independent organizations to global brands, from the music and fashion industry to publishing and advertising. www.toykyo.be

— CHAPTER 8

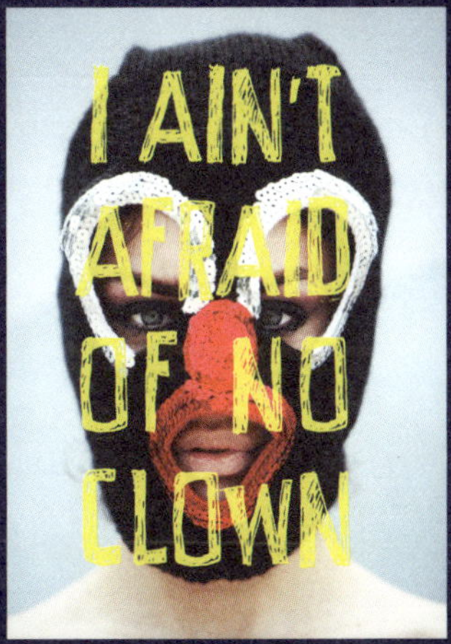

Titi + The German Kid

Titi + The German Kid is a Belgian fashion label that designs and makes fashion without boundaries. Designer Kristien Follon (°1985, Neerpelt) wants to share her experiences and stories in life through her straightforward collections. She started her brand nine years ago with a few designs, and opened her first store in Hasselt after five years. She has collaborated with JBC, Muziekodroom, Flanders Fashion Institute and Samsonite. titiandthegermankid.com

— CHAPTER 8

Tribù

Tribù is a Belgian design house producing exclusive, modern outdoor furniture, they are situated in Zutendaal. The characteristically delicate detailing of Tribù denotes a finesse that can be compared to that of the finest interior furniture. International designers are behind a large part of their collection.
www.tribu.com
— CHAPTER 4

Wout Trippas

Wout Trippas (°1989) works as a graphic and typeface designer from Berlin. He defines his work through the endless search for different methods to construct rhythmic textures. Together with Benjamin Sporken he's building up digital type foundry ONMIN.
www.onmin.eu
— CHAPTER 10

U

Uber & Kosher

Uber & Kosher is an Antwerp-based art direction studio of Limburgers Martijn Vogelaers (°1976) and Deborah Bloemen (°1980) with a wide range of disciplines: art direction, concept design, identity design, artwork, styling, graphic design for print/web/apparel and consultancy for the fashion, music, art and film industry. Since 2002 they do production and styling for various magazines, papers, television and other projects. Their work is published in books and magazines internationally.
www.uberandkosher.com
— CHAPTER 8

UHasselt Faculteit Architectuur en Kunst

1958 till 1970: Provinciaal Hoger Instituut voor Architectuur en Toegepaste Kunsten
1970 till 1977: Provinciaal Hoger Instituut voor Architectuur
1977 till 1995: Provinciaal Hoger Architectuurinstituut
1995 till 2013: Provinciale Hogeschool Limburg Departement Architectuur
2013 till the present: Universiteit Hasselt Faculteit Architectuur en Kunst with study programmes in Architecture and Interior Architecture.
www.uhasselt.be/fac-architectuur-en-kunst
—

V

Iris van der Heijden

Iris van der Heijden is a graphic designer, born and raised in Maastricht. At the age of 19 she started studying at the MAD-faculty in Hasselt, Belgium, where she graduated with a Master of Arts Degree in 2016. The interaction between music and visuals constitutes the main theme in her work. This can also be seen in her thesis, wherein the main goal was to create an active visual and musical experience within a digital environment. Besides working as an interaction and graphic designer, Iris is also focussed on concepting, photography, video and illustration.
irisvanderheijden.com
— CHAPTER 4

A PATENT FOR YOUR THOUGHTS

WORDS BY KOBE VAN REPPELEN
IMAGES BY JOKE TIMMERMANS

Gepatenteerde innovaties

"Waar vind ik innovatie in ons Limburgs bedrijfsleven?" Om die vraag te beantwoorden, graven we wat dieper in vijfentwintig jaar Limburgse innovatie. Onze bedrijven zijn, al dan niet bewust, verantwoordelijk voor wijdverspreide systemen, manieren van denken en producten. Van bustehouders tot vogelringen en bierkratten, de kans dat een Limburgs bedrijf er een hand in had, is reëel. Limburg staat bekend om haar industriële en logistieke capaciteit. Daarom krijg je een overzicht van bekende, maar ook onbekende innovaties, die vanuit een designstandpunt onze provincie op de kaart zetten.

Innovatie gaat hand in hand met risico. Wie geen risico neemt, kan niet innoveren. Dat risico kan zich beperken tot enkel de geïnvesteerde tijd, maar in vele gevallen spelen ook financiële en commerciële factoren mee. Om zulke investeringen te beschermen, ontstond het systeem van patenten. In België en specifieker Limburg worden relatief weinig patenten aangevraagd. De patenten die de laatste vijfentwintig jaar in onze streek werden aangevraagd, vormen de basis van deze zoektocht.

Welke innovaties vinden we bij ons? De diversiteit aan aanvragen uit Limburg is groot. Van "a method to cut wires grown over with plants in a crop wire hoisting system and an apparatus for applying the method" en "a street pole and method for placing the street pole" tot "the use of a composition for the increase of crop yield". En wat dacht je van "a new use of insecticides for agricultural and horticultural crops"? De lijst is indrukwekkend.

Een woordje over patenten

Het systeem van patenten stelt individuen en bedrijven in staat uitvindingen te beschermen. Patenten, of beter gezegd octrooien, worden wereldwijd erkend. Het European Patent Office (EPO) is belast met de taak deze juridische procedure in goede banen te leiden. In 2015 ontving het EPO vanuit België 2381 aanvragen. Ter vergelijking, de Verenigde Staten dienden in datzelfde jaar 629.647 aanvragen voor de binnenlandse markt in.

Binnen Europa staan onze uitvinders bij het EPO op een achtste plaats met 180,2 aanvragen per miljoen inwoners. Daarmee laten ze Frankrijk achter zich.

Solvay is de absolute koploper, gevolgd door IMEC, Agfa-Gevaert, Umicore en Bekaert. Twee universiteiten duiken op in de top tien: de Universiteit Gent en de Katholieke Universiteit Leuven. De Universiteit Hasselt hinkt achterop.

Vlaanderen scoort met 61,5% van de aanvragen een stuk hoger dan Wallonië en Brussel, die respectievelijk 20,8% en 17,6% van de aanvragen voor hun rekening nemen.

We leven in een wereld waarin voortdurend geïnnoveerd wordt, maar toch blijkt het geen sinecure om een lijst met Belgische en Limburgse patenten in handen te krijgen. Verschillende organisaties vertegenwoordigen verschillende belangen. Er wordt gewerkt aan een geïntegreerde database met uitgebreide zoekfunctionaliteit, maar we bedanken de FOD Economie, die met wat kunst- en vliegwerk toch een coherente Limburgse lijst kon samenstellen.

Uit deze gegevens leiden we meteen een aantal interessante, maar ook opvallende conclusies af. Zo staat Houthalen op nummer een voor wat het totale aantal aanvragen betreft. Dit is grotendeels te danken aan Heraeus Electro-Nite International, de Duitse metaalreus. Daarna volgen Tessenderlo en Hasselt. De meeste patentaanvragen in onze provincie vallen onder de categorie 'halfafgewerkte producten'. Dit zijn industriële uitvindingen ter ondersteuning van een productieproces of een afgewerkt product. Deze uitvindingen zien we niet vaak in het dagelijkse leven. Ze zijn letterlijk te klein om opgemerkt te worden, maar daarom niet minder belangrijk. Onze voorbeelden bestaan uit herkenbare en tastbare producten, een strikt industriële toepassing en een producent van globaal herkenbare – en dorstlessende – producten.

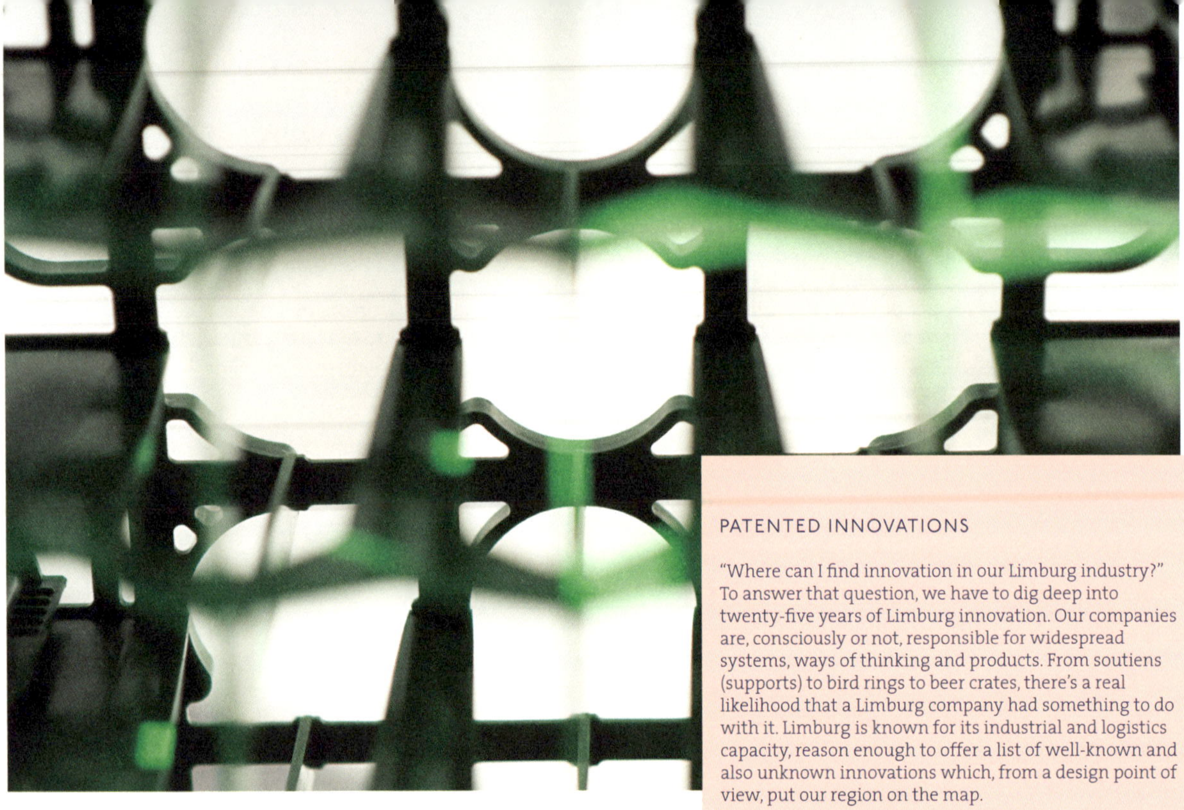

D.W. PLASTICS

PLASTIC BAKKEN

D.W. Plastics, de Bilzense specialist in het maken van bier- en frisdrankkratten, patenteerde volgens ons archief zijn eerste ontwerp in 1993. De Limburgse producent was een pionier in de technologie om *Injection Moulded products* op te leveren. Onder meer de Nederlandse biergigant Heineken is een grote afnemer van deze kratten. D.W. Plastics werkt voor zowat alle grote bierproducenten: van Maes, Jupiler en Leffe tot Super Bock of Carlsberg, dit zijn maar enkele namen uit zijn portfolio. Sinds 2013 opereert het Bilzense bedrijf onder de nieuwe internationale koepelnaam, DS Smith Plastics.

Hoe innovatief kan een bierkrat zijn? Vaak is het krat het belangrijkste contactpunt tussen de producent enerzijds en de klant anderzijds. *In-Mould Labeling* (IML) is een populair proces, dat we niet enkel uit Bilzen kennen: de kans is groot dat ook jouw smartphone of laptop met deze technologie in contact kwam. Het zorgt voor een gaaf en visueel aantrekkelijk eindproduct dat kosten bespaart. Maar daar stopt de innovatie niet. *Radio frequency identification*, kortweg RFID, is een draadloze technologie die automatische inventarisatie optimaliseert, zodat producten niet langer handmatig nageteld hoeven te worden. Het bedrijf zorgt niet alleen voor het transport van vloeibaar gerstenat maar produceert ook herbruikbare plastic bakken en containers. Naast deze technologische innovaties heeft het bedrijf ook heel wat vernieuwing gebracht in de manier van stapelen. Dankzij een constante doorgedreven ontwikkeling zijn de paletten en bierkratten nu steviger dan ooit. Met een omzet van zo'n € 5 miljard in 36 landen en met 26.000 medewerkers is deze Limburgse innovatie een belangrijke mondiale speler in de wereld van het bier.

PATENTED INNOVATIONS

"Where can I find innovation in our Limburg industry?" To answer that question, we have to dig deep into twenty-five years of Limburg innovation. Our companies are, consciously or not, responsible for widespread systems, ways of thinking and products. From soutiens (supports) to bird rings to beer crates, there's a real likelihood that a Limburg company had something to do with it. Limburg is known for its industrial and logistics capacity, reason enough to offer a list of well-known and also unknown innovations which, from a design point of view, put our region on the map.

PLASTIC CRATES

D.W. Plastics, the Bilzen specialist in the manufacture of crates for beer and soft drinks, patented its first design, according to our records, in 1993. The Limburg producer was a pioneer in the technology used to make Injection Moulded products. Clients include the Dutch beer giant Heineken, a major purchaser of these crates. D.W. Plastics works for more or less all the big beer producers: Maes, Jupiler and Leffe to Super Bock or Carlsberg, to mention just a few names from the portfolio. The Bilzen company has operated since 2013 under the new, international umbrella name of DS Smith Plastics.

How innovative can a beer crate be? Well, a beer crate is often the most important point of contact between producer and customer. In-Mould Labelling (IML) is a popular process which we know not only because of Bilzen: there's a good chance that your smartphone or laptop came in contact with this technology. It ensures a flawless end product which reduces costs and gives a pleasant visual finish. But the innovation doesn't stop there. Radio frequency identification (RFID) is a wireless technology which automatically optimises inventorying, so products no longer have to be counted manually. Apart from taking care of the transport of your favourite brew, the company also produces re-usable plastic crates and containers. In addition to these technological innovations, it has put much innovative thinking into ways of stacking the crates. Thanks to the constant developing of ideas, the pallets and beer crates have never been so sturdy. With its turnover of around five billion euros, in 36 countries, and supported by 26,000 employees, this Limburg innovation is a part of beer worldwide.

NURSING BRA

In onze contreien kiezen jonge moeders heel vaak voor borstvoeding. De voordelen ervan zijn alom bekend, maar een groot bezwaar duikt steeds weer op: borstvoeding is niet praktisch voor de moeder. Daarvoor hebben de dames van Mammae een oplossing bedacht: een borstvoedingsbeha. Het patent werd pas in 2013 goedgekeurd in de Verenigde Staten en Europa, maar sindsdien loopt het als een trein. Uniek aan het patent is de toestemming voor de volledige beha en niet voor de onderdelen ervan, zoals gangbaar is voor kleding. De beha lost het probleem van indiscretie op en mikt op de wereldwijde markt.

In de Benelux telt het bedrijf Mammae zo'n 220 verkooppunten en het assortiment beha's is intussen uitgebreid met een lijn comfortabele zwangerschapskleding. Mammae staat trouwens niet voor "mama", maar is Latijn voor "borsten".

NURSING BRA

In our region, breast-feeding is a widely-accepted way of feeding babies. The advantages of breast-feeding are well-known. However, one big objection is constantly raised: breast-feeding is not practical for the mother. The women at Mammae have a solution: a breast-feeding bra. It took until 2013 to get the patent approved in the United States and Europe, but since then, the whole thing has really taken off. What's unique about the patent is that it contains permission for the whole bra, instead of the usual parts of clothing. The bra solves the problem of indiscretion, and potentially gives access to a world market.

Mammae has around 220 sales points in the Benelux, and is now expanding the range of bras with a comfortable maternity clothing line. Incidentally, *mammae* doesn't mean 'Mama'; it's Latin for 'breasts'.

BOSAL

More recent patent applications come from the Dutch exhaust imperium BOSAL, which has its headquarters in Lummen, in Limburg. The company, founded in 1923 in Alkmaar, produces exhaust systems for passenger vehicles and lorries; it also produces towbars, bike carriers and heat exchangers for automobile and industrial applications. This giant focuses on both automotive manufacturers and on industrial applications and the replacement market. There's a good chance that your car, or a car in your street, has a direct link with Lummen.

Reduction of emissions of harmful gases is the motivation behind a number of patents and innovations worldwide. At IAA 2015, BOSAL introduced a world first: the patented 'Exhaust Gas Heat Recovery System' (EGHRS) – a component which recovers heat from exhaust fumes for improved engine and battery performance. A unique element in BOSAL's design is the close-coupled position of the component, which allows a much more compact and lightweight design. This product, designed in the global research network in Lummen, can already be found in thousands of production vehicles in North America and Asia.

In addition to EGHRS, BOSAL is researching further solutions for reduction of emissions by way of reducing weight. In 2015, BOSAL patented the 'sandwich envelope' which, together with other adjustments, reduces the weight of an exhaust system by 40%. This unequalled achievement is made possible by an extensive knowledge of materials and complete in-house competences in the fields of virtual design, prototype-building and testing.

The R&D division, led by the head office in Lummen is the lynchpin of BOSAL's technological development, which in part defines the course of the rapidly changing and increasingly complex automotive industry. Not so much a supplier in the traditional sense, BOSAL works according to a collaborative model of open innovation, in which product development takes place in close consultations with car manufacturers, suppliers and research institutes.

With 4,900 employees, worldwide, in 29 factories, six R&D and eighteen distribution centres, BOSAL is one of the larger companies with Limburg roots.

BOSAL

Recentere patentaanvragen komen van het Nederlandse uitlatenimperium BOSAL, dat zijn hoofdkantoor en R&D-center heeft in het Limburgse Lummen. Het bedrijf, dat in 1923 in Alkmaar werd opgericht, produceert uitlaatsystemen voor passagiersvoertuigen en vrachtwagens, maar ook trekhaken, fietsendragers en warmtewisselaars voor automobiele en industriële toepassingen. De gigant richt zich zowel op automotivefabrikanten als op industriële applicaties en de vervangingsmarkt. De kans is groot dat jouw eigen voertuig of een uit jouw straat een directe link met Lummen heeft.

Uitstootvermindering van schadelijke gassen is de drijfveer achter verschillende patenten en innovaties op wereldvlak. Zo stelde BOSAL op de IAA 2015 een wereldprimeur voor: het gepatenteerde *Exhaust Gas Heat Recovery System* (EGHRS) – een component die de hitte van uitlaatgassen recupereert voor hogere motor- en batterijperformantie. Uniek aan het design van BOSAL is de *close-coupled* positie van de component, wat een veel compacter en lichter ontwerp toelaat. Dit product, dat ontwikkeld werd in het globale onderzoeksnetwerk geleid door Lummen, is inmiddels terug te vinden in duizenden productiewagens in Noord-Amerika en Azië.

Naast het EGHRS onderzoekt BOSAL ook bijkomende oplossingen voor uitstootvermindering door gewichtsvermindering. Zo patenteerde BOSAL in 2015 de 'sandwichenveloppe', die samen met andere aanpassingen het gewicht van een uitlaatsysteem met 40% reduceert. Deze ongeëvenaarde prestatie is mogelijk dankzij een uitgebreide materialenkennis en volledige *inhouse* competenties in virtueel design, prototypebouw en testing.

De R&D-afdeling, geleid door het hoofdkantoor in Lummen, is de spil van de technologische ontwikkeling van BOSAL, die de koers van de snel veranderende en steeds complexer wordende *automotive* sector mee bepaalt. Eerder dan een toeleverancier in de klassieke zin kiest BOSAL voor een samenwerkingsmodel van open innovatie, waarbij de productontwikkeling in nauw overleg gebeurt met autofabrikanten, toeleveranciers en onderzoeksinstellingen.

Met 4900 medewerkers wereldwijd, verspreid over 29 fabrieken, zes R&D-centra en achttien distributiecentra, is BOSAL een van de grotere Limburgse ondernemingen.

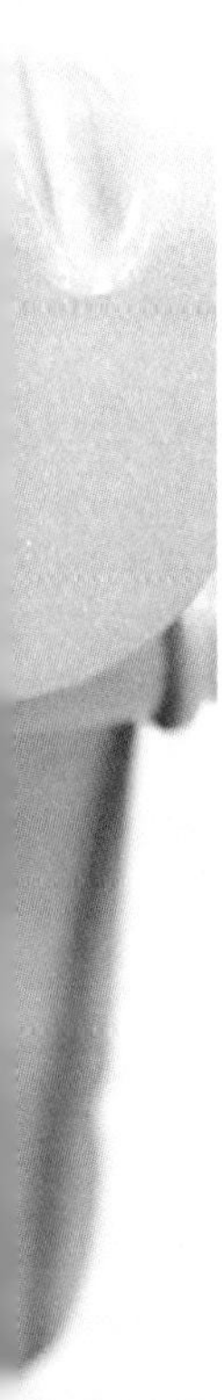

VACUUM CLEANING BAG

Eurofilters nv alleen al is goed voor 59 vermeldingen in onze opgevraagde patentenlijst. Het bedrijf uit Overpelt, dat rond het einde van het vorige decennium in de rode cijfers werd geduwd (mee door concurrentie uit China en stofzuigers zonder zak), specialiseert zich in stofzuigerzakken uit kunststof. Traditioneel gebruiken we papieren zakken, met alle voor- en nadelen daarvan, maar de markten reageren positief op het alternatief van kunststof. Aan de basis van deze opmars ligt een aantal gepatenteerde innovaties, wat de talrijke vermeldingen op onze lijst verklaart.

Eurofilters nv werd in 1977 opgericht. Met zo'n honderd medewerkers en een omzet van € 25 miljoen speelt het bedrijf een belangrijke rol in de lokale Overpeltse economie. Ook al neemt het succes van de stofzakloze zuigers toe, de economische realiteit van Eurofilters dwingt hen tot een hoge mate van innovatie. Het gros van de vijftigtal patenten werd in de laatste zeven jaar aangevraagd, wat de toekomst hopelijk veiligstelt.

VOGELRINGEN

De titel van een patent laat vaak veel aan de verbeelding over. *Improved bird ring* is daar geen uitzondering op. De aanvrager – Smisdom Plastics, genoemd naar oprichter Geert Smisdom – is een begrip in de wereld van de identificatieringen voor vogels, duiven en pluimvee. Smisdom Plastics is onder zijn commerciële naam Rings4Wings bekend bij een hechte, globale gemeenschap van liefhebbers.

De E-Z-clipring is een kleurrijke en veilige oplossing om duiven te markeren. Duiven hebben echter de neiging om een ring zelf te openen of los te maken. De E-Z-lockring vermijdt zulke gevallen van miscommunicatie. Deze ring kan enkel door een menselijke handeling geopend of gesloten worden en is daarom prima geschikt voor kippen, kalkoenen, fazanten en ander sterk gevogelte.

Dankzij de technologische ontwikkeling onder de noemer "lasermarkeertechnologie" zijn de vogelringen hoogst aanpasbaar. Elke ring draagt persoonlijke identificatiegegevens, gaande van volgnummers, telefoonnummers, naam of codes tot allerlei andere relevante informatie. Rings4Wings richt zich resoluut op gevogelte voor zowel de recreatieve hobbyist als de iets professionelere gebruiker.

Smisdom Plastics is overigens niet enkel bezig met (laser)technologie om duiven te identificeren, maar biedt ook oplossingen voor andere marktsegmenten, zoals betaalmunten of jetons. Daarnaast biedt Smisdom Plastics ook een gepatenteerd gamma aan zitmanden voor de hengelsport. Eén ding is duidelijk: het bedrijf, dat in 2017 zijn vijfentwintigjarige jubileum viert, is een bron van motivatie voor elke liefhebber van recreatieve buitensport met dieren.

SMISDOM PLASTICS

VACUUM CLEANER BAG

Eurofilters NV is solely responsible for 59 mentions on the list of patents we requested. The Overpelt company, which was heavily in the red at the end of the last decade (partly due to competition from China, and new vacuum cleaners without bags), is specialised in plastic vacuum cleaner bags. While we were used to using traditional paper bags, with all the accompanying advantages and disadvantages, the markets are enthusiastic about the plastic alternative. This upward trend is based on a number of patented innovations, which explains the countless mentions on our list.

Eurofilters is founded in 1977. With around hundred employees and a turnover of 25 million, the company plays an important role in the local Overpelt economy. And even though the popularity of bagless vacuum cleaners is rising, the economic reality at Eurofilters forces the company to innovate at a high level. Most of the fifty patents were applied for in the last seven years, hopefully securing the future.

BIRD RINGS

The title of a patent often leaves much to the imagination, and 'improved bird ring' is no exception. However, the applicant, Smisdom Plastics, named after founder Geert Smisdom, is an institution in the world of identity rings for birds, pigeons and poultry. Trading under the name Rings4Wings, Smisdom Plastics operates in a close-knit, global community of enthusiasts.

The E-Z Clipring, for example, offers a colourful and safe method of marking pigeons. However, pigeons are inclined to open a ring themselves, or shake it off. The E-Z Lockring helps avoid such cases of miscommunication. This kind of ring can only be opened or closed through human intervention. This is why it's also ideal for chickens, turkeys, pheasants and other strong game birds.

Thanks to a technological development called 'Laser Marking Technology', the bird rings are extremely adaptable. Each ring bears personal identification information, ranging from serial and telephone numbers and names of codes to a host of other relevant information. Rings4Wings focuses firmly on birds and poultry, both for the recreational enthusiast and the professional user.

Smisdom Plastics is involved with more than identifying pigeons with the laser technology; the company is expanding into other fields; for example plastic tokens and coins. Smisdom Plastics also offers a patented range of tackle box seats for anglers. One thing's for sure: the company, which will celebrate its twenty-fifth anniversary in 2017, is a source of inspiration for everyone who enjoys recreational outdoors sports involving animals.

MONROE

Monroe is de bekendste producent van schokdempers van het land. Het bedrijf uit Sint-Truiden produceert sinds 1964 de nieuwste dempers die jouw en mijn rijcomfort drastisch verhogen. Het bedrijf is een vreemde eend in de bijt, want Monroe noch Tenneco duikt op in onze lijst met Limburgse patentaanvragen. Het bedrijf vertrouwt blind op zijn honderdkoppige R&D-team, dat met innovaties in de schokdempers de tewerkstelling in de regio en de toekomst van het bedrijf veiligstelt.

Tenneco, de Amerikaanse Fortune 500-gigant, werd in 1977 hoofdaandeelhouder van Monroe, maar de oorspronkelijke naam blijft nog steeds een wijdverspreid begrip in de regio. Sinds het moederbedrijf in 1999 volledig autonoom opereert, groeide het uit tot een van de grootste leveranciers van OEM- en aftermarketproducten wereldwijd. Twee derde van de Limburgse productie gaat rechtstreeks naar autofabrikanten. Tot de klanten behoren de Volkswagen groep, Volvo, Porsche, Ford en BMW. In 2012 investeerde Tenneco € 20 miljoen in Sint-Truiden ter ondersteuning van het R&D-werk. Monroe heeft een uitgebreid distributienetwerk, een erg brede marktdekking en een groot bereik aan gehomologeerde producten.

Waar zit de innovatie nu precies in? Tenneco ontwikkelt het nieuwe ACOCAR-systeem en wil hiermee "elke oneffenheid op de weg neutraliseren". ACOCAR is een actief suspensiesysteem, waarbij hydraulische pompen een zee van comfort bieden. Zo kan het systeem de wielen individueel in verschillende richtingen bewegen, los van de beweging van het wiel zelf. Het is niet de bedoeling om in technische details van innovatieve producten te vervallen, maar Monroes nieuwste stokpaardje is een symbool voor de Limburgse economie. Het bewijst dat zelfs een industriële fabrikant die in 2014 zijn vijftigste verjaardag vierde, in de wereld van morgen zijn eigen plek kan vinden en meer nog, zelfs kan uitblinken. In een markt waarin de overzeese concurrentie de prijzenoorlog aangaat, misschien wel ten koste van kwaliteit, profileert Tenneco zich als een producent van state-of-the-artproducten met een stevige focus op vernieuwing en ultiem comfort.

Wereldwijd telt Tenneco 24.000 werknemers in zes werelddelen. De automobielsector is de belangrijkste klant. In Sint-Truiden rollen jaarlijks zo'n acht miljoen schokdempers van de band, goed voor zo'n 30% van de totale Europese distributie. Ook landbouw- en mijnvoertuigen rekenen op Monroes producten. Na een sterke periode net na de eeuwwisseling, toen het bedrijf zo'n 1400 mensen tewerkstelde, kromp het in tot zo'n 1100 werknemers. Ondanks de crisis van 2008 behoudt het bedrijf zijn gunstige toekomstperspectieven: een zware herstructurering werd vermeden en jobzekerheid gegarandeerd.

MONROE

Monroe is the country's best-known producer of shock absorbers. The company from Sint-Truiden has been producing the latest shock absorbers, which drastically improve your driving comfort and mine, since 1964. The company is the odd one out: neither Monroe, nor Tenneco, appears in our list of Limburg patent applications. The company relies totally on its 100-strong R&D team, which, thanks to innovation of the shock absorbers, safeguards employment in the region and the future of the company.

Tenneco, the American Fortune 500 giant, became the majority shareholder in Monroe in 1977, although the original name is still well-known throughout the region. Since the parent company started operating autonomously in 1999, it expanded into one of the world's largest suppliers of OEM (Original Equipment Manufacturer) and after-market products. Two-thirds of the Limburg production goes directly to car manufacturers, including the Volkswagen Group, Volvo, Porsche, Ford and BMW. In 2012, Tenneco sent an investment of twenty million euros to Sint-Truiden, to support the R&D work. Monroe has an extensive distribution network, very broad market coverage and a large range of homologated products.

Where does the innovation come in? Tenneco is developing the new ACOCAR system, which will enable the company to 'neutralise every bump in the road'. ACOCAR is an active suspension system, in which hydraulic pumps offer optimum comfort. For example, the system can move the wheels individually in different directions, independent of the movement of the wheel itself. Without getting too technical, Monroe's latest war horse is a symbol of the Limburg economy. It proves that even an industrial manufacturer, which celebrated its fiftieth anniversary in 2014, can find itself a place in tomorrow's world and not only that, it can excel. In a market in which overseas competition wages war on prices, perhaps to the detriment of quality, Tenneco presents itself as a producer of state-of-the-art products, strongly focusing on innovation and optimum comfort.

Tenneco has 24,000 employees worldwide, on six continents, and the automotive sector is its biggest customer. Around eight million shock absorbers roll off the production lines in Sint-Truiden every year, about 30% of the total European distribution. Agricultural and mine vehicles also rely on Monroe's products. After a strong period just after the millennium, when the company employed around 1,400 people, it downsized to around 1,100 employees. Despite the financial crisis in 2008, the company retains its favourable outlook for the future: a severe restructuring was avoided and job security guaranteed.

BOSAL

Kobe van Reppelen is a writer and entrepreneur. He travels the world looking for the best stories from people like you and me. In these stories he details the lives, choices and careers of people ranging from ministers to billionaires. He is currently working on his first book, a collection of advice for 25-year-olds.

Joke Timmermans is a Belgium-based journalist, videographer, photographer and teacher, passionate about stills and moving images, people, storytelling, art and culture.

FLANDERS' BIKE VALLEY

WORDS BY JAN H. VERBANCK
IMAGES BY JONAS VRANCKEN

State-of the-art technology with gears

When it comes to cycling, Limburg has a good reputation, and not only because of the cycle route network (Fietsroute netwerk). Open innovation centre Flanders' Bike Valley was set up 2013, established by five businesses involved in the sport of cycling: Ridley, Bio-Racer, Lazer, Flanders' Drive and Voxdale. In addition, there is now a BikeVille Incubator, which acts as a research and testing centre. Three stories by front runners in the peloton.

Marc Hufkens, Flanders' Bike Valley

WIND RESISTANCE AT LOW SPEED

Bicycle manufacturer Ridley, speed wear manufacturer Bioracer and helmet maker Lazer are investing together in high-tech research on aerodynamics. To that end, Flanders' Bike Valley was set up in Beringen; one striking feature is the realisation of a wind tunnel.

The driving force behind Flanders' Bike Valley is CEO Bert Celis and chairman Marc Hufkens. "I took part in competition cycling from my fifteenth to my twenty-seventh, as an amateur", says Marc Hufkens before the interview starts, "and I've been involved in the bike and sporting goods industry for twenty-five years." He was right hand to Jochim Aerts, CEO of Ridley, from 2010 to 2014.

"FLANDERS' BIKE VALLEY IS LIKE AN ECONOMIC DATING AGENCY."

EXCHANGE PAYS OFF

"At the opening of the new Ridley bike factory in Beringen, Jochim Aerts came over really ambitious." Marc Hufkens recalls animatedly. "He announced he was going to build a wind tunnel. He knew what he was talking about, since his business is a world leader in the technology of frame building and aerodynamics, but how do you go about something like that and, more importantly, is it affordable? Very soon, however, the huge investment turned out to be too much for one company. And why focus only on bikes?"

Bearing in mind both the volume of investment and the capacity utilisation of such an installation, more parties than just a bike manufacturer would be needed. The ideal partners were found in Bioracer and Lazer, both leaders in their respective sectors of cycling wear and helmets. "They each thought they knew more about aerodynamics than the other", says Marc Hufkens, "but since they were not in direct competition, they said: why not? They soon learned an awful lot from each other!"

BIKEVILLE INCUBATOR

From the same philosophical point of view, in a building called BikeVille, Flanders' Bike Valley's campus offers 2400 m^2 of premises to 25 start-ups, or spin-offs from existing companies in the bicycle sector who want to plug into the innovation, collaboration and exchange energy coursing through the institute in Beringen.

1 + 1 = 3

Marc Hufkens was given the task of putting the puzzle together and getting everyone on the same page. "Thanks to mutual agreements, the initial cautiousness soon turned to enthusiasm, and the diversity of backgrounds and experience turned out to be so complementary that it speeded up the innovation, rather than slowed it down. Flanders' Bike Valley, as umbrella organisation, gives extra support to the individual companies involved."

And as a competence centre, Flanders' Bike Valley takes as broad a view as possible of cycling. "Open innovation, from an independent position, and without any exclusivity", is how Marc Hufkens describes the aim. "Our projects have six pillars: three concerning the cycling experience – for example through tourism and recreation, including the unique Limburg cycle route network – and three concerning product design, process innovation and marketing. The pillars are mutually reinforcing."

THE WIND TUNNEL

The wind tunnel in Flanders' Bike Valley, opened in spring this year, is the absolute cream of the crop. "Experiments surrounding aerodynamics in wind tunnels exist in the aerospace and Formula 1 industries, but they involve extremely high speeds and heavier vehicles than bikes. We wanted to test wind resistance at speeds of 30 to 50 kph, to a maximum of 110 kph, which offers perspectives for downhill cycling, skiing, skating, bobsledding, sailing." In short, measuring the effects of micro-aerodynamics.

"We measure and chart in the wind tunnel what happens during motion: the air layer is broken open, closing itself again behind the moving object, preferably with little turbulence, which sucks the object backwards. The research results can help makers of helmets, bikes and textiles to adapt their products, so that the air closes behind the moving object without any turbulence. Despite huge investments in Alpine skiing, for example, the sport has not yet advanced to the stage that ski suits have been optimised within the limits permitted. This is pioneering work."

NETWORK ECONOMY

Marc Hufkens is convinced that a number of Belgian athletes, in various sports, would do better in international competition, even to the extent of winning the medals they now miss out on, if that optimisation were to take place within the sphere of influence of the technological research. "In addition to the effect on high-level sport, there is also a functional advantage in 'normal' society", Marc Hufkens goes on to say. "The range of batteries for e-bike or electric cars could be significantly increased if we were to optimise the aerodynamics."

He believes that the age in which producers and their engineers try to know everything is over. "Flanders' Bike Valley shows that the exchange of expertise in open innovation projects leads to faster development than the businesses could ever realise individually. We're like an economic dating agency, giving everyone involved a competitive lead. The future lies in the network economy, and innovation is imperative. Our unique vision can be a role model for stimulating the formation of clusters."

Raymond Vanstraelen, Bioracer

STATE-OF-THE-ART TECHNOLOGY IN BIKE AND SPEED WEAR

As a producer of bike and speed wear, Bioracer has found international response; Bioracer clothing just wants to be the best, and the fastest. Founder and CEO Raymond Vanstraelen (69) is still completely committed to that.

"I was the most unlikely candidate for entrepreneur", rationalises Raymond pleasantly. "Up till my fortieth, I worked for RTT before I started my own business." When he was young, he was one of the better 'amateurs' (now known as 'elite without contract') and was also active as a sport masseur and cycling trainer. In his cycling school, he developed a fitting system for how you should sit on the bike.

"MY MISSION: MAKE CYCLISTS BETTER AND FASTER."

TWELVE OLYMPIC GOLD MEDALS

And that's where Bioracer comes in. "My mission was, and is, to make cyclists better and faster", Raymond sums it up. "A lot of people think immediately about the bike, when they hear *'bike fitting'*, but there's also great scope for improvement in the clothing too. You know, we started with wool and cotton! At the time, I was in touch with a Swiss manufacturer who was already doing pioneering work with modern bike materials. My wife and I started making ultramodern, breathable cycle clothing on two machines, in my garage."

He met professional cyclists Eric Vanderaerden and Hennie Kuiper and... "Well, it just ran away with us," Raymond jokes. Bioracer has currently been working for more than twenty years, for the Belgian and Dutch cycling federations. They also cover Germany and Luxembourg. "Twelve gold medals were won at the last Olympic Games, wearing Bioracer clothing", he says, sounding proud.

WE WANT THE WORLD...

From an aerodynamic point of view, the surface of the body is the most slowing element in cycling. So adjusting the cycle clothing can be more profitable than adjusting the bike itself. Bioracer designs and develops specific apparel for all cycle disciplines (on the road, on the cycle track, time trials,...) all the way up to individually made-to-measure. The major part of the turnover comes not from the professional cyclist, but from the cycle tourist. "The clubs submit an application, tell us the colours and logos that are to be incorporated into their apparel, and we produce the clothing."

Bioracer is a brand for the practised cyclist. "It's a very diverse market with few big players. We lead the market in Northern Europe, but we're less well-known in the South. In terms of the number of clubs as clients, we are the world market leader. We have 35 people, not including agencies, working the market. We produce very little standard clothing which you would distribute through dealers' collections, if you see what I mean." It would seem to be only a question of time before the whole world knows what Bioracer does.

PASSIONATE OBSESSION

Raymond shakes hands jovially with a few of his hundred employees, whom we meet on the way to the production rooms at the Bioracer premises in Tessenderlo. "This is where we design, carry out our own research, develop new models and produce in small numbers. There are a few production sites abroad for the larger numbers. We do the fast deliveries and specials (individually made-to-measure) here: measurements, posture on the bike..." Cycle fanatics come to Tessenderlo from all over the world to take advantage of Bioracer's know-how: people with money, not necessarily professionals, and including triathletes.

You can just feel the passion in Tessenderlo, not least in the 69-year-old Raymond himself. "It's already been taken care of, who will take over from me, but I'm staying on as CEO for the time being; Bioracer is my whole life." His strong point as a manager? "I have a nose for the right people, both to take on board, and to get rid of." And there's that laugh again. "Everyone has their limits, and with a growth in turnover, the need for new, different, younger people increases. Some of them are many years younger than I am, but they bring with them fresh ideas, which they acquire from modern-day training. That is absolutely crucial." Surrounding yourself with the right people, as long as they share the same passion, that's the way.

BIORACER AS AN INNOVATOR

"We can talk for hours about a new kind of thread", Raymond Vanstraelen comments ironically. "We test whether it is sturdy enough, its elasticity... We look mercilessly at every aspect under a magnifying glass. The materials used in making bike wear evolve greatly year after year: breathable, wind-proof, water-proof, elastic... Both the basis and the success factor of this company is the uncompromising commitment to renewal. We want to continually be putting innovations on the market, and convince the world of the added value of that which does not yet exist. Personally, I'm really closely involved in research and development, but actually, everyone here is, including the representatives, material suppliers and the client, whose input is listened to attentively."

31A

CARO
ISOFILM

Jochim Aerts, Ridley Bikes

INNOVATION AS POWERFUL ECONOMIC LEVERAGE

He is an award-winning young Limburg entrepreneur, whose brand has gradually found considerable resonance in international cycling. This is Jochim Aerts.

"I was taking part in bike racing at age thirteen, and by the time I was seventeen, I thought I was going to be a professional cyclist", says Jochim Aerts candidly, "but that turned out to be unrealistic... Bioracer existed already, and my brother was a partner in it. By way of Bioracer Nederland, I arrived in the world of frame building and finishing. I never lost my passion for the bike."

"MY AMBITION IS WORLDWIDE BRAND RECOGNITION."

MAKING A DISTINCTION

In the early 1990s, the handy bike fanatic felt he had nothing to lose, and started working on bikes in the garage with the help of his father. Three years later, he was officially a professional frame builder, and yet another five years later, he was the largest Belgian supplier of paint for the bike industry. "Between 1998 and 1999, a large client dropped out, and instead of going prospecting, I thought: why don't I launch my own brand? I knew what people wanted, with all my experience in the industry."

Jochim was passionate about innovation from the very beginning, as a means of distinguishing himself from colleagues, and beating the competition. In the less than revolutionary bike industry of that time, he introduced designs based on aluminium and carbon fibre. A few years ago, he was in at the birth of Flanders' Bike Valley, a business cluster in which he joined forces with others to build a wind tunnel. "A small SME, like Ridley, needs leverage to get noticed. I believe in progressive innovation."

PIONEERING
AND TOP-OF-THE-LINE

There are any number of ways to innovate, but Jochim Aerts is convinced of the usefulness of investing in aerodynamics. "Every second and every percent of gain counts," says Jochim Aerts, founder and CEO of Ridley Bikes, "In the long run, the mainstream consumer also profits from the ensuing product renewal. Yes, there has to be a return on investment, but brand recognition for Ridley is the result of pioneering innovation and top-of-the-line products. That is the brand perception we want to continue creating." Ridley has that allure for the worlds of cycle cross and racing bikes. In the long term, the range may well be expanded to include turbo e-bikes, and if so, for Jochim Aerts, competitiveness and quality will be the norm there too. "State-of-the-art technology will serve us again, in getting the optimum amount of energy out of a battery. We want to be first class in the field of aerodynamics, to ensure maximum battery life on our e-bike battery."

THE KICK OF ENTREPRENEURSHIP

How does a young guy who once wanted to be a professional cyclist have such a career? "It's a process", he says modestly. "It develops throughout the years, one thing leads to another... I stayed in school until I was eighteen, because I had to, but cycling was always my thing. The passion is enough to get you started, but obviously at some point running a business and selling have to interest you, and even give you a kick."

Jochim Aerts would not have believed you if you had told him twenty-five years ago that he would be where he is today. "I don't know today where I'll be twenty-five years from now either. Honestly, not a clue. I want to make good products for my clients, and I want to secure the long-term existence and livelihood of my firm, but other than that... There is one actual ambition: worldwide brand recognition! As a small SME in the bike industry, we manoeuvre quickly, while the larger companies are cumbersome; that is our strength."

INNOVATING TOGETHER

That presents opportunities for growth in a market which is changing faster and faster. "As an entrepreneur, you can be a kind of bookkeeper, but you won't develop a strong brand that way. Passion for the sport and the product come first with me. I wasn't particularly academically inclined, so maybe I have a different outlook on life. It may be true that my way is not the most economically responsible way of running a company."

State-of the-art technology is the driver which is expanding Ridley into a unique brand globally. "Following carbon fibre, we now have aerodynamics. So much gets copied that quick wins are not enough to ensure your survival. Therein lies the strength of open innovation, such as in Flanders' Bike Valley: engineers from various companies can accomplish more than a single company's team ever could. And that's what you need, if you don't have the resources a multinational has."

Jan H. Verbanck is a text editor and senior writer, operating in Flanders Fields and beyond. He is a news addict, a devoted dog companion and a searcher for beauty, tempted by flaws.

Jonas Vrancken is an upcoming photographer, currently seeking asylum under the wings of Kristof Vrancken, and studying at LUCA campus C-mine, Genk.

AESTHETIC

ART THOU ART THEE
MUST OF MASTERY
BEWILDER THY BEHOLDER

08

Italian designer-artist and theoretician Bruno Munari described a designer as a "planner with a sense of aesthetics". A designer has to control every element of the project, because the end product has to be coherent to form. A designer who plans carefully with an eye for aesthetics spans a bridge between art and people, and he is aware of the human needs of his time.

HERE'S LOOKING AT YOU

BYRON HAWES AND EM FEXEUS

Attempting to define art is one of those fundamentally indefinable pursuits so overburdened with answers that we can scarcely contain ourselves. Like: "Was Holly Golightly actually a prostitute?" or "Why did the Existentialists give so few fucks?".

So, perhaps we had better start by defining aesthetics. Merriam-Webster posits that aesthetics are "a branch of philosophy dealing with the nature of beauty, art, and taste, and with the creation and appreciation of beauty". And philosophy is "the study of ideas about knowledge, truth, the nature and meaning of life, et cetera."

So, by virtue of the transitive property, we can infer that aesthetics are essentially the aspect of the ongoing study of the nature and meaning of life that deals with art, beauty, and taste. Yet, in the subjective we can always find objective interpretations. Witness, for example, Fibonacci's Golden Ratio (1.6180339887 or, you know, Jane Birkin circa Antonioni's Blow Up). Though art and aesthetics are often conceived as being purely subjective, the analytical mind continues to attempt to define the indefinable absolute.

They'll keep at it, obviously, with Silicon Valley app-makers trying to figure out a way to imbue AI with the requisite 'skills' required in order to correctly calculate the necessary aspect ratio of beauty, which is ridiculous, because art isn't a binary concept. And, realistically, those peeps could probably serve humanity better by giving cancer research a shot. Or inventing a cigarette we could smoke in aeroplane toilets.

The golden ratio theorem itself has been frequently challenged, and opinions differ on whether it's validity, or whether it's just an over-simplified retroactive rationalisation of the fact that the human brain prefers simple symmetric compositions. This might hold particularly true for untrained eyes, which would explain the popularity of the use of the golden ratio, as it takes substantially less skill or aesthetic intuition to create an eye-pleasing image if one adheres to strict rules and measurements. However, a true artist does not create masterpieces by use of a ruler, and most of the artworks we now revere as iconic do not, in fact, adhere to the golden ratio at all. By definition, there can be no rules in the creation of a masterpiece.

Art and aesthetics are not synonyms, of course, and provide vastly different ideals. Fortunately, two of the great modern thinkers have broken this down for us as well as we can hope to expect. Joseph Beuys defined art thusly: "To make people free is the aim of art, therefore art for me is the science of freedom", while Kant's other categorical imperative was "Whereas judgment allows one to determine whether something is beautiful or sublime, genius allows one to produce what is beautiful or sublime".

We like to think that the place in which the two join, on the proverbial razor's edge, is in design. The artistry involved in one of Margiela's signature deconstructionist dresses, or one of Michaël Verheyden's marble pieces is indisputable, and, though the tent pole of good design must be functionality (we're looking at you, Santiago Calatrava), the same aesthetic intuition that we use to determine a worthy piece of art applies to a piece of fashion or industrial design.

Verheyden's deceptively simple forms, for example, have an uncanny ability to bring forth the singular beauty of a vein in a marble tray, or the subtle patina of a bronze vase. And when he says, "If you work with a material for long enough, it will tell you the form it should take", we hear the unmistakable thought processes of an artist at work.

So what is it about Limburg that produces so many exceptional designers? How has this small, relatively rural province in the northwest of Belgium given us Martin Margiela, Raf Simons, Dirk Bikkembergs, Michaël Verheyden, Piet Stockmans, Studio Job, and so on? Cities like New York and Paris are famed for being artist enclaves that produce myriad talented creatives, despite the fact that the vast majority of those creators are, in fact, from somewhere else.

In principle, there are a few different types of places that strongly encourage creative output; the boho urban hothouse (Paris, New York, London), the picture-perfect natural beauty (Tahiti, Florence, the cliffs at Étretat), and the stifling greyscale environment (be it governmental – think Singapore or 90s Prague – or industrial like Berlin).

Perhaps it's that curious blend of the latter two that so inspires the population of Limburg. Dreary industrialism urban environments quickly give way to exurban natural beauty.

This, in the context of the overarching Belgian aesthetic, makes quite a lot of sense. Look at the work of Raf, of MMM, of the Antwerp Six: that combination of deconstructionist industrialism-cum-minimalism.

Inspiration is ultimately governed not by place, but by some internal interpretative manifesto of experience. It is, to paraphrase Le Corbusier, a sort of machine for living. As designer Serge Haelterman says, "I have never witnessed a more all surrounding beauty than the skies above my head. No piece of art, movie, music or anything else can replace its impact on my being."

Byron Hawes is extremely well travelled. The Toronto-based travel writer and designer went to high school in Tokyo, worked in foreign affairs at the UN and decided the best way to learn Mandarin was to move to Beijing to experience it at first hand. He is co-founder of I-V, a boutique architecture and design firm that has done projects including a recording studio for OVOsound, Campari's Canadian HQ, and Spin Toronto. He was previously a Consulting Editor at *Architectural Digest China*, Greater China Editor for *BlackBook Magazine*, and a Contributing Editor for both *HighSnobiety* and *Flofferz*, as well as contributing to publications including *Monocle*, *Wallpaper**, *Hypebeast*, *Coolhunting*, and *Azure*, amongst others.

Em Fexeus is a professional blogger, freelance writer and interior stylist. She started out as a styling assistant working both for magazines and freelancing for various interior stylists. After taking classes in Interior Styling at Central St Martins College and at Beckmans College of Design, she took the step and started taking on her own styling jobs for magazines and advertising. She started this blog in 2005, which makes *Ems Designblogg* the oldest and most read design blog in Scandinavia. Working as a styling assistant for a magazine, she simply needed somewhere to store all the info on new designers, trends and products that came her way every day, and figured that a blog would be a fast and easy way to solve this. As time went by, her readership grew, and the blog developed into something different... It is now the place where she shares inspiring photos from the world's best stylists, designers and photographers, all in a Scandinavian style. http://em.elledecoration.se

TUBE TABLE

MICHAËL VERHEYDEN

PHOTOGRAPHER KRISTOF VRANCKEN
ART DIRECTOR PABLO HANNON
ASSISTANT PHOTOGRAPHY JONAS VRANCKEN

Since winning the *Henry van de Velde Award for Young Talent* in 2009, Michaël Verheyden has made his mark on the world map as a designer and interior designer. He has been internationally praised for his uber-stylised, craftsman-like work and infallible eye for detail and beauty. Marble, copper, brass ... he enhances the beauty of these gleaming materials as a visionary aesthete. His *Tube Table* is produced locally, by the best craftsmen.

A TO Z

V

Kobe van Reppelen

Kobe van Reppelen is a writer and entrepreneur. He travels the world looking for the best stories from people like you and me. In these stories he details the lives, choices and careers of people ranging from ministers to billionaires. He is currently working on his first book, a collection of advice for 25-year-olds.
www.kapiteinkobe.be
— CHAPTER 7

James Van Vossel

James Van Vossel (°1977, living in Sint-Truiden) graduated in Furniture Design from VOMO in Mechelen. He founded his own studio, JAMES, in 2006 and is co-founder of the FOX & FREEZE creative cooperation with Tom De Vrieze. Van Vossel creates furniture, products, lighting instruments and fashion accessories, exploring the possibilities of different materials.
www.jamesvanvossel.be
— CHAPTER 8

Linda Van Waesberge

Linda Van Waesberge is an advertising, production, fashion, lifestyle & retail consultant and also a stylist, a professional personal shopper and an expert guide to Brussels. In the past, Linda has led projects for Modo Brussels (formerly Bruxellae). She manages showrooms and organises exhibitions, fashion trails, pop-up stores and fashion shows, leaving her mark on all the major fashion/design capitals.
lindavanwaesberge.be

Kurt Vanbelleghem

Kurt Vanbelleghem (°1968) is a curator and publisher of contemporary art and design. He received a Master's in Psychological Sciences and in Art History at the University of Ghent, Belgium and in Visual Arts Administration at the Royal College of Art, London, UK. He is specialised in modern-day art & design practices and theories. His focus is on creating a synergy between both disciplines with regard to their relevance to society. He has been a contributing editor to a number of art & design magazines and has published several monographs and artist's books. Since 2010 he has also been working as a curator at St Lucas University College of Art & Design in Antwerp, Belgium, where he coordinates extra-curricular projects for students and alumni.
— CHAPTER 5

Ivo Vandekerckhove

Ivo Vandekerckhove was appointed editor-in-chief of *Het Belang van Limburg*, in September 2000. Vandekerckhove began his career in 1985, as regional correspondent on the lowest rung of the editing ladder. In early 1988, he was offered a permanent contract at the newsroom, where he concentrated on reporting on the reconversion in Limburg, following the coal mine closures. In 1993, he published *De miljarden van KS*, a book about these affairs. By now, he had moved over to crime reporting at the newspaper. Vandekerckhove was appointed chief editor. He later climbed to editor-in-chief, and since 2000, he has performed the duties of editing manager of *Multimedia*. When Luc Rademakers was appointed general editor-in-chief of all Concentra newspapers in 2007, Vandekerckhove carried on in his position.

— CHAPTER 1

Roel Vandebeek

Roel Vandebeek is a Belgian designer and artist. Since he first embarked on his chosen career in 1994, he has expressed his preference for art, industrial design and interior design openly. Roel Vandebeek launches himself wholeheartedly into the widest variety of design projects. With the exception of limited collections and works of art, all his designs are still being produced. That speaks volumes about the timelessness of his style. www.roelvandebeek.com

— CHAPTER 8

Johan Vandebosch

Johan Vandebosch has his own graphic studio *ziezo* since 1994, where he has been designing for twenty years, the visual communication of Cultuurcentrum de VELINX in Tongeren. He designed the identity for numerous companies, like LES HOMMES and MAD-faculty, but also books and book covers. In 2009 Johan received the *Plantin Moretus Award* for Best Book Design in the category of Youth Books. Johan has been teaching Graphic Design at the PXL-MAD School of Arts in Hasselt since 2000.

— CHAPTER 8

Luk Vanderhallen

Luk Vanderhallen is a teacher/lecturer at the Faculty of Productdesign at the Luca School of Arts campus C-mine. Previously, he also teached at the Design Academy Eindhoven and FH Joanneum in Graz (Austria). He was founder of the IDEM conferences and had a seat in the board of the Cumulus Association of Arts & Design Universities for 6 years. Thanks to his effort, one of the international conferences took place in Limburg in 2010. Luk was member of the Provinciale Commissie voor Kunstambachten and had thereby an important role in the early years of 'Toegepast'. He now runs his own design studio Art+Design in Maasmechelen

—

Michael Verheyden

Michaël Verheyden studied Industrial Design at the Media & Design Academy in his hometown Genk, earning a Master's degree in 2001. In 2002, Verheyden launched his own line of fashion accessories; at the time, he was best known for his handbag designs. In 2009, Verheyden broadened his scope to encompass home accessories and furniture. He works together with his wife, Saartje Vereecke. Verheyden's aesthetic embraces simple geometric forms, minimalist lines, expert craftsmanship, and rich, quality materials – leather, linen, bronze, brass, marble, ...
michaelverheyden.be
— CHAPTERS 4, 8

Lucas Vanlessen

Lucas Vanlessen is a lecturer at the Faculty of Productdesign at the Luca School of Arts campus C-mine. Together with Luk Vanderhallen, he organized the international conference of the Cumulus conference in Genk in 2010. Lukas is also a member of Het Labo.
—

Vasco

The industrial career of entrepreneur Jos Vaessen began in 1975 with the establishment of **VASCO**. VASCO proved to be spot on. Even more than that, within Europe it became an innovative company in the area of high-quality decorative radiators. VASCO is based in Dilsen.
www.vasco.eu
— CHAPTER 1

Kristof Vrancken

Kristof Vrancken (°1982, BE) studied Photography at the LUCA School of Arts, where he is active as a researcher and teacher since 2008. Next to that, he works as a freelance and art photographer.
In his artistic work, he explores the forgotten 'in-between spaces' of society, presenting them with an eye for detail. This way he researches the relation between man and his surroundings, often with a touch of absurdity and humour.
In 2014 Kristof Vrancken started a PhD in the research group Inter-Actions at the LUCA School of Arts. In his research project, titled *The Sustainist Gaze*, he immerses himself in the dialogue between the photographic image and the field of social critical design.
kristof-vrancken.com
— CHAPTERS 1-10

Jonas Vrancken

Jonas Vrancken is an upcoming photographer, currently seeking asylum under the wings of Kristof Vrancken, and studying at LUCA School of Arts campus C-mine.
vranckenjonas.tumblr.com
— CHAPTER 7

4 DIFFERENT VIEWS ON DESIGN

A SERIES OF PHOTOGRAPHY

WHAT'S MINE

Marleen Daniëls is a Belgian reportage photographer who covers human interest stories about war, poverty, refugee crises, child labour and has supplied work to the Gamma agency. Her work has been published in *Paris Match, Newsweek, Time, El Pais, Max, National Geographic, New York Times, Standaard Magazine* and others. Marleen has done commissioned work for Coca Cola, KPN, Dow, Raggs&Dept and Philips, *Elle, Elegance, Glamour, DSM, Red, Vrij Nederland* and *La Vie En Rose*.

Linda Van Waesberge is an advertising, production, fashion, lifestyle & retail consultant and also a stylist, a professional personal shopper and an expert guide to Brussels. In the past, Linda has led projects for Modo Brussels (formerly Bruxellae). She manages showrooms and organises exhibitions, fashion trails, pop-up stores and fashion shows, leaving her mark on all the major fashion/design capitals.

PHOTOSHOOT CREDITS

—

photography
Marleen Daniels
assistent
Andrew Thomas
production & styling
Linda Van Waesberge
make up
Vera Dierckx

Raf Simons boots / **kuppers&wuytens** necklaces / **Marina Yee** jacket / **Marina Yee** wearing **Marina Yee** robe and dress, **Maison Margiela** boots / **Ambiorix** shoes / **kuppers&wuytens** collier / **kuppers&wuytens** Jeff belts / **Mauro Pawlowski** wearing **Martin Margiela** jacket and **Dirk Bikkembergs** trousers / **Marina Yee** jacket

PECULIAR PART OF ME

Pieterjan Luyten is a young photographer who has lost his heart to a style which is characterised by stark, minimalistic/simplistic compositions. "Playing with light and dark, and tight framing and positioning are the elements I use to create an image which stops the spectator in his tracks." Whether in series for *NRC, De Morgen* or other Dutch newspapers or for his more hands-on assignments, he leaves his mark by staying close to the thin line between a natural, and a carefully constructed image, in every photograph.

PHOTOSHOOT CREDITS

—

Bootleg, Ick Reuvis / The Adventure Skirt, Titi + The German Kid / Duvel Gift Pack by Sergio Herman, Toykyo / Lungo for Serax, Davy Grosemans / Milkmaid, Davy Grosemans / James, Linde Hermans / Groot Bereik Ladder, Roel Vandebeek / XXL Lamp, Bart Lens / Mickachu, Johan Bruninx

LIBRARY TOTEMS

Manon Wethly is a photographer these days, known worldwide for her images carrying the hashtag #flyingstuff. Capturing the moment that will never happen again and can't be seen with the naked eye, bright and colourful fluids forming flash of second sculptured stills is the concept, to be checked on her Instagram. In addition to being a photographer, she is also a graphic designer, founder of Hectica, and co-founder of Beyonderground. In a long-gone past, she ascended from junior to head of design at Creneau before going her own way.

PHOTOSHOOT CREDITS

—

Alley
Graffiti & Street Art in Hasselt / WOW catalogue / Beyonderground catalogue 2015

Dion Boodts
De kiezen van de Keizer, Boudewijn Büch / 100 topstukken, honderd verhalen / Ruimtelijk Structuurplan Provincie Limburg / First we take The Hague, then we take Berlin, Provincie Limburg / CC Maasmechelen / Gezondheid bij bewoners van Limburgse opvangcentra voor thuislozen, Liesbeth Vanheusden / Beeldvoorbeelden, Provincie Limburg

Geoffrey Brusatto
Arnaud De Wolf / Into Longing, Vast Rock, Joan van Barneveld / Aldo Bakker / Coin Perdu, Sofie Van der Linden

Hectica
Stulens Manifest, Stulens / satiné paper catalogue, MAP / Mars, MAP Jongeren zijn Anders, KHLim / Beyonderground catalogue 2013 / Vakdidactiek Natuurwetenschappen, KHLim

Jelle Martens
American Cassette Culture: Galen Recordings 1979 - 1982 / Recordings 1971 - 1983 / Ken Moore 1972 - 1983 / British Cassette Culture: Recording 1975 - 1984 / Band of Holy Joy / The Lung Function Years

Johan Vandebosch
De Kroon op het werk, Karolien Coenen / Het grote vriendelijke en ondeugende boek voor tuinpiraten, Poncha / Ontrafeld, Eric Rinckhout

Niek Kosten
Mind the system, find the gap, Z33 / Seizoen 2015-2016, Het Nieuwstedelijk / Logbook Z33, 2011

Pablo Hannon and Manon Wethly for Creneau
XIX European Girls: Mix & Match by Mexx / Creneau Gallery Brussels identity / Creneau portfolio / Lee salestools, Lee presspacks / Lee 101 presspack / Lee Originals presspack / Dockers Equipment for Legs presspack

Stijn Segers
Bel me later maar eens terug, als ge groot geworden zijt., Muziekodroom

Uber & Kosher
Cultuurplatform Limburg identity

SISTERS AND BROTHERS FROM A DIFFERENT FAMILY

From the very beginning, **Liesje Reyskens** prefers young, cute models, portrayed as dolls in an overly colorful, pink and periwinkle world, restricted to move in society's rhythm. This image is miles away from the down-to-earth, ambitious woman Liesje is. With her innovative art she obtained global interest and has exposed in Copenhagen and Milan, from Amsterdam to Madrid, even transatlantic exhibitions in Toronto and LA.

MaisonCaro is a creative space created by Carolien Van den hole. Focused on telling stories and creating experiences in three-dimensional space resulting in environments such as sets, events, installations & interiors. Caro partly grew up in Jakarta, Indonesia. She mastered in Product Design at the Media & Design Academy in Genk and in Textile Design at Sint-Lucas Visuals Arts in Ghent. Additional to working she followed courses in Food design by Marti Quixé and Experience design in BoisBuchet. She worked at Addictlab, Elvis Pompilio, Sofie Lachaert & Boss paints.

PHOTOSHOOT CREDITS

—

Terra (Tribù), Bram Bollen / Stella, kuppers&wuytens / Wallet (BKRK), kuppers&wuytens / CRANE (tossB), Alain Monnens / OLIVER (Durlet), Alain Monnens / Black snow, David Huycke / NO SPOON (BKRK), Stijn Schauwers / The Siblings (PER/USE), Frederik Delbart / NA532 (Leica), Stan Maes / Ron sauce pan, (BergHOFF), Pieter Roex / Chef's knife (BergHOFF), Pieter Roex / SEAT (Jongform), Stijn Geeraerts / Black skirt (collection fall 2016), JBC / BULLS EYE (ZOINK), Steven Brouns / 1025 (Thonet), James Van Vossel

WHAT'S MINE

MARLEEN DANIELS & LINDA VAN WAESBERGE

AANKOMST II
11.000 V.

PECULIAR PART OF ME

PIETERJAN LUYTEN

D U V E L
PURE C
THE JANE
BY SERGIO HERMAN

LIBRARY TOTEMS

MANON WETHLY

British Cassette Culture
JUVENILE
DELINQUENTS

ontrafeld
Cultuur³
LATER
MAAR EENS
TERUG, ALS
GE GROOT
GEWORDEN
ZIJT.
20 JAAR
MUZIEKODROOM
1993–2013

THE LUNG FUNCTION Y
DE KROON OP HET WERK
Karolien Coenen
HET GROTE VRIENDELIJKE EN ONDEUGENDE BOEK VOOR TUINPIRATEN
WOW WOW WOW
AMERICAN CASSETTE CULTURE RECORDINGS 1971–1983
BAND OF HOLY JOY
(MORE) FAVOURITE FAIRYTALES FOR JUVENILE DELINQUENTS
Recordings

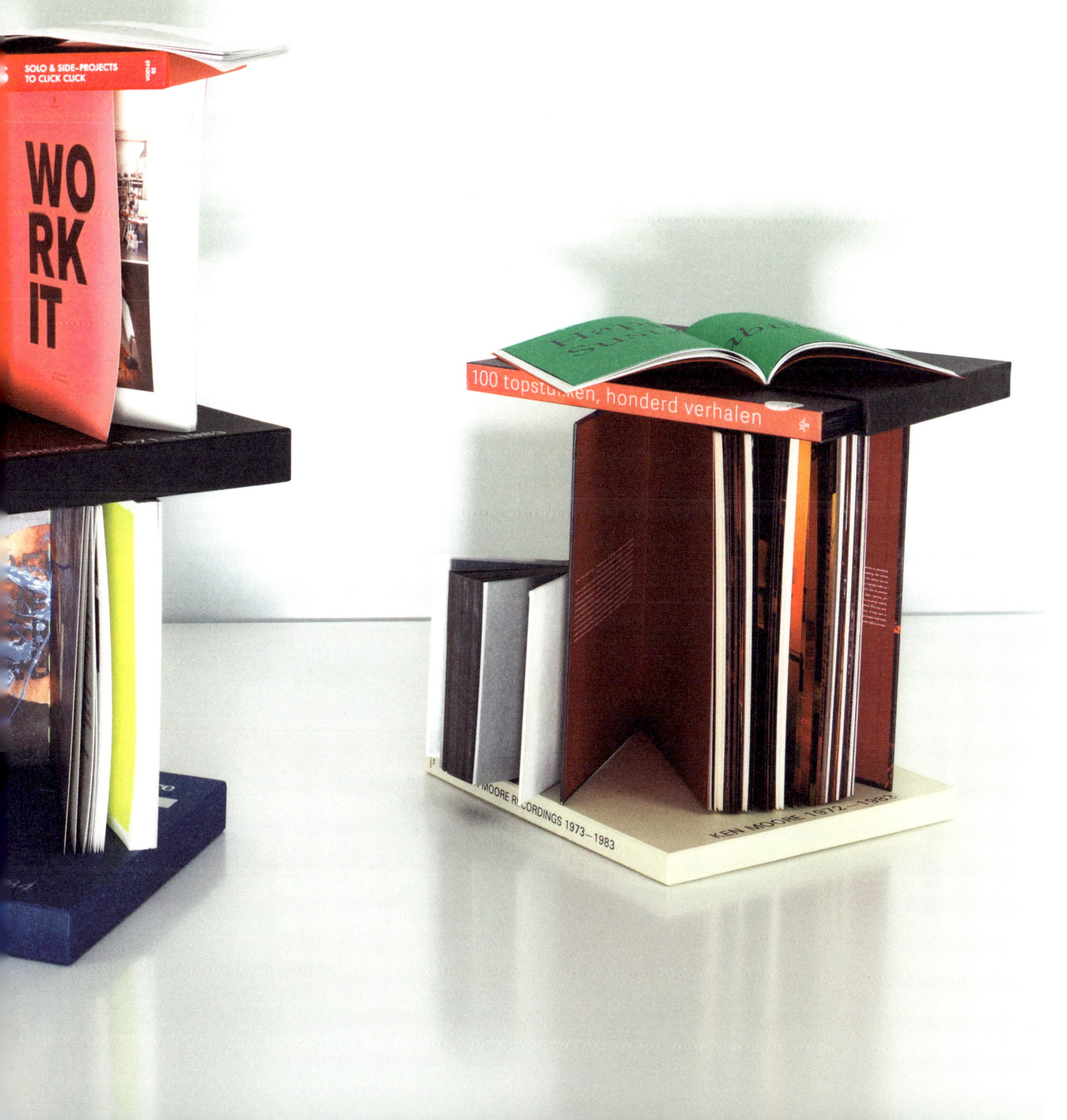
SOLO & SIDE-PROJECTS
TO CLICK CLICK
WO
RK
IT
100 topstukken, honderd verhalen
KEN MOORE 1972—1983
MOORE RECORDINGS 1973—1983

BEL ME
LATER
MAAR EENS
TERUG, ALS
CASE STUDYO
MRS

first
graf
fiti
jams
Ego
Nous
More
Cultuur 3

GALEN RECORDINGS 1979–1982
100 top
British Cassette Culture

SISTERS AND BROTHERS FROM A DIFFERENT FAMILY

LIESJE REYSKENS & MAISON CARO

SOCIETY

REST NOT SO COMMON
ASSURE WHAT BOLSTERS OUR GLOW
FUEL FOR WHAT IS VALUE

09

Both design and designers have a responsibility toward society. The design process of Social Design leads to social change. It makes a contribution to human wellbeing and welfare.

ALTERNATIVE LIVELIHOODS THROUGH (DISSONANT) SOCIAL DESIGN PRACTICE

ALASTAIR FUAD-LUKE

Approaches applied by the social designers featured in this chapter are diverse. They engage, up-skill/re-skill, and enable their audiences. A common key feature of their redirective practice[1] is that this mode of designing revives old skills while simultaneously kindling new ones. This skill-building enables people to better realise their capabilities (after Sen and Nussbaum[2]). Such improvements in human and social capitals create possibilities for more *autonomous lives*. As such, this poses a challenge to the hegemonic, neoliberal financial capital system bent on increasing people's dependency on its services, products and experiences while extracting more profit, irrespective of its damage to other capitals.[3] While the social designers here do not directly frame their projects in the world of alternative economics, it is evident, in the context of their social design practice[4], that they are enabling *alternative livelihoods*. In this framing, design becomes the means by which to experiment with and prototype new livelihoods by asking: "What can, and could, work be?" and "How can we create design tools which help up-skill or re-skill people?". Furthermore, these design-led projects often engage socially or economically marginalised individuals, or communities, and minority or neglected audiences, i.e. those people most disenfranchised by neoliberal economics.

What is fascinating in the approaches of these socially conscious designers is their participatory stance expressed through *co-designing*, their free mixing of digital games design with analogue and/or digital prototyping, their exciting spatial and experiential interventions. These involve people by encouraging them to *re-direct* their working lives themselves. In this mode, design and designing revive the individual with the collective, or communitarian, consciousness. Commerce or governments do not want such independent thinking and doing, as it contests their dominant power structures. However, such contestation is critical if we are to challenge the underpinning foundations of neoliberal economics based upon 'conspicuous consumption' and the availability of credit[5], both of which ignore the perilous state of our world's ecological, social *and*

1. In the Design Philosophy Papers, contributing editors Tony Fry and Ann-Marie Willis talked about the need for design practitioners to re-direct their practice towards sustainability goals and focus on ontological designing to prevent 'design de-futuring', i.e. designing products, services and other artifacts which through their present day impacts precluded options for future generations. Design Philosophy Papers, http://www.tandfonline.com/loi/rfdp20, accessed 31 September 2016.
2. See, for example, Sen, A., 2000. *Development as Freedom*. Anchor. Reprint, 1999, and Nussbaum, M., 2010. *Why Democracy Needs the Humanities*. First edition, Princeton University Press.
3. Here I refer the reader to an open source tool I co-designed with doctoral students at Aalto ARTS, Aalto University in 2012 called designCapitalia. It posits six key capitals (natural living, natural non-living, human, social, public and commercial) and 32 sub-capitals, and challenges designers, other professionals and citizens to balance these capitals when creating new 'designs'. It is downloadable here, http://wordpress.window874.com/2012/09/28/designcapitalia-launched-at-okf/.
4. Social design practice, in my terms, encompasses and embraces socially responsive design, socially responsible design, socially conscious design and Design for Social Innovation (DfSI). DfSI, in particular, has been defined in recent years by Ezio Manzini and the outputs of the DESIS network. See Manzini, E., 2015. *Design When Everybody Designs. An Introduction to Design for Social Innovation*. Cambridge, MA: MIT Press.
5. The phrase 'conspicuous consumption' was actually coined in the late nineteenth century by Torsten Veblen, although we would recognise several cycles in the 20th century where consumption, as a mass social phenomenon, appeared rampant. Today, in the 21st century, conspicuous consumption is the uncontested assumption of economic growth as businesses and corporate companies chase more customers, bigger markets and market domination. Such ambitions seem willfully neglectful of our finite world and future generations of humans and other living creatures. Paul Mason notes that such high neoliberal rates of consumption are only possible by the global process of financialisation, that is the ready availability of credit from the financial institutions which effectively replaces workers' incomes where they have become stagnant. See Mason, P., 2016. *Postcapitalism. A Guide to Our Future*. London: Penguin, p. 9.

economic systems. Social designers can have greater impact if they integrate their work with the theories of alternative economics – including the eco-economy, the social economy, the sharing economy, wikinomics and degrowth or no growth.[6] I see fruitful ground here.

Reflecting further, I think many of the activities of the social designers interviewed here fall somewhere between Design for Social Innovation (DfSI) and design activism.[7] While both approaches share common ground, DfSI is susceptible to neoliberal tendencies encouraging incremental market innovation, which tends to neutralise differences, whereas design activism tends more towards radical innovation, disturbing the system.[8] Today this design sub-field embraces adversarial design, altruistic/pro-bono design, critical design, design for...environment/need/sustainability, dissonant design, ecological design, open design, relational design, slow design, social design/socially responsible design/socially responsive design/socially conscious design/design for social innovation, transition design, transformation design and more. The sheer diversity of theses design approaches challenges design-as-usual, aka 'design for neoliberalism'.

Scaling up promising prototypes is the next big step for socially conscious designers. Here there are rewards by engaging in more interdisciplinary efforts and projects.[9] Our unsustainable, and failing, capitalist systems need challenging much more vigorously. We need more *dissonant design*.[10] We need courageous design practitioners who help (re-)build human, social and ecological capitals towards better, alternative livelihoods.

6. For a selection of writing about 'alternative economics', see the New Economics Foundation, http://www.neweconomics.org/ and Amin, A., 2009. *The Social Economy: International Perspectives on Economic Solidarity.* London: ZED Books.; Botsman, R., 2011. *What's Mine is Yours: How Collaborative Consumption is changing the way we live.* HarperCollins Business.; Bridge, S., Murtagh, B. and O'Neill, K., 2013. *Understanding the Social Economy and the Third Sector.* 2nd edition. Palgrave MacMillan. Brown, Lester, R., 2001. *Eco-economy: Building an economy for the earth.* London: Earthscan.; D'Alisa, G. Demaria, Kallis, G., Eds. 2014. *Degrowth: A Vocabulary for a New Era.* Taylor & Francis. Ebook.; Williams, Antony D. and Tapscott, D., 2008. *Wikinomics: How Mass Collaboration Changes Everything. Atlantic Books.*
7. See, for example, definitions and examples of DfSI in Manzini, E., 2015, ibid., and for design activism see Fuad-Luke, A., 2009. *Design Activism. Beautiful strangeness for a sustainable world.* London: Earthscan, p. 27 and Thorpe, A., 2012. *Architecture & Design versus Consumerism. How design activism confronts growth.* London and New York: Earthscan/Routledge.
8. Fuad-Luke, A. 2015. 'Design activism's teleological freedoms as a means to transform our habitus', pp. 281-295 in Fuad-Luke, A., Hirscher, A.-L. & Moebus, K., Eds. 2015. *Agents of Alternatives. Re-designing Our Realities.* Berlin: AoA.
9. Useful examples are presented in Fuad-Luke et. al. 2015. Ibid., Manzini, 2015, ibid., and Schwarz, M. & Krabbendam, D., 2013. *Sustainist Design Guide.* Amsterdam: BIS Publishers.; Thackara, J., *How to Thrive in the Next Economy.* London and New York: Thames & Hudson.
10. I presented several keynote talks and have written about what I called 'dissonant design' over the last two years. Dissonant design embodies more agonistic and antagonistic design f(r)ictions, is inherently socially and ecologically conscious, and strongly criticises the excesses of neoliberal capitalism by *demonstrating* alternatives.

Alastair Fuad-Luke, Professor of Design Research, Faculty of Design & Art, the Free University of Bozen Bolzano, Italy.

WE NEED COURAGEOUS DESIGN PRACTITIONERS WHO HELP (RE-)BUILD HUMAN, SOCIAL AND ECOLOGICAL CAPITALS TOWARDS BETTER, ALTERNATIVE LIVELYHOODS

Aa
Bb
Cc
mobile school

ARNOUD RASKIN

PHOTOGRAPHER KRISTOF VRANCKEN
ART DIRECTOR PABLO HANNON
ASSISTANT PHOTOGRAPHY JONAS VRANCKEN

previous page:

Mobile School is considered to be a basic product: a board on wheels. It goes where it is needed, focuses on street-connected youth, and constitutes a role model for everything that social design should be. Arnoud Raskin graduated in 1997 with a prototype of the *Mobile School*, of which there are now more than three hundred, active in 24 countries.

A TO Z

W

Rayah Wauters

Rayah Wauters got her Master Degree in Interiordesign at the UHasselt having a soft spot for furniture. Together with Niels Arnauts, arborist, she founded Atelier NAUWAU. Their motto: autonomy and sustainability. These words guide their work, from the felling of the tree to the making of the objects that they imagine.
www.ateliernauwau.com
—

Manon Wethly

Manon Wethly is a photographer these days, known worldwide for her images carrying the hashtag #flyingstuff. This series is about the fast and unseen, shapes that only exist for a split second. In addition to being a photographer, she is also a graphic designer, founder of Hectica, and co-founder of Beyonderground. In a long-gone past, she ascended from junior to head of design at Creneau before going her own way. Manon Wethly photographed the *Library Totems* in the 8th chapter, including some of her own designs.
manonwethly.com
— CHAPTER 8

Veerle Windels

Interviews, reports, books: Veerle Windels (°1965) has been an enthusiastic journalist for more than twenty years. She always goes for the story behind the scenes. For the person behind the product. She launched her first book in 2001 (*Young Belgian Fashion*, Ludion), compiled some of her best interviews with fashion designers in *Werken met Woorden* (2009, Ludion) and wrote a monography on fashion designer Tim van Steenbergen (Ludion, 2010). As a freelance journalist she mainly writes for the Belgian quality daily *De Standaard*, but also for international publications such as *Financieel Dagblad* (NL) and *StyleZeitgeist* (USA). She also teaches 'Fashion. NOW' at the fashion department of the KASK in Ghent.
www.veerlewindels.com
— CHAPTERS 1, 8

Karen Wuytens

In 2004, **Karen Wuytens** completed a Masters in Jewelry Design & Silversmithing at the PHL. Since 2005, she has been sharing her knowledge of jewelry design, teaching at several educational institutes throughout Belgium and also obtained her PhD on the various design processes of designers. In the context of the design studio kuppers&wuytens she used to work together with Jan Kuppers, they designed their own products but besides that, they also provided exclusive designs, custom-made for their clients.
kupperswuytens.com
— CHAPTERS 5, 8

MAATSCHAPPELIJK BETROKKEN EN SOCIAALKRITISCH DESIGN, PARTICIPATIE EN CO-CREATIE VOOR EEN ANDERE WERELD

WORDS BY ANNELIES THOELEN
IMAGES BY KAROLIEN COENEN

SOCIALLY COMMITTED AND POLITICALLY CRITICAL DESIGN, PARTICIPATION AND CO-CREATION FOR A NEW WORLD

In een wereld waarin we geconfronteerd worden met eindeloze maatschappelijke problemen, botsingen groot en klein, is er nood aan een kritisch geëngageerde visie van burgers, politici en designers. In de loop van het huidige millennium is er dan ook een nieuwe manier ontstaan om design in te zetten als veranderingsinstrument. Eerder dan het vormgeven en op de markt brengen van het volgende stuk consumptiegoed zorgt *design thinking* er met een maatschappelijk verantwoorde inslag voor dat de ontwerpers van vandaag een bijdrage leveren aan de problemen en uitdagingen van morgen. Fotografe Karolien Coenen en auteur Annelies Thoelen gingen op bezoek bij zeven Limburgse, sociaal geëngageerde designers en spraken met hen over hun praktijk, ontwikkelingen en toekomstvisie.

De zeven projecten die centraal staan in dit hoofdstuk, zijn casestudy's van designers die in hun werk sociale cohesie willen bevorderen, maatschappelijke issues aankaarten, alternatieven voor de huidige systemen voorstellen en resources toegankelijker maken voor iedereen. In de volgende getuigenissen komen vele vormen van design aan bod: van ambachtelijk over grafisch en *product design* tot alle mogelijke vormen van immaterieel ontwerp, zoals *service*, *social*, *policy* en *systemic design*. Een maatschappelijk geëngageerde houding laat zich namelijk niet binden aan slechts één vorm van werken. Ze is een instelling die door alle kritisch werkende designers kan worden doorgetrokken in hun werk. Bovendien, zoals je bijvoorbeeld in het interview met Arnoud Raskin zult lezen, betreft het hier stuk voor stuk ondernemers die met een hoge mate van *self-agency* ingaan tegen de huidige context en gang van zaken.

Ze staan alle zeven symbool voor de overgang die we de afgelopen jaren zagen van object naar proces, van product naar verhaal, van monoloog naar dialoog, van stijl naar mentaliteit en van esthetiek naar ethiek. Of er nu met of voor een bepaalde doelgroep wordt ontworpen, of dat de verbetering van de designwereld of de maatschappij in haar geheel voorop staat, deze projecten zetten steevast het collectieve werken voorop. De mens staat altijd centraal en participatie is hierin het sleutelwoord. De sociale factor is dus enorm belangrijk, meestal al tijdens het proces, soms enkel in het resultaat. De verhalen in dit hoofdstuk laten je zien hoe design volledig inclusief en daardoor bijzonder probleemoplossend kan worden. Je leest de narratieven achter actieve participatie, doelgroepenwerking, gedeeld auteurschap en interdisciplinariteit, en daarmee ook het einde van design als pure monoloog.

Kortom, de *wicked problems* van onze tijd hebben baat bij een dosis co-creatie om verder te gaan dan de mogelijkheden van een enkel individu. Het is door samen na te denken over maatschappelijke thema's – te brainstormen en te workshoppen – maar ook door via design diegenen te betrekken die anders uit de boot zouden vallen, dat er stap voor stap gebouwd kan worden aan een betere wereld. Met velen sta je sterker dan alleen.

Sarah Rombouts

Studeerde in 2016 af als Productdesigner aan de LUCA School of Arts C-mine. Haar masterproject vormde de basis voor Studio Refugee, waar ze samen met vluchtelingen producten ontwerpt.

"Studio Refugee gaat in essentie over het samen met vluchtelingen ontwerpen van producten."

"Daarmee bedoel ik producten waarmee de vluchtelingen hun verhaal vertellen of die verwijzen naar hun cultuur. We willen de Belgische bevolking daarmee laten kennismaken en zo een positief verhaal over de vluchtelingenproblematiek vertellen. Het is de bedoeling die producten daarna te maken en te verkopen en zo een ander beeld van migranten uit te dragen. Door die sensibilisering hoop ik dat er meer respect zal ontstaan voor vluchtelingen als mens."

"Ik vond het fijn om te zien dat er ook anderen zijn die met hun designskills iets willen doen voor de maatschappij."

"De kandidaturen van designers kwamen dan ook van ver. Op de oproep die we samen met Z33 en Cultuurplatform Design lanceerden, reageerden mensen uit Gent, maar ook uit bijvoorbeeld Midden-Nederland. Voor de vluchtelingen heb ik een oproep gedaan bij verschillende centra en organisaties. Ik vroeg hen naar gemotiveerde mensen die vaardigheden hadden waarop we konden bouwen. Ik wilde een zo divers mogelijke groep van verschillende culturen en met zowel mannen als vrouwen, maar dat is niet helemaal gelukt. De meeste deelnemers waren mannen. Gelukkig konden we dat wel wat compenseren met de groep designers, want dat waren toevallig allemaal vrouwen."

"Het was een echt co-creatief ontwerpproces met een conceptontwikkeling en de uitwerking van prototypes."

"Daarvoor organiseerden we afgelopen voorjaar een reeks workshops, waarbij groepjes van telkens twee designers en twee vluchtelingen uitgebreid kennismaakten en samen de opvangcentra of tehuizen bezochten. In elk groepje zat iemand die Engels sprak. Het was de bedoeling dat ze rond het verhaal van de vluchtelingen producten zouden ontwerpen. We nodigden zelfs externen uit om feedback te geven. Dat beschouw ik als het vernieuwende aspect van dit project, namelijk dat wij niet focussen op tewerkstelling vanuit een designproductie, maar dat wij echt co-creëren vanuit verhalen en ervaringen, om zo mensen dichter bij elkaar te brengen."

"De impact van het project is heel duidelijk."

"Vanuit designperspectief is het vernieuwend en interessant om verschillende soorten vormgeving met elkaar te mengen, maar het is vooral het proces op zich dat de belangrijkste impact heeft. Verveling is een van de grootste problemen bij vluchtelingen. Ze hebben niets te doen, ze hebben zware herinneringen en bovendien missen ze hun familie en land van herkomst en kampen ze met veel onzekerheden. Dat blijft maar doormalen. Als je niets te doen hebt, blijf je maar nadenken. De deelnemers krijgen tijdens de workshops opnieuw een gevoel van samenhorigheid. Ze zijn ergens mee bezig en voelen zich zo weer nuttig. Ze maken deel uit van een project en komen in contact met Belgen. Het is dus niet alleen via de producten dat het project toont hoe we op een andere manier kunnen omgaan met vluchtelingen en andere culturen."

"Studio Refugee heeft nu een collectie van bijzondere producten."

"Er is een vogelhuisje ontworpen door Derya Akgure, samen met twee Afghaanse jongens. De vogel staat symbool voor migratie en vrijheid en het huisje voor het thuiskomen na een lange tocht. Vormelijk is het geïnspireerd op Afghaanse architectuur. We hebben ook het weefgetouw met de vervlochten Delfts blauwe afbeelding en een afbeelding van een Perzisch tapijt, dat gemaakt werd door Yoni Lefèvre en Franciska Slaager uit Nederland. De Syrische vluchteling met wie zij samenwerkten, had veel herinneringen aan zijn wevende oma en zag weven als een centraal element van zijn cultuur. Visueel worden er zo twee culturen met elkaar verweven. Van het patroon dat ontstaat, maken we dan weer tassen in ons naaiatelier. Dan zijn er ook nog twee T-shirts, een portefeuille, een experiment met macramé en een krukje te zien."

"Naar de toekomst toe moet het wel anders."

"Ik doe dit nu vrijwillig en bovendien houden we alles zelf in handen: van ontwerpen, produceren, op de markt brengen tot verkopen en reclame maken. Dat is soms lastig te organiseren. Om de duurzaamheid op langere termijn te garanderen, denk ik eraan om bijvoorbeeld verder te werken op de nu ontworpen producten. Ik wil de methodiek vertalen naar een minder conceptueel niveau, wat het gemakkelijker maakt voor vluchtelingen om deel te nemen. We gaan dan bijvoorbeeld niet meer los nadenken over welk voorwerp bij een bepaald verhaal past, zoals die vogelhuisjes, maar samen met een aantal vluchtelingen met verschillende achtergronden het concept van een vogelhuisje uitwerken, gebaseerd op hun ervaringen, cultuur en architectuur. Zo krijg je collecties die in winkels verkocht kunnen worden."

SARAH ROMBOUTS **graduated as a Product Designer from the LUCA School of Arts C-mine in 2016. Her Master's project formed the basis for Studio Refugee, where she designs products together with refugees. Studio Refugee aims, on the one hand, to let people of Belgium think differently of immigrants, and on the other hand, to give motivated refugees the chance to do something useful, and come into contact with Belgian people. They do that by way of workshops in which groups of designers and refugees collaborate on producing designs which have at their core the refugees' experiences. In the long term, Sarah Rombouts would like to shift the project's methodology to a less conceptual level, in order to reach more refugees with her co-creative process.**

Impact
"From a design perspective, it's innovative and interesting to combine various kinds of design. But it's the process itself, in particular, which causes the most important impact. One of the greatest problems refugees have to face is boredom. Add to that the fact that they miss their families, and their native countries, and that there is much in their lives that is unsure. During the workshops, the participants regain a feeling of community. They feel useful again, because they're involved in something."

Products
"There's a loom, for example, with a woven Delft Blue image and an image of a Persian carpet. That was made by Yoni Lefèvre and Franciska Slaager, from the Netherlands, together with a Syrian refugee who had great memories of his grandmother weaving, something he saw as a central element of his culture. So here, two cultures are visibly woven together, and from the pattern which results from that, we can make bags in our sewing studio."

SUMMARY

HANNE DE WYNGAERT is a fashion designer (Antwerp Academy) and became known for the Ti+Hann label, of which she is a partner. For her Fair Trade design label Que Onda Vos, she spends nine months a year in Guatemala, where weaving is a large part of the culture. She designs hand-made products, such as carpets, blankets, cushions, scarves and bags of 100% local and natural origin. For the prototypes and technical implementation in the process, Hanne relies on the knowledge the Guatemalan 'artisanos' have of the crafts. The 'artisanos' are generally poor people from indigenous communities. They have a huge tradition in, and knowledge of, wool and cotton processing, natural dyes and various weaving techniques. Hanne hopes not only to provide jobs, but also to preserve and promote the age-old tradition of weaving in Guatemala. Que Onda Vos products are sold mainly for socially-responsible prices in interior and high-end concept stores, a market for, in particular, designers and design adepts.

Fusion

"We learn from each other's way of working. Obviously, I come from another culture; by combining our knowledge we can create new things. So it's really a dialogue and a collaboration. They sometimes apply the new ideas to the products they make for their own market. They're free to do so. I think it's a good thing, that they can expand their knowledge in that way, sell more, attract more customers and extend their market."

Respect

"It's also about preserving the age-old tradition of weaving in Guatemala. I hope that my approach will keep young people involved too. A great many young people emigrate, or move to the cities, abandoning the traditional art of weaving because they believe they'll find more, and better-paid, work elsewhere. Those techniques, and that craftsmanship, need to be valued more. It's a dying tradition of great quality, which will hopefully be given a new future."

SUMMARY

Hanne De Wyngaert

Is modeontwerpster (Academie Antwerpen), is afkomstig uit Hasselt en werd bekend met het label Ti+Hann. Voor haar fair trade designlabel Que Onda Vos verblijft ze een negental maanden per jaar in Guatemala. Ze ontwerpt geweven producten zoals tapijten, dekens, kussens, sjaals en tassen.

"In Guatemala draagt het overgrote deel van de vrouwen nog steeds traditionele kleding die zij zelf met de hand weven."

"Dat maakt een belangrijk deel uit van hun cultuur. Veel jongeren groeien met het ambacht van het weven op. Elke streek heeft haar eigenheid daarin. Er zijn streken waar specifiek met wol gewerkt wordt en waar poncho's worden gemaakt. Op andere plaatsen wordt veel met katoen gewerkt dat met natuurlijke kleurstoffen wordt gekleurd. De producten die de bevolking maakt, zijn helaas vaak voor de lokale markt die al verzadigd is, of zijn een soort gestandaardiseerde souvenirs voor toeristen. De concurrentie is zo groot dat de producten aan enorm lage prijzen verkocht worden en de wevers hier financieel bijna niets aan overhouden. Daardoor worden hun levensomstandigheden er niet echt beter op. Hier in Guatemala leeft 80% van de bevolking dan ook onder het toch al heel lage minimumloon. De producten die we met Que Onda Vos maken, zijn gericht op een heel andere markt dan gewoonlijk en worden aan verantwoorde prijzen verkocht."

"Sociale impact is belangrijk voor mij."

"In 2013 trok ik voor het eerst naar Guatemala om er kennis te maken met de cultuur en tradities. Ik was enorm onder de indruk, vooral van de traditionele weefkunst. Je kunt er met veel mensen samenwerken en doordat je hen een nieuwe bron van inkomsten of werk aanbiedt, verbeteren hun levensomstandigheden. Ik ben nu drie jaar bezig en ik heb in die tijd al verscheidene samenwerkingen opgestart met families en coöperatieven, over het algemeen arme mensen uit inheemse gemeenschappen. Op die manier wil ik voor werkgelegenheid zorgen, maar hoop ik ook dat zij hun tradities behouden en zelfs evolueren in hun kennis."

"Mijn collectie dekens, tapijten en kussens is 100% organisch, dus van een natuurlijke oorsprong."

"De wol is afkomstig van lokale schapen en wordt met de hand gekamd en tot garen gesponnen. Hij wordt gewassen met natuurlijke zeep, afkomstig van de wortel van de plant Ixmaxim, die in het wild groeit, lekker ruikt en zelfs schuimt. De wol die we bij Que Onda Vos gebruiken, wordt enkel gekleurd met natuurlijke mineralen en planten. Tot slot wordt het garen handmatig tot een tapijt of deken geweven op een voetweefgetouw. Voor de dekens wordt de wol zelfs eerst nog vervilt door hem in warm water te dompelen, uit te kloppen en erop te stampen met de voeten. Alles gebeurt natuurlijk, we gebruiken zelfs zelfgemaakte borstels van gedroogde bloemen met kleine stekeltjes om de dekens te kammen, zodat ze zacht worden."

"De mensen met wie ik samenwerk, werken niet exclusief voor mij."

"Dat wil ik ook niet. Ze mogen niet afhankelijk worden. We leren ook echt van elkaars manier van werken. Ik ben als designer heel erg aanwezig in het proces, van het prille begin helemaal tot het einde. Ik maak een ontwerp en dat bespreek ik dan met de *artisanos*. Zij geven hun interpretatie en vertellen me hoe zij het ontwerp bekijken, dat kan ook technisch zijn. Zij maken het eerste prototype, dat we daarna samen gaandeweg verfijnen tot het product zoals ik het voor me zag. Ik kom natuurlijk uit een andere cultuur, maar door onze kennis samen te leggen, kunnen we nieuwe dingen creëren. Het is dus echt een dialoog en een samenwerking. De *artisanos* passen die nieuwe inzichten soms ook toe in de producten die zij voor hun eigen markt maken. Daar zijn ze vrij in. Ik vind het goed dat zij op die manier hun kennis verbreden, meer kunnen verkopen, meer klanten kunnen vinden en hun markt kunnen uitbreiden."

"Het gaat ook om het behouden en promoten van de eeuwenoude traditie van de weefkunst in Guatemala."

"Door de manier waarop ik hiermee omga en door te laten zien dat er een toekomst in is, hoop ik ook de jongeren te blijven betrekken. Zij emigreren nu of trekken naar de stad en laten die traditionele weefkunsten achter zich. Ze zien er de waarde niet meer van in of denken dat ze ergens anders meer en beter betaald werk zullen vinden. Die technieken en dat handwerk moeten meer gewaardeerd worden. Ze zijn een uitstervende traditie van hoge kwaliteit, die hopelijk een nieuwe toekomst krijgt."

"Het moet wel gewoon goed design zijn."

"Mijn producten worden nu voornamelijk verkocht in interieur- en high-end conceptstores, zoals Graanmarkt 13 in Antwerpen. Dat is het circuit, een markt voor ontwerpers en designadepten. Design komt op de eerste plaats, maar voor sommige klanten zijn ook het ecologische verhaal en de eerlijke handel erachter een belangrijk aspect. Het is een bewuste keuze om via die kanalen te verkopen, aangezien het om een markt gaat waar dit soort producten normaal minder snel terechtkomt. Nochtans staan mijn producten door de combinatie van design, ambacht en kwaliteit wel op dat hoge niveau en verdienen ze dat circuit en respect."

"Ik wil kunnen blijven groeien, ook sociaal."

"Natuurlijk hoop ik dat we in de toekomst meer verkooppunten kunnen aanspreken, maar ook sociaal zie ik heel wat pistes. We hebben nu bijvoorbeeld een project opgestart waarbij we mensen willen ondersteunen door hen schapen te schenken. Zo kunnen de *artisanos* de wol gebruiken en meer zelfvoorzienend worden. We zijn ook van plan om schapenhouders dieren te schenken en hen zo te ondersteunen, later kunnen we rechtstreeks bij hen de wol afnemen. Dat zorgt voor een vaster inkomen. Enerzijds hoop ik dat we meer werkgelegenheid kunnen blijven creëren in de inheemse gemeenschappen en hen kunnen helpen hun prachtige weeftraditie te behouden en promoten. Anderzijds wil ik samen met de *artisanos* als designlabel kunnen blijven groeien, door met nieuwe technieken en ontwerpen te experimenteren en mooie handgeweven producten te blijven ontwikkelen."

Nik Baerten

Is ontwerper bij Pantopicon en werkte in 2013 mee aan Mobilotoop, een cross-over project van Flanders In Shape voor Design Platform Vlaanderen.

"Open design functioneert zoals de open source gedachte: de ontwerpen van objecten en onderdelen worden vrij ter beschikking gesteld aan anderen om aan te passen en te combineren tot nieuwe ontwerpen en deze vervolgens opnieuw te delen met anderen."

"De uitdaging bij Mobilotoop was om na te denken over mogelijke nieuwe mobiliteitsvormen die zouden kunnen ontstaan, gebaseerd op deze open design filosofie. We vroegen ons af hoe een gezin zich pakweg anno 2040 in Vlaanderen zou verplaatsen in een stad. Wat geeft het als je zo'n open design gedachte doortrekt naar de toekomst? Wij zijn er destijds als Pantopicon vanuit onze expertise in toekomstverkenning en ontwerp bijgehaald om het proces te ontwerpen en te begeleiden, maar ook om een stuk kennis van toekomstige ontwikkelingen in te brengen. Qua open design gaf Thomas Lommée vanuit zijn open structures project invulling aan dit project."

"Bij zo'n projecten is het belangrijk om eerst breed materiaal te verzamelen om de basis te leggen voor latere discussies."

"Zo zijn we een aantal mensen gaan interviewen die breder kijken dan puur het mobiliteitsvraagstuk alleen. We hebben toen gesproken met Lowie Vermeersch, als voormalig hoofd design van Pininfarina toch een belangrijke stem in het auto-ontwerpveld. Hij deelde interessante visies over mobiliteit en verstedelijking in de brede zin. Zo spraken we ook met Steven Logghe (Go-Mobile) over de rol van datagedreven diensten in de toekomst, met Professor Matthijs Van Dijk (TU Delft), met Jannie Haek, het toenmalige hoofd van de NMBS, en Mario Fleurinck, destijds aan het roer bij additive manufacturing bedrijf Melotte."

"Er waren heel wat mensen die zich kandidaat hadden gesteld om aan het project deel te nemen."

Uiteindelijk werd een select, gemengd gezelschap van ontwerpers, makers, mensen met ervaring in mobiliteitskwesties, stedelijke planning, etc. geselecteerd. Tijdens drie workshops van telkens twee dagen gingen zij aan de slag met de input van experten en eigen ideeën. Stap voor stap leidden we hen door een ontwerpproces, waarbij we hen ook instrumenten aanreikten, bijvoorbeeld een kaartenset om eenvoudige, gestructureerde verhaallijnen omtrent nieuwe mobiliteitsconcepten vanuit gebruikersperspectief te kunnen creëren en analyseren. Zulke instrumenten hielpen mee de dialoog tussen mensen uit diverse achtergronden te stroomlijnen."

"Vrij vroeg in het proces is besloten om - ondanks de brede kijk op mobiliteit - de focus vooral te leggen op alles wat met fietsen en daaraan gekoppelde producten en diensten te maken heeft. Zo konden we duidelijker de open design kaart trekken."

"De uitkomst was een heel ecosysteem, een plattegrond van hoe een open design mobiliteitssysteem er morgen anders zou kunnen uitzien."

"Waar nu merken en producenten in feite gewoon een zwarte doos op de markt brengen, waaraan alleen zij kunnen sleutelen, maakte dit systeem plaats voor eentje waarbij je bouwstenen deelt en verkoopt waarmee iedereen zelf aan de slag kan gaan. Er is veel gebouwd en bediscussieerd. Heel wat prototypes passeerden de revue, o.a. van modulaire frames, koppelstukken of een wiel waarin een motor verwerkt zit en dat je gemakkelijk kan verplaatsen van het ene naar het andere voertuig. We hebben het ook uitgebreid gehad over welke diensten mensen kunnen gaan aanbieden op basis van dit systeem. Denk bijvoorbeeld aan hoe iemand op weg naar zijn bestemming nog een pakje zou kunnen afleveren voor iemand anders of hulp kan bieden aan anderen bij het in elkaar steken of herconfigureren van voertuigen. Je loopt uiteraard ook tegen een aantal praktische kwesties aan zoals bijv. aansprakelijkheid voor productiefouten in die onderdelen of voertuigen, of wat met de arbeidswetgeving voor mensen die een dienst vervullen binnen dit systeem. Boeiende discussies hebben we daarover gehad."

"Het was niet de bedoeling dat er meteen ook een oplossing werd aangeboden, maar dat we de discussie rond mobiliteit en open design konden verruimen."

"De beelden en ontwerpen zijn gepresenteerd op de *7de Triënnale voor Vormgeving van Design Vlaanderen: Conflict&Design* in 2013 op C-mine. Al onze inzichten werden ook in een publicatie gegoten. Zowel tentoonstelling als publicatie waren erop gericht een aanzet te vormen tot verdere discussie. Toegegeven, voor een aantal stakeholders was het geschetste systeem té anders om er onmiddellijk mee aan de slag te gaan. Er waren bijvoorbeeld fabrikanten die zich plotseling geconfronteerd zagen met een situatie waarin ze geen eindproduct meer zouden leveren, maar waarbij de onderdelen rechtstreeks in handen zouden komen van een 'prosument' (producent/consument)."

"De echte verdienste van dit project? Dat we erin geslaagd zijn om nieuwe mogelijkheden op te roepen, waarmee velen tot dan toe nog niet bezig waren."

"We zeggen altijd: 'Het zijn niet alleen de keuzes die je vandaag maakt, die je toekomst bepalen, maar het zijn ook de beelden die je vandaag oproept, die nieuwe opties creëren.' Het idee dat je als gebruiker ook mee de producent of leverancier van diensten kunt zijn, dat je die verschillende rollen in zo'n systeem tegelijk kunt vervullen, dat was voor een heleboel mensen een nieuwe component. Dat idee gaat in tegen een soort van monocultuurgedachte, waarin je enkel de ene oplossing tracht te vervangen door een andere."

"De grote bijdrage was dat mobiliteit vooral vanuit een ecosysteemgedachte benaderd werd."

"Het project mondde uit in een systeemdesign waarin de verhoudingen tussen stakeholders grondig door elkaar werden geschud. In die zin denk ik dat we niet alleen de basis hebben gelegd voor een andere kijk op mobiliteit, maar ook voor het anders ontwerpen daarvan. Het was heel vernieuwend om dat resultaat op een redelijk korte tijd toch zo integraal te bekomen. Het project werd dan ook internationaal opgepikt. Onder andere John Thackara heeft in zijn laatste boek, *How To Thrive In the Next Economy*, aandacht aan Mobilotoop besteed, niet alleen vanwege de resultaten, maar ook vanwege de aanpak."

NIK BAERTEN **is a designer at Pantopicon, and in 2013, he worked on Mobilotoop, a cross-over project by Flanders In Shape for Design Platform Vlaanderen. Mobilotoop was aimed at thinking about mobility in Flanders in 2040, by way of co-creative methods and open design principles. As a studio for foresight and design, Pantopicon shaped and facilitated the process, in addition to contributing knowledge on future developments. In three two-day workshops, a team of young designers, users and other stakeholders, explored a wide range of ideas. The result was a new mobility ecosystem, in which relations between stakeholders were repositioned, forming an incentive for further discussion.**

Innovative
"We succeeded in coming up with new possibilities of which some, admittedly, were perhaps too different from the usual for some stakeholders. For example, bicycle manufacturers were suddenly confronted with a situation in which they no longer supplied an end-product, but in which the components would be delivered by and to 'prosumers' (producer/consumer)."

System design
"Through open design principles, we thought about how components could be freely used, altered and recombined making them exchangeable. Whereas now a limited number of manufacturers dominate, marketing a kind of black box, which only they can tinker with, we started thinking about building blocks which everyone would be able to make and use. The contribution to this was the ecosystem idea in which you, as a user, are at the same time also a co-producer or supplier of services. In that sense, we laid the foundations for a new vision of both mobility, and the designing of it."

Arnoud Raskin

Is social entrepreneur en studeerde Productdesign aan toenmalige 'Stedelijke Hogeschool voor Industriële Vormgeving en Audiovisuele Kunsten' in Genk. Hij studeerde af met het social design project Mobile School.

"Klassiek design interesseerde me nooit echt."

"Ik ben daarom aanvankelijk wat vastgelopen tijdens mijn opleiding. Ik studeerde omdat ik dingen wilde creëren en Design vonden mijn ouders een degelijker diploma dan Vrije Kunsten. Maar ik had geen ambitie om de volgende Starck of Alessi te worden of om voor BMW te gaan ontwerpen. In de eerste jaren ging er in die opleiding vrij veel aandacht naar het concept. Dat was leuk, maar naarmate we ouder werden, kwam er een economische en technische realiteit bij kijken en daar haakte ik wat op af. Ik was echt niet geëngageerd in de projecten die we deden en om eerlijk te zijn, was ik een laaggemiddelde student. Er waren geregeld projecten van drie à vier maanden met bedrijven, maar die deed ik alleen omdat het moest, omdat mijn ouders mij de kans gaven om te studeren. Ik heb nooit het gevoel gehad trapleuningen, barbecues in beton of theaterstoelen te willen ontwerpen."

"Er zijn twee dingen waardoor mijn ogen open gingen."

"Eerst was er de cursus cultuurfilosofie van Francis Smets in het derde jaar, waarin hij vertelde over de brede verantwoordelijkheid die je hebt als designer. We hadden het over de technocratie en haar zelfsturende en groeiende karakter, over de bredere impact van alles wat je maakt. Dat sprak me heel sterk aan, maar ik zag achteraf pas dat die cursus heeft geholpen om mijn prioriteiten vorm te geven. Op het moment zelf kon ik dat niet benoemen. Wat me vooral wakker schudde, was de lezing over straatkinderen waar mijn moeder, die vroeg weduwe was geworden en er niet graag alleen op uittrok, en ik naar gingen. Ik was eigenlijk niet geïnteresseerd, want ik was helemaal niet bezig met sociale projecten."

"Maar toen ik daar zat, maakte ik een klik, die was vooral emotioneel en intuïtief en speelde vooral in op mijn buikgevoel."

"Ik hoorde waanzinnige verhalen over 150 miljoen kinderen die op straat leven zonder onderwijs en gezondheidszorg, die niet voorzien zijn van eender welke basisbehoefte. Ik nam toen een impulsieve beslissing. Ik stapte na de lezing naar buiten en zei: Ik ga een product ontwikkelen voor straatkinderen! Ik groeide van iemand met weinig engagement, die niet erg gelukkig was, uit tot iemand die barst van de energie. Ik vermoed dat ik ineens vermoeiend was voor de mensen rondom mij. Ik had ineens het licht gezien. Ik wist wat ik wilde."

"Het was een ware strijd, want op school, in het midden van de jaren 1990, was er geen sprake van social design."

"Op een bepaald moment kreeg ik zelfs te horen dat ik maar beter naar de sociale hogeschool kon gaan als dat de richting was die ik uit wilde. Het was een strijd die achteraf gezien erg belangrijk is geweest om het project te helpen incuberen. Als je moet strijden om je idee te realiseren, moet je jezelf constant in vraag stellen en extra voorbereiden. Tijdens iedere vergadering moet je twee stappen voor zijn op de anderen, die je het vuur aan de schenen kunnen leggen. In 1997 studeerde ik dan eindelijk af. Daarna woonde ik letterlijk tot 2002 in mijn garage, bij 'Hotel Mama', en stelde ik mijn product verder op punt. Telkens ik genoeg geld verzameld had – ik tapte toen biertjes in café De Paperclip in Bilzen – trok ik naar Colombia om er prototypes te testen. Na een pilot van een jaar met twee prototypes investeerde een filantroop (Luc Verelst) in 2002 1,3 miljoen euro. Zo konden we het prototype professionaliseren."

"De organisatie is opgebouwd uit drie lijnen."

"We hebben Mobile School, StreetwiZe en een educatieve lijn hier in België. Mobile School is eigenlijk het basisproduct, een bord op wielen dat je meeneemt op straat. De hoofddoelgroep is hier de *street connected youth*. Op die mobiele scholen kunnen educatieve tools worden bevestigd. Daarvan zijn er momenteel al meer dan driehonderd. Dat pakket bieden wij aan onze partners in 24 landen aan. Hun straathoekwerkers worden door ons opgeleid om onze producten te gebruiken en zijn een onderdeel van een netwerk dat we blijven versterken via coaching en intervisie. Het uiteindelijke doel is om de kwaliteit van hun straathoekwerk naar een hoger niveau te tillen. Wij financieren de materialen en opleidingen via een social franchising model. Die partners vergoeden ons met meetbare sociale impact. Jaarlijks bereiken we zo vele tienduizenden straatkinderen."

"We bieden daarnaast ook workshops aan waarin deelnemers uit de bedrijfswereld hun talent en leiderschap ontwikkelen."

"Als je Mobile School economisch bekijkt, is elk project een kost. Er is enkel een sociale return, geen economische, maar daarvoor hebben we ons *learning and development*-bedrijf StreetwiZe opgericht. In het kader van leiderschapsprogramma's zetten we de professionals bijvoorbeeld in bij het ontwerpen van nieuwe materialen. Ze weten meestal niets over het leven op straat en moeten de straatkinderen echt leren begrijpen, om dan vanuit hun noden een tool te ontwikkelen. Dat is een waardevol leerproces. Als het eindproduct goed genoeg is, wordt het ook echt opgenomen op de mobiele scholen. Zo hebben we samen met een aantal HRM-toppers van BNP Paribas Fortis de circustoolkit ontwikkeld. Dat soort activiteiten creëert veel zingeving bij de trainees."

"Vorig jaar heeft StreetwiZe voor een honderdtal multinationals gewerkt."

"100% van de winst die we hierbij maken, wordt geïnvesteerd in Mobile School. De straatkinderen leveren daarbij de grondstoffen die fundamenteel zijn om in StreetwiZe unieke trajecten te kunnen aanbieden. Zij creëren de *unique selling proposition*. Het zijn hun ervaringen en verhalen die ons helpen ons te differentiëren in de L&D-markt. Zo is de cirkel rond. De scholen worden zelfbedruipend en dat betekent dat we de maatschappelijke impact kunnen opschalen."

"We leveren zo een bijdrage aan de business model innovatie in het sociale veld."

"Dat is heel hard nodig en het is ook internationaal weer opgepikt. Er ontstaat stilaan een hybride markt met organisaties die zowel sociale als economische verantwoordelijkheid opnemen. Het gaat hier steevast om *for-profits*, met als duidelijk doel een maatschappelijke uitdaging aan te pakken. De winst die ze op een duurzame manier maken, investeren ze opnieuw in het probleem dat ze willen oplossen."

"Als ik het heb over *social enterprise*, dan zit daar altijd een economisch model achter, dat een hefboom creëert om op te schalen."

"StreetwiZe groeit nu bijvoorbeeld vier jaar op rij aan een tempo van 30% per jaar, waarmee we bewijzen dat we zowel sociaal als competitief zijn. Vanuit het puur filantropische model kun je nooit de nodige groottes bereiken. Je hebt het hybride model nodig om succesvol en schaalbaar te zijn, waarbij de economische activiteiten natuurlijk hetzelfde DNA moeten hebben als de sociale, anders zouden die twee lijnen uit elkaar groeien."

"Ik heb de mooiste job van de wereld en productdesign zit er nog steeds in."

"Wij hebben net een redesign van de mobiele school met nieuwe materialen en technieken achter de rug. De samenwerking met de Provinciale Secundaire School in Munsterbilzen was hierbij cruciaal. In dat opzicht is het eigenlijk heel jammer dat we het allereerste prototype van de mobiele school drie jaar geleden hebben weggegooid."

"Achteraf is gebleken dat ik een positieve impact fundamenteel nodig heb om gelukkig te zijn in mijn job."

"Als je de dingen alleen maar doet omdat je ze moet doen of om het prestige en je bankrekening, dan heeft dat op een bepaald moment een impact op je welbevinden en de kwaliteit van je werk. Ik word gelukkig van een impact die verder gaat dan mezelf, ambitieuzer is en op de maatschappij afstraalt. Daardoor vond ik als mens mijn innerlijke kracht en dat zorgt ervoor dat ik elke dag eerlijk en oprecht in de spiegel kan kijken en duidelijk weet waarvoor ik werk."

ARNOUD RASKIN is a social entrepreneur, who studied Product design at the former 'Stedelijke Hogeschool voor Industriële Vormgeving en Audiovisuele Kunsten' in Genk. During a lecture on street children, he decided to dedicate his Master's thesis to a project especially for them. Mobile School is a board on wheels, with educational tools, that is taken to the streets. This project is run on a social franchising model, in which the materials are made available free of charge to partners, who wish to make an impact socially, in 24 countries world-wide. Another component of the company is StreetwiZe, which offers workshops to participants from the corporate world, who wish to develop their talent and leadership by designing content for the mobile schools. Not only the results of this, but also 100% of the profits, go to Mobile School. This makes Raskin's business model self-sustaining, scalable and sustainable. It places itself in a hybrid market, with organisations which are accountable both socially and economically, and was therefore at the foundation of business model innovations in the social sector.

Impact
"Classic design doesn't really interest me. I never aspired to being the next Stark or Alessi. I've never felt I wanted to design banister rails, barbecues in cement or theatre seats. In retrospect, it turns out I needed impact in order to be happy in my work. The decision to work for street children changed me from an only slightly committed person, to someone bursting with energy. I fear I suddenly became exhausting to the people around me. An impact which radiates out on society makes me happy."

Scalable
"When I say *social enterprise*, it's backed by an economic model. For example, for the last four years now, StreetwiZe has had growth of 30% annually, proving we're both social and competitive. You can never reach the necessary dimensions from a purely philanthropic model. You need that hybrid model to be successful and scalable, where the economic activities naturally have to have the same DNA as the social ones, otherwise the two lines would grow apart."

Pablo Calderón Salazar

Studeerde Productdesign in Bogotá en *Social Design* in Eindhoven. Hij werkt momenteel aan een doctoraat aan de LUCA School of Arts C-mine, over participatieve trajecten in de publieke ruimte met zijn project De Andere Markt.

"Toen ik afstudeerde, zag ik het nut er niet van in om dingen te gaan maken en mensen ertoe aan te zetten die te kopen en te consumeren."

"Ik was meer geïnteresseerd in het sociale aspect van design en zo kwam ik uit bij de social design opleiding in Eindhoven. Mijn tijd daar heeft me echt de mogelijkheid gegeven mijn ideeën en praktijk verder te ontwikkelen in de richting die ik wilde inslaan."

"Ik ging op zoek naar alternatieven voor kapitalisme."

"Ik was geboeid door protestbewegingen als de Indignados, Occupy en de Arabische Lente. Ik vroeg me af wat ik daar als ontwerper nog aan zou kunnen toevoegen. Een kantelmoment was een documentaire op de VPRO, waarin ik de Spaanse socioloog Manuel Castells hoorde vertellen dat het probleem van kapitalisme niet is dat mensen het er noodzakelijk mee eens zijn (want dat is niet altijd zo), maar dat ze verleid worden te denken dat er geen alternatief voor bestaat. Maar er bestaan echt wel alternatieven voor kapitalisme, alleen zijn dat meestal kleinere zaken en niet een grote oplossing. Toen ik dat hoorde, dacht ik na over hoe ik verschillende acties zou kunnen opzetten om de mensen te laten zien dat er inderdaad andere manieren van leven mogelijk zijn."

"Mensen kunnen zoveel meer dan ze in eerste instantie zelf denken."

"Je hoeft niet altijd alles nieuw te kopen, vaak kun je iets echt nog wel herstellen. Ik deed daarom een aantal interventies om het consumptiegedrag in de winkelstraat in Eindhoven aan de kaak te stellen. Ik haalde bijvoorbeeld mijn fiets volledig uit elkaar en vroeg de voorbijgangers om mij te helpen hem terug in elkaar te zetten. Ik ontdekte hoe blij mensen zijn als ze kunnen delen wat ze weten en ze denken met plezier na over het onderwerp 'kapitalisme'. Die dialogen waren complete verrassingen voor mij, maar jammer genoeg had ik toen geen recorder bij me om alles op te nemen."

"De marktplaats werd mijn strijdtoneel."

"Die ervaring, samen met de uitspraak van Castells, zorgde ervoor dat ik nog meer interventies wilde doen in de publieke ruimte, om zo een aantal alternatieven voor kapitalisme uit te testen. Als je het hebt over kapitalisme, is er geen betere plek dan de markt, daar waar de dagdagelijkse transacties plaatsvinden. Ik besloot om een soort marktkraampje te maken. Het is er eentje op wielen geworden, om niet gebonden te zijn aan een en dezelfde plek."

"Mijn eerste idee was om gesprekken en dialogen te gebruiken als een alternatief betaalmiddel."

"Het was niet de bedoeling om geld om te zetten in een gesprek, maar eerder om mensen te laten betalen met gesprekken. Ik stond een keer met een hamburgerkraam voor McDonald's, ik heb ook ooit haar geknipt in ruil voor een babbeltje over geld en kapitalisme. Ik probeerde een dialoog op te starten over wat een kapitalistische democratie allemaal in haar macht had. Mensen waren altijd heel enthousiast en nieuwsgierig. Ze vertelden de meest fantastische dingen. Wat ik vooral heb geleerd, is dat mensen heel blij zijn om het er eens over te kunnen hebben en dat ze er eigenlijk ook veel over weten. Ze worden er in het dagelijkse leven gewoon nooit naar gevraagd. Ik nam op wat ze zeiden, nam foto's en maakte video's. Dat alles zette ik om in fanzines, podcasts... Ik deed er alles aan om hun woorden weer te verspreiden en noemde het *dialogic design*."

"Ik blijf werken door middel van dialoog en het bouwen van bruggen tussen verschillende mensen."

"Discours is mijn belangrijkste instrument, ook binnen De Andere Markt. De Andere Markt is 'een open werk- en toonplek, waarin we samen denken en werken rond de toekomst van werk in Genk'. Ik kreeg van de stad Genk een vaste plek voor twee jaar en ik hoop dat het project daarna door hen zal worden verdergezet. Voor De Andere Markt gebruiken we de living-labmethodologie, dat betekent dat we het designonderzoek buiten de muren van de instellingen brengen en in een wijk inplanten. Gebruikers worden daarbij actief betrokken en we proberen zo open mogelijk te zijn naar het opzetten van acties."

"We willen met De Andere Markt op een heel indirecte en positieve manier nadenken over werk."

"Na alles wat er gebeurd is, bijvoorbeeld met Ford Genk, lag het topic 'werk' voor de hand. Dat is in deze regio echt een issue. Ik ben vooral geïnspireerd door filosofe Martha Nussbaum, die zegt dat de economie in principe eigenlijk niet draait om vraag en noden, maar om het aanbod van talent. Als je mensen aan een job wilt helpen, is het belangrijk om te weten wat ze kunnen. Dus ben ik op pad gegaan en heb ik aan mensen gevraagd: waar ben je goed in? Eigenlijk was dit een eenvoudige manier om met hen aan de praat te raken over het project."

"We willen met ons project een netwerk van vaardigheden uitbouwen."

"Daarom heb ik een eenvoudige drukpers op mijn bakfiets gemonteerd. In ieder project dat ik doe, heb ik graag dat mobiele element. Mensen kunnen hun talenten dan op een poster printen. Dat is een heel eenvoudige, maar effectieve manier van communiceren. Ze kunnen die poster later voor het raam of op hun werkplek hangen en zo eventueel in contact komen met anderen. We nodigen iedereen die meedoet, ook geregeld opnieuw uit, soms voor een feest, soms gewoon voor een kopje koffie. Het project is een inventarisatie van gevonden talent. Het is niet noodzakelijk de bedoeling om mensen echt aan een job te helpen, misschien vindt niemand werk door dit project. Het is wel belangrijk om na te denken over wat werk is en de mensen zo nieuwe inzichten te geven in wat ze eigenlijk allemaal zouden kunnen doen."

"Mijn droom voor De Andere Markt is dat het project op termijn een coöperatieve samenwerking wordt, die als een paraplu kan fungeren voor allerlei organisaties en acties. Dat maakt het eigenlijk tot meer dan een project.

De Andere Markt zou een ondersteuning kunnen zijn voor andere projecten. Dat zie je nu al gebeuren door de contacten die we leggen met andere initiatieven en dat is ook echt wat we voorstellen: een manier van werken waarbij je verschillende projecten en initiatieven met elkaar kunt verbinden. We willen deze manier van werken ook over andere plaatsen in de stad verspreiden. Hier werken nu vier onderzoekers en het gaat hard. Je ziet dat dit soort projecten tegenwoordig ook wordt opgestart in andere contexten en andere steden. In een ideale wereld wordt De Andere Markt een flexibel platform voor bijvoorbeeld cultuur, voeding, herstellingen, et cetera. We hebben veel initiatieven, maar niet alles zal de tand des tijds overleven. Het is in ieder geval wel een heel boeiend experiment."

PABLO CALDERÓN SALAZAR **studied Product Design in Bogotá and Social Design in Eindhoven. At the moment, he's working on a doctorate at LUCA School of Arts C-mine, on participatory plans with public space. In his social design practice, he's inspired by alternatives for capitalism, by dialogue and discourse, and the marketplace as a symbolic battleground. Within De Andere Markt (The Other Market) he tries, together with four other researchers, to think by way of the living lab methodology, in an indirect and positive way, about the future of employment in Genk. The project is currently busy making an inventory of the talent that's been found. The clusters of talents, skills and interests which can be put together using this approach may later lead to projects which would valorise them. De Andere Markt proposes in particular a way of working in which, in the long term, various projects and initiatives could be linked.**

SAMIR

Genk
"The city of Genk gave me a fixed location for two years, and I'm hoping that they will extend it after that. We use the living lab methodology, which means that we take research outside the walls of the institutions and implant it in a neighbourhood. That way, users are actively involved, and you try and be as open as possible in setting up programmes. Given all that has happened with, for example, Ford, the topic of jobs was an obvious choice in Genk. It's a real issue here."

Talent
"Economy revolves in itself not around the necessities, but rather around the talent on offer. It's important to know what people can do, if you want to help them find a job. I went out and asked people: what are you good at? The project is an inventory of talent found. The intention is not to actually help people find a job; maybe no-one will find a job directly through this project. But it's important to think about work, and give new insights into what you're actually capable of."

SUMMARY

ANN BESSEMANS **is a graphic designer and typographer. For her doctorate, she developed the Matilda font, adapted to the needs of visually-impaired children., who are just starting to read. Whereas most modern serif fonts have dashes at regular intervals from each other, it's easier for visually-impaired children to learn to read if the rhythm of the letters is disrupted. Ann Bessemans draws on pre-modern fonts, and bases her theory on scientific research. The font will be completed soon, since there are already two publishers who have expressed an interest in publishing.**

Visual impairment
"Visual impairment is a special problem. When someone becomes visually impaired due to old age, they already know how to read. So letter designs for that target group focus mainly on comfort of reading. A child that is born with a visual impairment, who still has to learn how to read, has completely different needs. I developed Matilda during, and after, scientific and subjective legibility research. Obviously, Matilda is not the ultimate solution for the reading problem, but it offers help, as do glasses, a magnifying glass or better lighting."

Science
"I describe myself as a designing researcher, in the sense that I combine the artistic reflective with the scientific analytical. I try to let myself be inspired by the science, and get inspiration for my designs from that. There aren't many of us yet. I see it as a development which will make the design world a little bigger. I hope that in the future, more people will work like this, not as a kind of competition but rather as a sounding board."

Ann Bessemans

Is grafisch ontwerpster en typografe. Voor haar doctoraat ontwikkelde ze het Matilda-lettertype, aangepast aan slechtziende kinderen.

"Ik vind letters bijzondere, abstracte vormen met prachtige curves die op een spannende manier overgaan in rechten en schreven."

"Mijn interesse voor letters en typografie is ontstaan tijdens mijn studentenjaren aan de PHL en dan vooral door de opdrachten van Luk Mestdagh. Wij mochten van hem niet met de computer werken, maar moesten de letters afprinten en uitknippen om er composities mee te maken. Door manueel met lettervormen bezig te zijn, maakte ik een klik. Daar werd eigenlijk de kiem gelegd voor mijn passie voor typografie. Later ging ik me er steeds meer in verdiepen."

"Matilda is een lettertype dat slechtziende beginnende lezers ondersteunt."

"Voor mijn doctoraat heb ik studies gelezen over slechtziendheid bij kinderen, een bijzondere problematiek. Iemand die slechtziend wordt door ouderdom, weet al hoe hij moet lezen. Letterontwerpen voor die doelgroep focussen zich dus vooral op het leescomfort. Een kind dat slechtziend geboren wordt en nog moet leren lezen, heeft heel andere behoeftes. Daarom kun je de ontwerpen die voor ouderen gemaakt zijn, niet zomaar overnemen, want deze kinderen moeten het technische leerproces nog doorlopen. Tijdens en na experimenteel, wetenschappelijk en subjectief leesbaarheidsonderzoek heb ik Matilda ontwikkeld. Matilda vormt natuurlijk niet dé oplossing voor het leesprobleem, maar biedt wel hulp zoals een bril, loep of beter licht."

"Matilda is vooral anders in het ritme van de letters."

"Wanneer je met schreefletters te maken hebt, zie je tegenwoordig een regelmatig patroon, vooral beïnvloed door de populaire Helvetica, die is ontstaan tijdens het modernisme. De eigenschap van gelijke letterbreedtes binnen de Helvetica werd in de 21ste eeuw overgenomen en vertaald naar schreefletters. Daardoor zie je nu bij bijna alle hedendaagse schreefhebbende lettertypes dat de streepjes op regelmatige afstand van elkaar staan. Dat was vroeger niet noodzakelijk het geval. Matilda gaat daartegenin. Een van de bevindingen van mijn onderzoek is namelijk dat als het ritme van de letters verstoord is, kinderen met slechtziendheid beter scoren, in duidelijk contrast met normaalzienden. Ik heb het lettertype Matilda genoemd, naar het boek van Roald Dahl. Dat gaat over een meisje dat heel graag leest, maar dat niet mag van haar ouders."

"Er zijn momenteel twee uitgevers geïnteresseerd in Matilda."

"Maar, voorlopig is het nog te vroeg: we zijn op dit moment nog bezig met het finaliseren van het lettertype. Voor mijn doctoraat heb ik de onderbouw gemaakt, maar wanneer je een lettertype wilt uitgeven, moeten de meeste Europese talen ondersteund zijn en voorzie je best ook *bold* en *italic*. Er kruipt heel veel tijd in het op punt stellen daarvan. Ik wil het wel graag op korte termijn afwerken."

"Ik heb het gevoel dat er dingen zijn die ik nu moet aanpakken."

"Vorige zomer heb ik een eigen onderzoeksgroep, READSEARCH, opgericht, die bestaat uit twee doctoraatsstudenten en een statisticus. Het is voor mij waanzinnig druk, want ik neem daarnaast ook nog graag andere projecten aan. Er gebeurt zo veel en alles is boeiend. Zo werk ik momenteel samen met mijn doctoraatsstudenten in opdracht van Microsoft aan een onderzoek rond prosodie, oftewel intonatie. Ik heb een aantal voorstellen gedaan rond visuele prosodie, het visueel maken van prosodie dus, want als je expressief kunt lezen, heb je waarschijnlijk ook een beter leesbegrip."

"Ik omschrijf mezelf als een ontwerpend onderzoeker, dat wil zeggen dat ik het artistiek-reflectieve combineer met het wetenschappelijk-analytische."

"Uit de wetenschap haal ik inspiratie voor mijn ontwerpen. Vroeger waren er letterontwerpers die hun buikgevoel volgden als het ging over de leesbaarheid van letters. Daarnaast had je ook wetenschappers die lettertypes qua leesbaarheid vergeleken. Zij hadden meestal geen typografische kennis, waardoor er veel fouten zijn gemaakt in de methodologie. Natuurlijk wijst dergelijk onderzoek uit dat Helvetica 14 punt beter leesbaar is dan Times New Roman 14 punt. Helvetica heeft een grotere x-hoogte dan Times New Roman, wat wil zeggen dat de letters op dezelfde puntgrootte groter lijken. Die resultaten zijn dus verkeerd, maar hebben het veld al die jaren wel beïnvloed."

"Het lijkt alsof ik al jaren alleen voor open doel sta."

"Er is momenteel een ontwikkeling aan de gang, waarbij enkele ontwerpers ook onderzoeker worden, maar voorlopig zijn we nog niet met velen. Het mooie van die ontwikkeling is dat je nu als letterontwerper feedback krijgt van de lezer, terwijl dat vroeger meestal informatie was die bij de wetenschapper bleef hangen. Nu een letterontwerper ook wetenschapper kan worden, valt die filter weg en krijg je heel relevante informatie om in je praktijk op verder te werken. Ik zie het als een ontwikkeling waardoor de ontwerpwereld een stukje groter wordt. Ik hoop dat meer mensen in de toekomst hiermee bezig zullen zijn, niet als concurrentie, maar wel als klankbord. Ik heb me altijd de vreemde eend in de bijt gevoeld, omdat velen vertrekken vanuit de kunstgeschiedenis of de artistieke praktijk, terwijl mijn vertrekpunt zich aan een totaal andere kant bevindt, een kant die ik nooit gestudeerd heb, maar wel ontzettend boeiend vind."

Jan Boelen

Als we ten slotte in een begijnhofhuisje aan Jan Boelen vragen wat Z33 heeft betekend voor design in Limburg, krijgen we na een lange pauze een op het eerste gezicht verrassend antwoord: "Limburg is tegelijk belangrijk en niet belangrijk en eigenlijk zijn zelfs design en actuele kunst, of alles wat daarmee te maken heeft, ook niet zo interessant of belangrijk. Ja, gek genoeg wel. Wat echt belangrijk is, is wat er in de wereld gebeurt en welke maatschappelijke breuken en veranderingen er gaande zijn. Als je daarnaar kijkt, zie je dat de economische en technologische dimensies in de maatschappij de grootste impact hebben. Het zijn die twee elementen die de maatschappij en ons dagdagelijkse leven veranderen. Design is daarbij eigenlijk niets anders dan het kristalliseren van zo'n maatschappelijk bestel. Wat is nu het grootste probleem? Aangezien onze huidige maatschappij door een economische logica met een neoliberale agenda is overgenomen en tegelijkertijd aangewakkerd wordt door disruptieve technologische krachten, merk je dat de sociale en culturele aspecten ervan continu onder druk staan. Dat is nu net wat me interesseert. Daarvoor moeten ontwerpers en kunstenaars, met de weinige middelen die ze hebben, nu net blijven proberen om ruimte te creëren."

"Z33 wil bezig zijn met maatschappelijke veranderingen."

"Design en kunst zijn geen doel daarin, maar een middel om na te denken over wat er in onze maatschappij gebeurt. Daarbinnen ben ik bijzonder geïnteresseerd in kunstenaars en ontwerpers die ons niet alleen bewust maken van die veranderende realiteit, maar die ook echt alternatieven proberen te formuleren. Kunstenaars die ons inzicht geven en tegelijkertijd doen nadenken over hoe we het anders zouden kunnen doen, bieden het perspectief dat ik wil tonen. Het ervaringsgerichte, de materialiteit en de tastbaarheid zijn daarin ongelofelijk belangrijk. Zoals iemand anders een tekst zou schrijven, maken wij tentoonstellingsprojecten. Dat is een andere manier van communiceren dan enkel spreken of schrijven over veranderingen."

"We willen een laboratorium zijn voor een mogelijke toekomst."

"We doen dat in deze regio, omdat hier hoger kunstonderwijs aanwezig is met een traditie daarrond binnen de vrije en toegepaste kunsten. Dat onderwijs fungeert als de onderbouw waarop je iets als Z33 kunt neerzetten. Wij hoeven er niet rechtstreeks een platform voor te zijn, maar we zijn wel iets wat inspiratie kan bieden voor dat hoger kunstonderwijs en voor beleidsmakers in een regio waar weinig kritische massa is. We willen als Z33 daarin de agenda uitzetten en een soort ontmoetingsplek zijn waar verschillende stakeholders uit de maatschappij kunnen samenkomen, discussiëren, debatteren en ervaren."

"Designers en kunstenaars blijven ons eerste doelpubliek."

"Dat kwam vanzelf. Zij zijn diegenen die het vakgebied verder duwen, niet bijvoorbeeld de consument. Ik geloof heel erg in de individuele kracht van een creatief persoon. Designers en kunstenaars zijn in staat om ideeën te verbinden en een visie te ontwikkelen en daardoor tot nieuwe projecten te komen. Zij zijn de echte *change makers*. Z33 maakt het verschil door hen daarin te bevestigen. Wij proberen hen te ondersteunen door hen middelen te geven, een platform aan te bieden, met hen de discussie aan te gaan en hen in een context te helpen plaatsen ten opzichte van collega's. Wij kunnen die netwerken helpen bouwen met onze projecten."

"Er is daarbij een hele sterke connectie met wat ik als hoofd van de master Social Design doe op de Design Academy in Eindhoven."

"Voor mij is dat allemaal een en hetzelfde project. Die mensen stromen geregeld naar Z33 door. Sommigen nemen deel aan Toegepast, een uniek initiatief van Cultuurplatform Design en Z33 om jong designtalent te ondersteunen en te versterken, of doen samen met ons onderzoek en worden op die manier vaak deel van de community. Voor mij is dat het verderzetten van dezelfde ideeën, het creëren van kritische massa rondom onze werking en vooral dat doen in een internationale context."

"Design speelt zich af in een globale markt."

"Daarin zijn Vlaanderen en België per definitie altijd heel klein. Wij bij Z33 zijn dan ook nog eens bezig met een niche binnen het design. Het internationale niveau is voor ons dus net heel erg belangrijk en daarbinnen proberen we zo veel mogelijk netwerken te vormen. Het internationale discours rond design komt nu al vooral vanuit Europa en tot voor kort eigenlijk vooral uit het Verenigd Koninkrijk. In de rest van de wereld zijn de gangmakers dun gezaaid en is het succes nog erg precair."

"Het is belangrijk dat we de nieuwe grenzen van design verder verkennen en verleggen."

"We hebben op dit moment zeven partners in Europa, met wie we een soort Europees designparlement willen oprichten. We willen samen met hen nadenken over hoe we het debat rond design vooruit kunnen duwen. Als dat designparlement er komt, en dat hangt van de Europese subsidies af, denk ik dat we de komende jaren grote sprongen vooruit kunnen maken. We zullen dat dan niet langer onafhankelijk van elkaar doen, maar we zullen samen een discours uitwerken, dat we continu kunnen publiceren."

"In de toekomst wil ik meer wegblijven uit de programmatorische logica en het 'gewoon maar' organiseren van tentoonstellingen."

"We hebben daar de afgelopen jaren met Z33 al organisch een ontwikkeling in doorgemaakt. In de toekomst willen we meer en meer de kennis die we opbouwen, transparant maken en delen. Voor een instelling die betaald wordt met publieke middelen, is het belangrijk om ook dat terug te geven aan de maatschappij. Evenementen zijn vluchtig, ze veranderen niets duurzaam in deze regio. We willen onze kennis inzetten als een nieuwe soort collectie en we willen als een kennis- en referentiecentrum gaan functioneren. Als we die kennis kunnen verankeren binnen een netwerk, denk ik dat we gedaan hebben wat we moesten doen."

JAN BOELEN **has been trained as a Product Designer. He is currently Artistic Director of Z33, and head of the Social Design Master's programme at Design Academy Eindhoven (NL). Z33 aims, as an arts centre, to be involved with social change, and sees art and design as a means to this end. Designers and artists are the first target audience, given that they are the ones who can push the discipline further forward. Z33 also wants to be a laboratory for a possible future, capitalising on the traditions already existing within, for example, art education in the Limburg region. He wants to further explore and extend the new boundaries of design, and he definitely wants to do that at an international level.**

Society
"Design is nothing more than the crystallisation of a social system. Given the fact that our current society has been taken over by an economic logic with a neoliberal agenda, and simultaneously fuelled by disruptive technological powers, you notice that the social and cultural aspects of a society are under continual pressure. And that's exactly what interests me. That's exactly what designers and artists, with their limited means, keep trying to create space for."

Knowledge
"In the future, I want to have less to do with the programmatic logic and 'just' organising exhibitions. In the future, we more and more want to make the knowledge we accumulate transparent, and share it. It's important for an institute which is funded by public money to give that back to society. We want to use our knowledge as an innovative collection and begin to function as a centre of knowledge and reference."

Annelies Thoelen works as an art historian and economist at Design Vlaanderen, where she is responsible for advice and international networking. She is specialised in design thinking, craftsmanship design and positioning and branding in the creative industries. Annelies is also a researcher at the SEIN Instituut of UHasselt, and shares her knowledge of the modern-day design world as a teacher at LUCA School of Arts C-mine.

Karolien Coenen lives and works in Jeuk. She studied Interior Architecture (PHL Diepenbeek) and Photography (MAD-faculty, Genk). In 2015, she won the Wanatoeprijs from the town of Hasselt, for her thesis *Offside*, a series about the lowest ranked provincial football clubs, which have to manage with very few resources. She is presently working as a freelance press photographer for *Het Laatste Nieuws* newspaper. She is particularly passionate about documentary and reporting photography, with a special interest in working class topics, in which the social aspect plays an important role. She prefers to work with real people. Nothing is staged. Sometimes her work evokes a nostalgia for better times, while also paying tribute to the way in which many people strive daily to achieve their goals.

FUTURE

GREEN WRITTEN DAWN
BRIGHT BUMPY TRAIL OF TALENT
YOUR WORDS ARE UNSPOKEN

Design is pioneering. It breaks new ground and, whether it is bold or conservative, it always embodies the values of our times. Values based on democracy and industrialisation. Values expressed by the direct merging of beauty and efficiency, the hallmarks of a good design in any age.

NATURE, TO BE COMMENDED, MUST BE OBEYED.

KIMBERLY LLOYD

It is thrilling to be standing at the precipice of the 22nd century, the century of the anno Domini, with all its remarkable technologies to be probed. We have trodden new frontiers for quite some time now, perpetually pushing the envelope in all forms of technological evolution, from robust software and hardware developments, to innovative gadgetry: CGI, virtual reality headsets, hello holodeck and remote drones. Then, of course, there is the MP3 format that cannot go amiss, forever reconciling our visual perception of graphics and animations with sound.

The advent of the technological era, however, is best seen as a double-edged sword, as it can enable and disable designers in the process. Technology has been shifting the definition of crafts over the past few years, and one of the most profound changes can be observed on a fundamental level with the democratisation of desktop publishing (DTP) across new and independent platforms, such as blogs, social media and self-publishing entities. Yet having all such tools at our disposal does not necessarily make us better designers. We are moving at breakneck speed, with trends forming at an equal pace, in a direction that is yet to be defined. These trends, however, have limited life cycles, and as designers, I believe our highest calling – no matter the discipline or era – is to create authentic and timeless concepts that are coherent within any environment.

To do so, we must go back to the fundaments. To quote my favorite philosopher, Ayn Rand: "The power to rearrange the combinations of natural elements is the only creative power man possesses. It is an enormous and glorious power – and it is the only meaning of the concept 'creative'." It is on such a rhythm that the entirety of existence has been predicated for millennia, and it is a tried and tested approach. No matter the outcome, whether artistic, scientific, or technological, it is observed from man's ability to rearrange reality, a genetic recombination of sorts, which potentiates crossovers to create singular, yet multicellular bodies of work. Surveying such sentiments from the lens of our current age, a VR headset is still considered a replica of what man has observed in the real world. Google's mind-boggling algorithms consist of codes written by a human being, and fed into a computer that then delivers a live collage of artifacts that man views in a different composition, although the main elements remain the same.

Francis Bacon once said that "nature, to be commanded, must be obeyed". In this sense, command is dictated by a product's ability to serve mankind, which can only be achieved when the natural elements are utilised accordingly. Design when applied to any field, such as typography, illustration, photography and animation, can create impactful experiences when craft is rooted in the ability to reshuffle nature, all the while making use of modern adaptations that we have at our disposal. An integrated focus on craft will bring about meaningful and beautiful work that is true to the natural elements, as well as to the client and the briefing. In my daily work and observations across graphic practices, I am positively impressed by how new technologies are utilised to both restore and preserve the history of mankind, while seducing the younger generation to explore the future and reflect on the past.

At the end of the day, crafts exist to connect with people from a perspective that comes from the heart. We as designers have the tools to create rich stories that will stand the test of time, when we do so from a place of integrity and respect for the fundaments. So let's get to doing.

After graduating in economics and business management from the University of Frankfurt, Kimberly Lloyd opened her own consultancy and design office in 2001. Today she works in Germany as founder of Lloyd and Associates, collaborating as a consultant and Creative Director. Lloyd and Associates is a creative agency producing award-winning design, branding and publishing work for an eclectic range of international clients. When it comes to publishing, Kimberly Lloyd co-founded M Publication and co-curated the CMYK – International Independent Magazine Culture Festival for the City of Barcelona. Lloyd co-publishes the *Art Lawyer Magazine* and has established Qompendium Print Publication as the benchmark in the self-initiated magazine segment. In Autumn of 2013, Qompendium Work Shop, an art concept store and a consequent extension to Qompendium Print Publication, was created in Wiesbaden. Lloyd works together with diverse galleries, art fairs and museums to consult on merchandise, pop-up stores and consumer-based experiences.

14 MEI 2016

PRØX

GIOVANNI MARTENS

PHOTOGRAPHER KRISTOF VRANCKEN
ART DIRECTOR PABLO HANNON
ASSISTANT PHOTOGRAPHY JONAS VRANCKEN

previous page:

Giovanni Martens is a PhD student of graphic and interactive design; for his Master's thesis, he created a truly titanic piece of work: the development of a user interface for the car of the future: *PRØX*. And what else could he do next but carry on and design the rest of the car too? Martens is a visualising visionary, whose work makes the future comprehensible and user-friendly.

A - Z

Y

Marina Yee

Marina Yee graduated from the Royal Academy of Fine Arts in Antwerp in 1981 and became one of the Antwerp Six. Marina Yee had a few collaborations with the Belgian label Lena Lena. She still makes her own unique pieces in her own workplace and works as a teacher at the Academies of Fine Art at The Hague and Ghent.
— CHAPTERS 4, 6, 8

Z

Z33

Z33 is a house for contemporary art in Hasselt. Since 2002, Z33 has been organising projects and exhibitions that encourage visitors to see everyday things in a new way. A unique laboratory and a meeting place for experimentation and innovation, this is the place to be when it comes to unique exhibitions of contemporary art and design. The name Z33 comes from its location, Zuivelmarkt 33, the site of the historical beguinage in the city of Hasselt.

I

103

103 is a design firm located in Hasselt. Bert Hornikx and Martijn Pillards started their design collaboration in 2012, and their activities range from graphic design, creative code to making music. Web projects are the recent Tempola website and the 2014 edition of Beyonderground. Participating in good-for-the-hood projects like the identity of the #bamstat, giving face to the temporary boost of the central station area in Hasselt, is part of their deal.
www.103.be
—

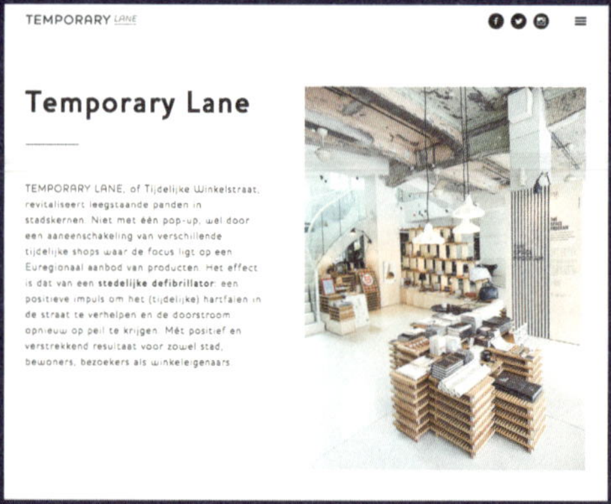

FUTURE FORWARD

WORDS BY VIRGINIA TASSINARI
IMAGES BY WOUT TRIPPAS

WORDS BY NIK BAERTEN
IMAGES BY BENJAMIN SPORKEN

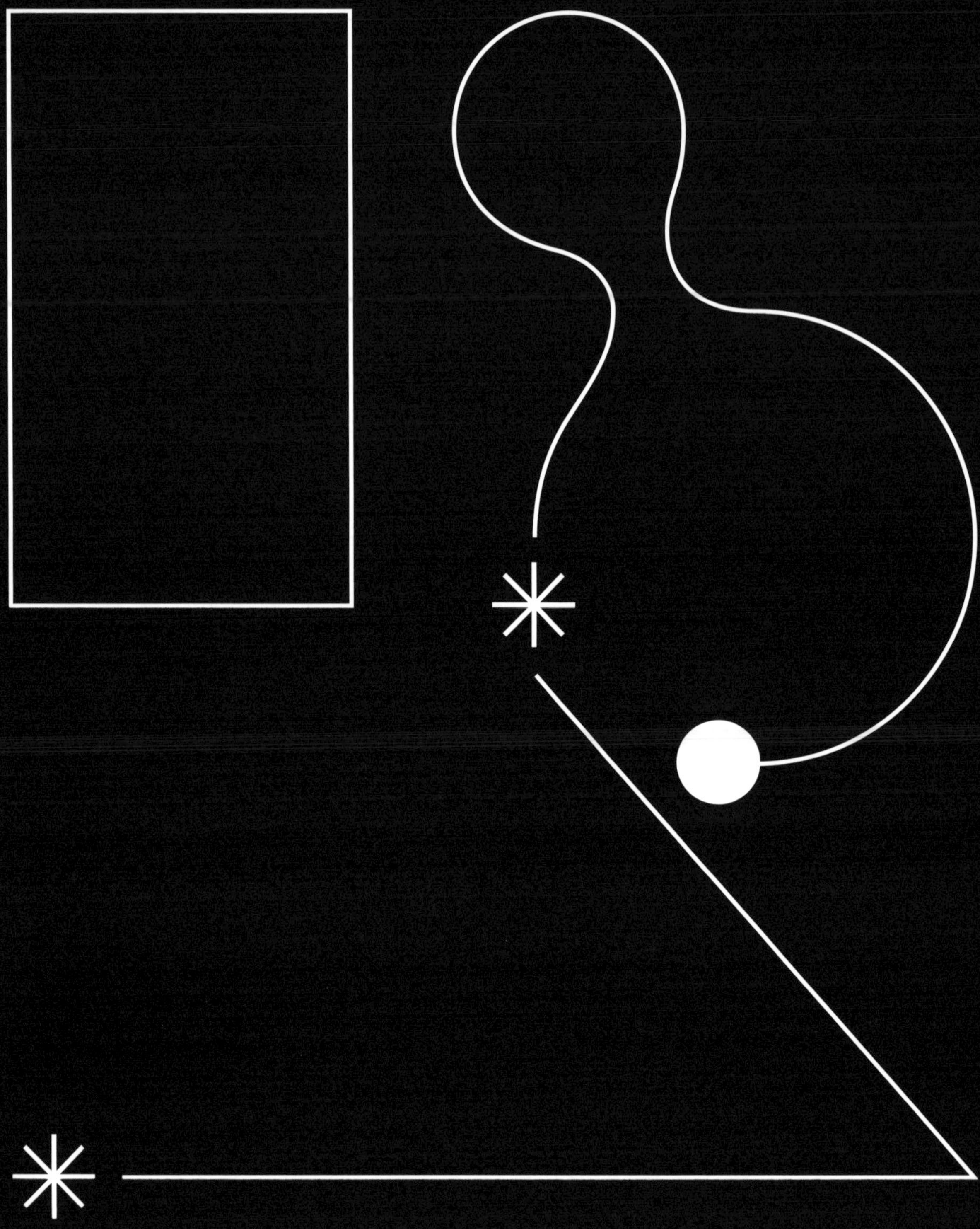

Design as making meaning

Virginia Tassinari, researcher in design & philosophy, design and philosophy educator at LUCA School of Arts, co-initiator DESIS Philosophy Talks, founder DESIS LAB LUCA School of Arts

Industries, authorities and the public in general are increasingly aware of the role design can play in the creation of new products, services and systems, not necessarily only for industries, but also for the societies in which we live.[1] While this has always been the case, the awareness of the value of design has become more universally recognised: its ability to identify and tackle societal challenges, to reframe social issues and the debate around them, addressing them from a wide range of perspectives, helping to uncover and valorise unexpected opportunities and possibly translate them into concrete actions.

Design's value to society is not only quantifiable in the radically innovative initiatives it generates, but also in its ability to shift, amplify and generate new meanings.[2] These make it possible for concrete initiatives to be co-designed and co-produced. When design is employed to add value to society – for instance by enabling the co-creation of new public services with citizens, civil servants and policy makers – it also conveys new ways of understanding words commonly used by reframing them, e.g. 'citizens' 'citizens' as 'active citizens'.

Such new meanings are not created by designers from scratch. In a way, they emerge from within society itself, for instance in bottom-up, grassroots social innovation where communities of citizens[3] work together in small, local initiatives to improve their own neighbourhoods. Through 'deep listening' designers become aware of subtle but profound shifts in the meaning of words playing a key role in the sustainable behaviours of citizens.[4] They capture the emergence of a new 'common sense' of understanding these words and further amplify them through their own projects, allowing them to scale and create more value for their contexts. Which shifted meanings should be actively amplified is a choice in which designers need to question whether the shift actually leads to an improvement in the quality of people's lives and our society in general.

1. Papanek, J., *Design for the real world: Human Ecology and Social Change*, New York: Pantheon Books, 1971.
2. Manzini, E., & Coad R., *Design, When Everybody Designs: An Introduction to Design for Social Innovation, Design Thinking, Design Theory Series*, Cambridge, Massachusetts: MIT Press Limited, 2015.
3. Meroni, A., *Creative communities. People inventing sustainable ways of living*, Milano: Edizioni POLI.design, 2007.
4. Bertolotti, E., Daam, H., Piredda, F. Tassinari, V., *The Pearl Diver - The Designer as Storyteller*, DESIS Editions, 2016.

The words we use

The meanings conveyed by these kinds of projects often stand in strong contrast to those we have grown accustomed to throughout the past centuries. Etymologically speaking, many words can be related to former meanings which had a direct link to the experience of being human. Through time, they became increasingly abstract, losing their more direct connection to human experience.[5]

In the current understanding of the word 'citizens', for instance, the idea that the term refers to real people - different individuals with different attitudes, needs and resources - is often no longer considered, at least not directly. In traditional vertical policy making models, citizens are often portrayed as a homogeneous group of people, characterised by a relatively passive attitude. This is just one example of how words often lose their original connection to tangible reality and direct human experience. Instead of helping us to better understand reality as such and act within it, they become more of an obstacle to doing so.

In this particular moment in time, the meanings of some of the words we commonly use in our everyday lives and language - having become abstract - are shifting significantly. We already illustrated how the notion of 'citizens' may be perceived to shift in certain contexts, e.g. taking on a more personal, heterogeneous and active connotation. The same is true for words such as 'politics', 'democracy', 'society' and so on. As they have drifted into abstraction, in a changing context their meanings are suddenly being questioned. Thus we rediscover ways in which these words might be reconnected to the concreteness of our lives in this era, reconnected to the stories of real people living them.

As mentioned earlier, these shifts in meaning not only emerge 'anew' from design projects, but often also from small, bottom-up initiatives popping up everywhere, in which solutions and services are (co-)created and prototyped in a way that emphasises human values, giving rise to more 'human' framings of the above words in the process. Hence, these connotations slowly replace former ones and move into the realm of 'common sense'. When designers work with local communities, in order to support such bottom-up initiatives, through their efforts, they basically amplify such reframed meanings, relocating them once again to the centre of people's lives and their direct experiences as humans. Hence, when design works to tackle society's challenges and enhance its value - for instance in a region such as Limburg - it not only gives rise to new solutions, but also to a new, more 'human(e)' understanding of society.

If one wants to look at which roles design might play in societies of the future - and in particular in the future of a region - one needs to look closely into the understanding of design as 'making meaning'.

5. For more on this, please see Ong, W., *Orality and Literacy. The Technologizing of the Word*, London and New York: Methuen and McLuhan, M., *The Gutenberg Galaxy: The Making of Typographic Man*, 1st Ed.: University of Toronto Press, 1962.

Making meaning

As they create objects, processes, services, artefacts, etc. designers convey meanings. This comes with a responsibility. Through their actions and creations, designers can choose to reinforce an existing, often abstract interpretation of key terms around which society evolves, or they can opt to convey alternative interpretations, in which human values are emphasised. This is a design choice.

When one designs to innovate society, the latter is often the case. When contributing to a sensible shift in the understanding of mainstream ways to read reality (e.g. from a passive idea of citizenship to an active one) designers can establish beneficial preconditions for small local initiatives to take root, in which individuals can experience this new understanding of being a citizen themselves. Through empowerment, they are enabled in having a first-hand experience of what it means to add value to their neighbourhoods (for instance by co-designing new local production systems, services and so on). In doing so, citizens can also experience the satisfaction[6] which comes with being an active agent in society, and experience what the German philosopher Hannah Arendt calls 'social happiness'[7].

When design communicates new meanings that are more human- and experience-centred, it breathes new life into words and helps to translate the potential embodied by such new understandings into concrete action. Thus, it can help to open up (to) new ways of interpreting the world around us so that its potentialities can be fully manifested and possibly be translated into socially innovative solutions leading to an improvement in quality of life.

While designers often 'merely' capture and amplify these changes of meaning, sometimes they also anticipate them, by prototyping new understandings – making them visible and tangible – and embedding them in objects, artefacts and scenarios. In doing so, they make it possible for potentialities that under normal circumstances risk remaining un- or under-expressed, to become explicitly acknowledged. They pave the way for innovative solutions, otherwise hard to imagine.

Enhancing awareness of these shifts of meaning helps to recognise which resources, values, stories, etc. have passed unseen by the abstraction of words through time. It raises the opportunity for these potentialities to become evident, so that they can be more easily translated into concrete actions with a radically innovative character. This implies that when designers are fully aware of their role as meaning makers, they increase their value to the context in which they operate. Therefore, a cultural reflection is needed for designers to be more actively aware of which meanings they are conveying in their work, and to ask themselves more intensely what it means to create value for people.[8]

In the past years, the province of Limburg has played a significant role in experimenting with ways in which design and art can actively contribute to society. This makes it in my opinion a perfect vantage point from which to engage in a more global cultural reflection on new meanings of existing terms designers should keep in mind when designing. Therefore, I asked a handful of friends and colleagues from around the world to each address one such shift in meaning and its implications for design practice in the future. Their contributions can be considered lenses through which to reassess our activities as designers and imagine what we could do in our region to take these semantic transformations more seriously and play an anticipatory, frontrunner role.

6. Manzini E. & Tassinari V., "Sustainable qualities: powerful drivers of social change", in Crocker R. & Lehmann S. (Eds.), *Motivating change. Sustainable design and behavior in the built environment*. London: Routledge, 2013.
7. Arendt, H., *The Human Condition*, University of Chicago Press, 1958.

1,

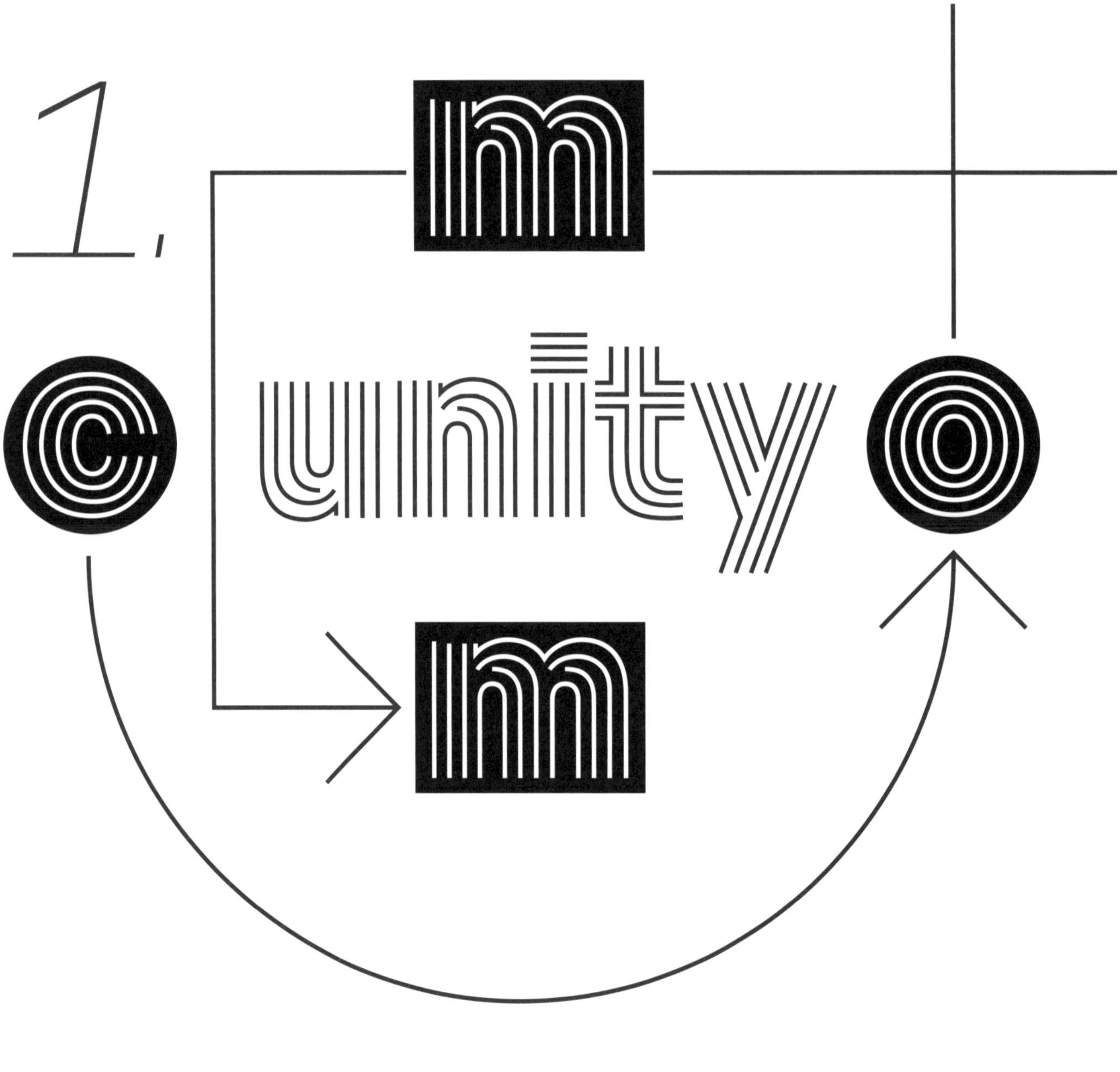

A small vocabulary of social innovation

01 COMMUNITY *(as a space of possibilities)*

Ezio Manzini, Politecnico di Milano, Milan, Italy

Discussions on sustainability and resilience (and on the social innovation required to achieve them) frequently refer to the term 'community'. Even though everybody knows that the communities of today (i.e. communities in a highly connected world) are quite different from those of the past, there are not so many shared ideas of what we really mean when we use this term. My ideas are the following:

1. Contemporary communities are grids of social ties that individuals can activate in different ways, choosing where, how, when and for how long to allocate their personal resources (in terms of time, attention, skills, relational availability). This description indicates two main characteristics: firstly, unlike the pre-modern traditional communities, which were not chosen by their own members, the contemporary ones exist by choice. Secondly, unlike the 20th century intentional communities, which were based on strong ideologies calling for exclusive affiliation and promising a strong identity, the contemporary ones are multiple, non-exclusive and demand no special level of commitment. In other words, those who participate in this kind of community are not looking for a ready-made solution or identity. On the contrary, they are looking to build their own solutions and identity by making their own personal choices among different proposed options.

2. Contemporary communities are not to be seen as structured organisations, but as spaces of possibilities: networks of people and places offering opportunities for expressing ideas, solving problems, opening routes towards new perspectives. It follows that, from the point of view of potential members, contemporary communities are qualified by the density and variety of meaningful interactions they offer. In operative terms, these meaningful interactions take different forms, for instance: conversations, services and collaborations. Each of them can be evaluated, from the community members' point of view, in terms of collaborative attitude and relational intensity, meaning the request for time, attention, skills and long-term commitment, for the first (the collaborative attitude), and trust, empathy and friendliness, for the second (the relational intensity).

3. Given that a community is a space of possibilities (and not an organisation), it cannot be designed and realised as a single entity. On the contrary, it must be built piece-by-piece, proposing motivations for encounters and creating conditions to make them possible and permit them to evolve towards new social forms. It follows that, for contemporary communities, the expression 'community building' must be taken literally: communities are to be built starting from their molecular elements. That is, from the different kinds of encounters between people, and between people and places that are, to all intents and purposes, their building blocks. Therefore, community building implies working at two levels: offering encounter possibilities oriented towards different goals and accessible with different kinds of commitment, and creating enabling structures to produce an environment where these encounters may exist, last in time and be easily replicated.

4. Building a resilient community means increasing diversity, redundancy and ability to learn from experience. This can be done by supporting collaboration between different people, valorising these diversities and creating conditions for an inclusive social cohesion. This means:

- proposing themes, programs and projects of interest to socially and culturally different people;
- proposing activities that can be performed with different levels of commitment, meaning with different collaborative attitudes and relational intensity;
- realising systems which enable the existence and development of a multiplicity of non-planned, auto-produced activities;
- realising artefacts capable of aggregating groups of people and positively influence their behaviours;
- realising digital and physical spaces where non-planned encounters could easily happen, creating more friendly, open and fertile environments.

02 EVIDENCE

Susan Yelavich, Parsons, The New School of Design, New York, USA

Once upon a time, evidence was thought to lend credibility to proposals and arguments. Objects of evidence, whether thoughts or physical artefacts, were assembled and laid out for examination. Evidence was something shared. It invited the consideration of all contestants. However, in today's social and political culture, contestation has been contaminated by a game show mentality, by a culture of Facebook and Twitter 'likes' and by so-called reality TV shows. (The Brexit vote surely proved this when citizens admitted to thinking that their vote wouldn't have consequences; see *The Daily Telegraph*'s piece on this at: 'I'm full of regret' - extraordinary moment Brexit voter changes her mind.)

In the political arena, the same disregard for evidence is being flagrantly vaunted – most egregiously at this writing by the U.S.'s Republican presidential nominee Donald J. Trump. Declarative statements have displaced evidence entirely. Of course, demagogues have resorted to suppressing evidence throughout history. What's different today is that evidence is eminently more discoverable and yet it is voided of meaning by tautological bubbles. As the blogger Killjoyfeminists writes about evidence in the context of racism and sexism:

> "No matter how much evidence you have ..., no matter how many documents, communications, encounters,... what you have is deemed as insufficient. ... My proposition is simple: that the evidence we have of racism and sexism is deemed insufficient because of racism and sexism."
> https://feministkilljoys.com/2016/07/12/evidence/ Accessed 12 July 2015

This situation leaves designers with several problems of which I will only take on four here.

DESIGN PROBLEM I: INSULARITY
Evidence, once meant to mitigate biases and preconceptions, is only trusted if it confirms bias and misconception. The design problem here is one of un-othering, of establishing the equivalent of demilitarised zones (like Conflict Kitchen in Pittsburgh), or to create spaces for Truth and Reconciliation forums (like those held in Ireland after the troubles and in South Africa after apartheid).

DESIGN PROBLEM II: TIME
Examining evidence, like examining one's conscience, takes an investment of time that technology has sundered. For the most part, these technologies are designed with one end in mind: speed, the enemy of reflection. Here design is complicit in creating the larger cultural condition that does not favour examining evidence. (Though gratifyingly, there are growing numbers of designers working to reduce our overstimulation, like Alter Ego Architects' concept cell that rejects the habit of multitasking by eliminating all distracting apps, and countless others who take their cues from movements like Slow Food.)

DESIGN PROBLEM III: FALSE ECONOMIES OF TIME
Designers who are interested in affecting social change, or stimulating (but not controlling) social innovation, must operate with the time-deprived condition of Problem II. They are likely to encounter the depletion of the meaning of 'evidence' in the context of seeking funding to support their initiatives. Evidence-based philanthropy increasingly bases decisions on short-term evidence of success, far shorter time frames than any projects in corporate research and development would be judged by. Evidence of success and failure is distorted in short-term assessment processes. The design problem is to find strategies to present their work through narratives that celebrate the value of incompleteness, instead of tidy statistical evidence that merely serves to assure the investment in the social has a quantifiable ROI (return on investment).

PROBLEM IV: RECONFIGURING 'EVIDENCE-BASED DESIGN'
Evidence-based design became a term of art in healthcare. It drew on the experience of patients, physicians, and nurses to reconfigure hospital spaces into spaces of well-being. "Offering views of nature, for example, was demonstrated to speed recovery times; this evidence made the design argument for windows and green spaces more than a mere aesthetic preference." The challenge to designers is to elicit narratives of experience and use those narratives to make propositions that communities can adjudge as evidence(s) of possibility.

03 FAMILY

Luigi Ferrara, Institute Without Boundaries, George Brown College, Toronto, Canada

A word whose meaning is fundamentally changing in our society is 'family', with consequences which are far-reaching and impacts that are yet to be fully understood. In my own short life, I have personally experienced the transformation of the 'extended family' structure that traditionally dominated agrarian societies to that of the 'nuclear family' that became prominent during the industrial era. The emerging paradigm I describe is the 'assembled family' which grows from the complexities of social fragmentation and migration and the exacerbation in the development of communities of interest over traditional communities of place.

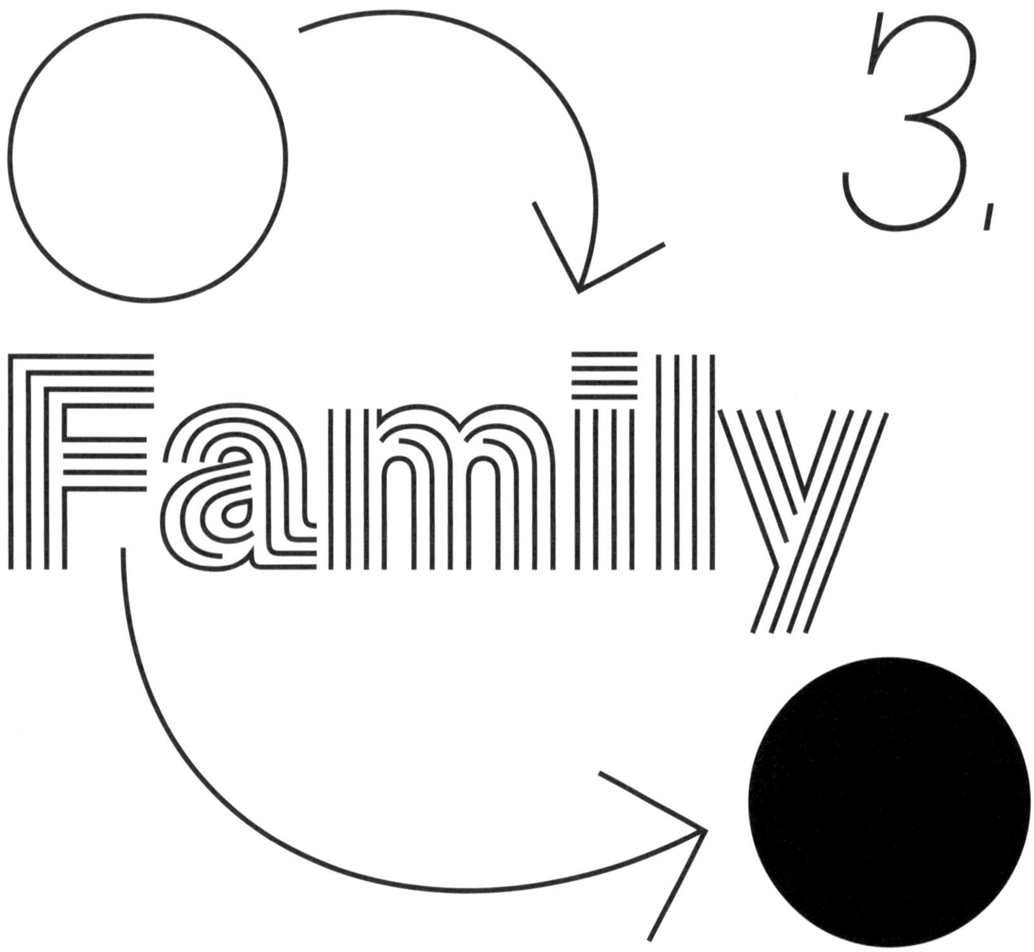

I was raised in a traditional extended family growing up in co-located households that comprised parents, children, grandparents, aunts, uncles and cousins. Your community was comprised of your relations and your relations formed the basis of your friendships, social circles and work network. I then raised my own family based on a nuclear model with parents and children separated from grandparents and relations by household, geographic distance and further dividing up relations, friends, acquaintances and business contacts into separate distinct social groupings. I can clearly remember being schooled by my mother-in-law – a veteran of nuclear family traditions over a few generations – that my immediate family was Family Nucleus A while the grandparents were part of Family Nucleus B and my sister's family was part of Family Nucleus C. This very literal process of family definition prescribed hierarchies of interaction, privacy and affinity that followed the patterns of specialisation and standardisation prevalent in the workings of the industrialised world. Family was structured in silos, as were our bureaucracies, institutions and corporations.

Over time as an educator, I have been witnessing the development and growth of a new generation whose world is characterised by a rapid evolution in family typologies that have been morphing under the pressure of social phenomena such an divorce, new marriage forms, migration for work and economic reasons, which have resulted in the disassembling of traditional and nuclear families and the reassembling of families that follow from a looseness in rigidity and consistency of structure over time. A child may experience multiple parents over a lifetime, and a spouse may live a series of spousal partnerships and inherit stepchildren and new relative clusters, creating a complexity over time. In this constant shifting environment, all members of family units have noticeably started to develop a friend or soulmate over relations practice that is really very new to the reality of family life. The resulting atomisation of the individual has resulted in a new particle coupling sphere where a life is emerging based on orbiting selected familial relations, very much like planets surrounding a solar system of the individual composed and created over time by the individual.

Oddly enough, the result is a bit of a return to the complexity and intricateness of the extended family, but without its closed community aspect, and strangely similar perhaps to the life of a kibbutz where unrelated individuals may be a stronger part of your life than kin. The implications for designing environments, products and communications for this new world are yet to be fully explored consciously by designers. If one thinks only of residential architecture and how it has changed over time to reflect the change from extended to nuclear family with the invention of the single family home and the suburb, and what an enormous impact that has had on our civilization, one can begin to imagine what it will mean to reimagine our cities to accommodate this rapid move to family assemblage/ disassemblage.

When I think of the many people I know who are pioneering new family forms, such as the lesbian and gay couple that are raising two children between them in two homes walking distances apart, or the retired couple that has chosen to live near different children during various parts of the year, or the widows who have gotten together to share a home to stave off loneliness, or the four recently graduated flatmates who are experimenting with an open lifestyle, one can see the variety of assembled families exploding exponentially in the near future. I personally know many people who have developed closer relations to their step-parents and maintained a familial bond, despite the ultimate separation of the stepparent from their natural parent. This complexity and elective intricacy will only continue to grow if trends continue in the direction in which they have been evolving. Whether this is a positive or a negative development in the long run is probably not easily evaluated. What is more powerful is understanding what systems people need to cope with this change and what designs we can create that make positive effects and better qualities in life for this new world of assembled families.

04 PARTICIPATION

Mugendi K. M'Rithaa, Cape Peninsula University of Technology (CPUT), Capetown, South Africa

Informed by my heritage and experiences as one living predominantly in majority world contexts, my belief is that to be fully (actualised and accepted as) a human being, one must participate actively and authentically in the life of one's elective community. To be an authentic designer, one must embrace the transformative agency of a socially conscious, participative and potentially transformative design ethos...

Active citizenship can thus be facilitated through participation as co-designers and co-producers (not merely as passive recipients and net consumers of professional designerly endeavours). This arguably more progressive orientation will require that designers voluntarily relinquish any sense of control (and instead embrace a collectivised aspiration of the communities they seek to serve and co-exist with). Consequently, professionally trained designers become more human, and community members celebrate their latent universal creativity.

The wicked problems afflicting the world we live in today and in the foreseeable future will require concerted, inclusive and empathic effort – designers must rally their formidable design thinking and problemsolving talents to the service of humanity. Only then can we as designers become and remain 'part of the solution'...

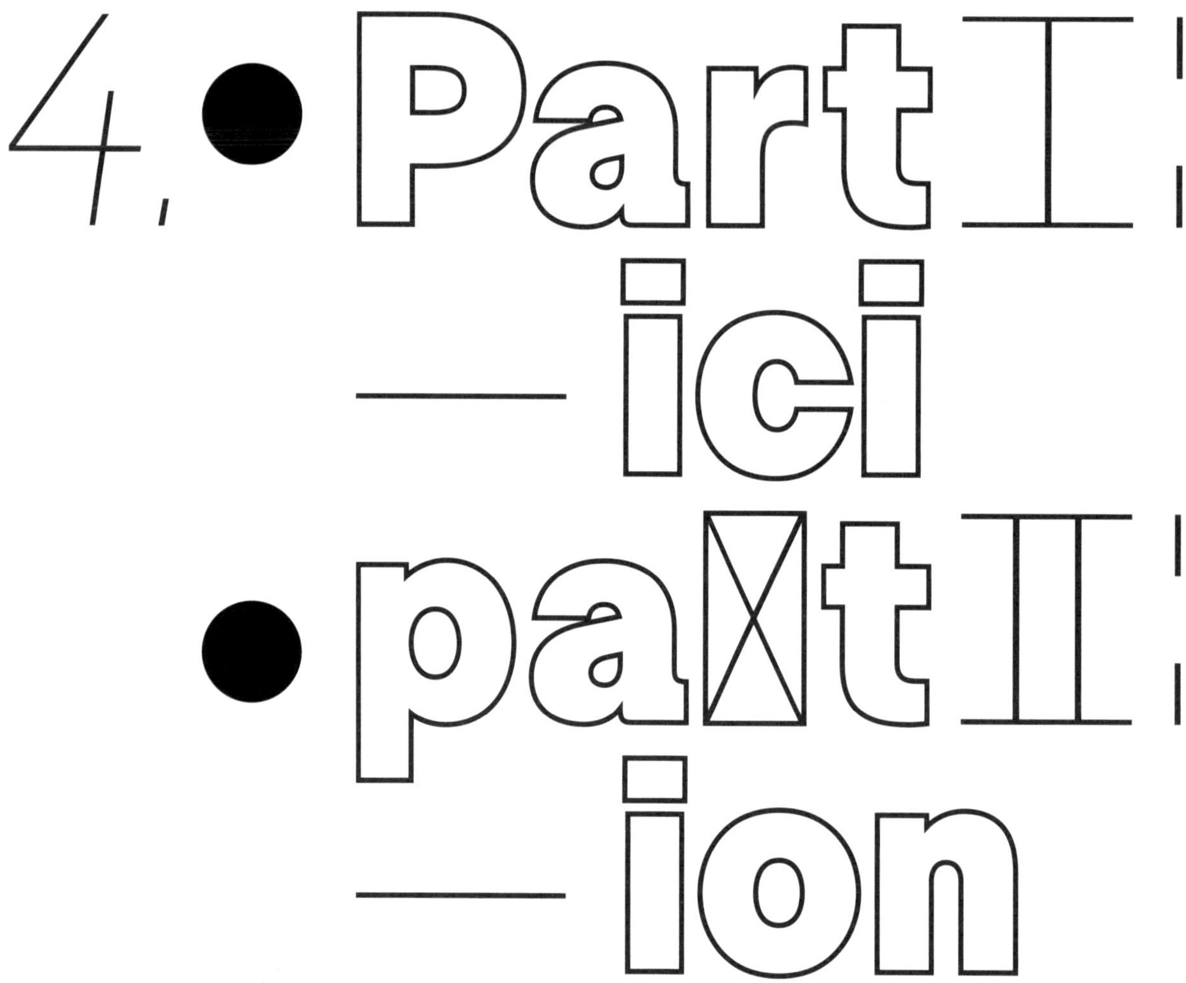

05 (Designing through) **POLICY MAKING**

Stefano Maffei - Politecnico di Milano, DESIS Lab Milan + Design Policy Lab, Milan, Italy

The contemporary design discipline is confronted with a series of challenges and fields of action in which its chances of intervention are related to a dimensional scale and a complexity which go beyond its traditional area of expertise.

The challenge of 'transforming existing situations into preferred ones' is a general condition that requires disciplinary skills which can control and solve complex problems that affect not only the individual or collective private sphere, but also the relationship with the powerdecision and the public government one. This requires a capacity for intervention in the system to be realised through a policy which could be defined as a 'formulation of ideas or plans that are used by an organisation or government as a basis for making decisions'. Thus the action of transformation highlights the necessity of a transparent policy-building process, which defines how we pragmatically act within reality. The ability to produce systemic innovation goes through the transformation of the policy-making practice itself that changes the approach to the policy cycle realisation from a 'regulatory' to a 'design' perspective. It's a new culture: the design for policy. It supports a process of collaborative opening and tangibilisation of the world of politics by encouraging the learning of new individual and social skills and the transformation of roles among experts and citizens. The construction of a transformative action model which could be practice-oriented and evidence-based leads us to imagine the intervention of design discipline as a complex transformation approach based on civic engagement, citizenship enablement and collaborative sensemaking, rather than on the exclusive power of technology and organisational learning added to traditional policy schemes. The final aim is to build attractors of change and capability empowerment of the agents that could foster the future we imagine.

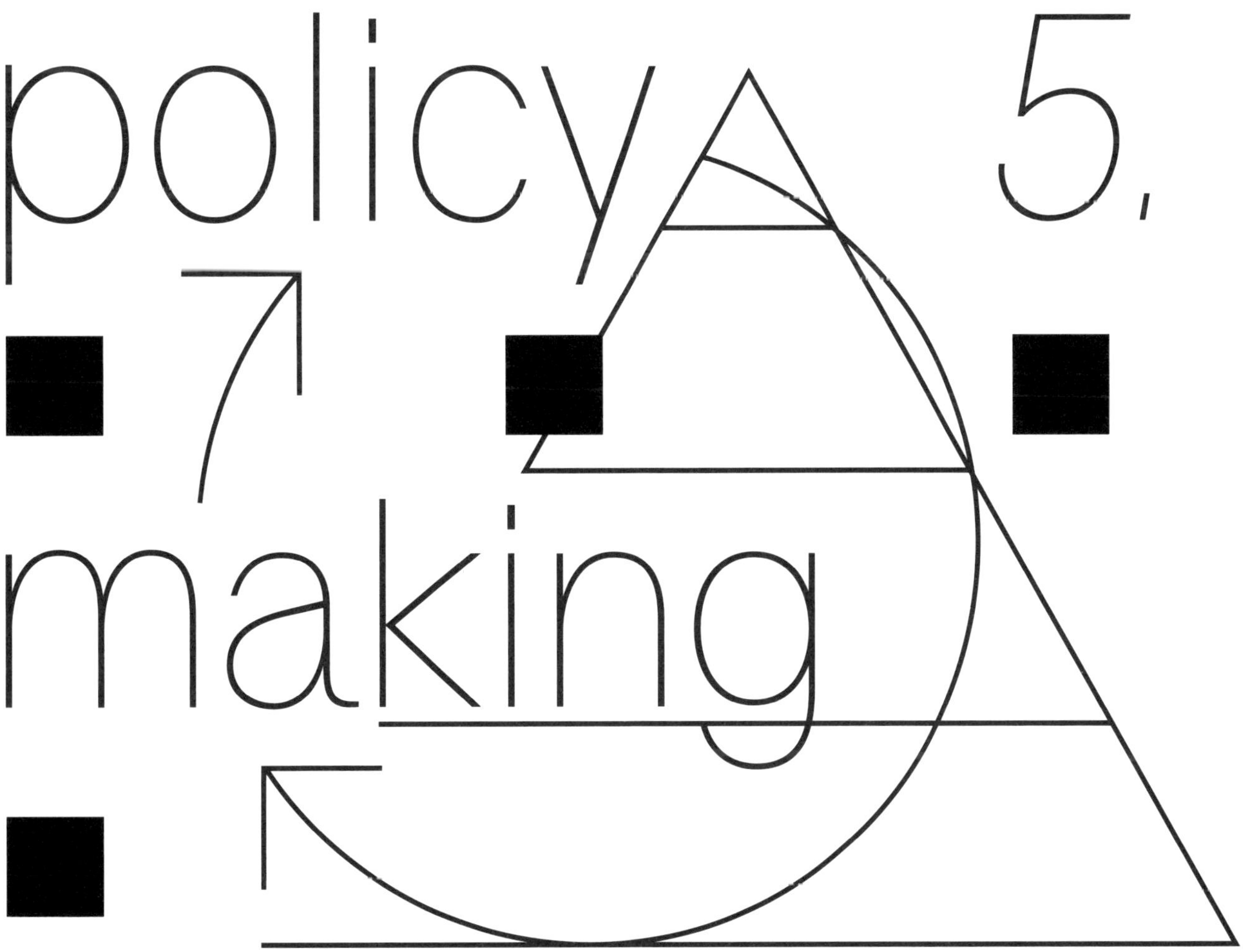

06 SERVICE

Carla Cipolla, Federal University of Rio de Janeiro, UFRJ/Coppe DESIS Group, Rio de Janeiro, Brasil

This word is very powerful. It is at the center of being human for many religions: Christianism, Buddhism, Hinduism... Not forgetting the Gospel: "Even as the Son of Man came not to be served but to serve" (Matthew 20:28). The word 'service' is placed here in the heart of what makes us 'human'.

Another use of the word is to indicate services that have been industrialised: fast food chains, banks, call centres.

In the first use, the word 'service' indicates intensive interpersonal encounters, those encounters that build on our own essence of being human. In the second use, it is a service to fulfil a practical need, and an interpersonal encounter is not necessarily required, or particularly important.

The first use indicates a service that cannot be designed. The second use indicates industrialised services that can, and have been, designed (now also by service designers).

The change, for design discipline, may be manifested in a question: could the first use of the word 'service' – in all its qualitative dimensions – guide or inspire designers to deal with its second use (industrialised services)? Or could the first use guide designers to develop a new generation of services that can improve our quality of life and promote positive change?

The critical turning point is: if designers do not do it, groups and communities may increasingly do it by themselves. They always have done so. This is the continuous affirmation, over time, of the first use of the word 'service', which was never forgotten.

6,

service

07 TRANSITION AND AGENCY (Design for what, for whom, and when?)
Eduardo Staszowski, Lara Penin, Andrew Moon - Parsons DESIS Lab New York City, USA

Transition is "the process of changing from one state or condition to another". For designers, this concept affords a vision and theory of temporality, but is the kind of 'future' vested in this vision adequate for present concerns? What entangled transitions need to take place now to have any chance of capturing the speculative futures that are often invoked by design theory and research? Are they temporal transitions or something else? What conceptual work might augment 'transition' in generative ways today?
Agency is "action, especially such as to produce a particular effect."
Agency is what empowers the present to transition. But two things need to change: first, designers need to acknowledge that they have very limited agency to change the course of major decision-making processes on their own – their access, rights, resources, legitimacy and authority preclude it. And second, it follows that designers need to ensure their agency by way of re-orienting their attention to agencies elsewhere. How can designers distribute agency within the communities, organisations, and infrastructures in which they work so that these actors can adapt to contingencies and uncertain effects in ecological, social, and urban environments as they emerge? We are proposing a transition, not to a speculative future yet, but to a distributed practice of embedding and cultivating agency now.

When a shift is insufficient

These are just a few examples of words, notions, that are currently shifting in meaning and becoming more relevant in contemporary society. Designers ought to take them into account when attempting to increase their value to the lives of people in a more profound sense. This striving for improvement is after all supposed to be one of the key characteristics and goals of designers working in and for society.

Nevertheless, there are occasions in which we are forced to realise that some words have become overcharged with connotations, up to the point that they can no longer accommodate new meanings. They hinder not only our language, but also our thinking. Then new meanings might simply require new words.

Shaping such new words can be a liberating exercise, one that can help one to move beyond old categories and patterns of thought. There too, designers can play their role as makers of meaning, i.e. to craft new vocabularies in order to help others to explore the meaning of what lies beyond the self-evident.

7.

Translation

AGENCY

Words for worlds

Nik Baerten, co-founder of foresight & design studio Pantopicon, Antwerp, Belgium

When we think about the future, it unfolds in front of our mind's eye as a caleidoscope of alternative todays, a landscape dotted with opportunities and threats, confined only by the reach of our collective imagination. The future appears as a seemingly infinite and ambiguous plane, in which – we ought not to forget – one person's dreams may very well be another person's nightmares.

Retrospectively, we are both amazed by the amount of past futures which have materialised and we remain disappointed – or relieved – by those which have not. We are astonished about the speed of certain changes and underwhelmed when we open our eyes in the morning and realise how little of yesterday's futures has come true in the present.

Continuously, we struggle with time and uncertainty. Continuously, we are in a 'what if' dialogue with our imagination on what tomorrow might bring or how we could shape it. This infinite dialogue is simultaneously our path to salvation and doom. How we imagine the future to be inspired visions, actions and decisions today, for better and worse. And although optimism is a moral duty – as Sir Karl Popper put it – even pessimism can nurture a positive future as it renders tangible the challenges ahead, thereby allowing us to take anticipatory action. This emphasises the need to render the future tangible in order to be able to raise awareness of imminent changes in our situation and inspire action.

When we ask ourselves what the future of design – in Limburg or elsewhere – might be like in the next years or decades, which challenges it might (need to) address, or how its practices might change, the question may be interpreted as a call to speculate in order to stimulate the collective imagination.

Language as a subtle indicator and generator of change

When it comes to 'imagining the future', we tend to contrast possible tomorrows with todays on the basis of how our cities might look different, how we might produce and trade things in different ways, how geopolitical balances might shift and how our ideas of governance might change, how we spend our time differently and how we engage in a different relationship with the natural world around us, etc. Often, in true Hollywood fashion, we tend to use bold images and spectacular stories to show how it might all be very different tomorrow. Thus we attempt to sell the future to ourselves.

Yet just as often this screaming boldness obfuscates the subtleties inherent to change, the nuances that materialise as time progresses. Especially in retrospect, we notice how sometimes it is the most simple expressions of our culture that change the most. Take language for example: old words shift meanings, existing concepts are refreshed through new terms, they gain or lose significance and importance within the context of our daily lives, while new phenomena give rise to new vocabularies and ways of expression.

Language is a living system, evolving through time. It is an organism reflecting changes taking place in our physical and mental realities yet also playing an active part in this change, often inspiring or amplifying it. When the Dutch author Hella Haasse stated that "expression in language is the basis of culture", she also noted how without cure and care for our language, we impoverish our thinking. So maybe also the reverse is true, that by enriching our language through for example the creation of new words and terms, framing new meanings etc. we can enrich our thinking. If we consider language as a tool for expression and thought – a maker of meaning and culture – we are forced to acknowledge that, like with all tools, when "we shape our tools, [and] thereafter our tools shape us".

Indeed, new words – neologisms – can inspire new logics, which once 'thought' can no longer be 'unthought' from the malleable, experiential ground of our minds and memories. When one encounters a new word, one starts to hypothesise what it might mean. The spectrum of possible interpretations which reveals itself as a result, shapes ground for debate, not on who is right, but on the logic underlying the argumentation and the positioning of the word and its meaning in the realm of entities constituting our lives and surroundings. The unknown raises more questions than it provides answers, which is and ought to be at the core of what exploring the future is about.

When director Michael Winterbottom depicted a future society in his 2003 movie *Code 46*, he did so without using any of the sci-fi porn we have come to associate with *images* of the future. Instead, he used the subtlety of changes in our everyday language to *project* us into a different reality. His injection of words from other languages in everyday English evoked the notion of a kind of bottom-up Esperanto, in perfect sync with a globalised world shaped by a melting pot of cultures, by technologies having changed the way we pay, identify ourselves, reproduce, etc. These subtle changes in the vocabularies and praxis of everyday language trigger a wide range of questions regarding how that world came to be and what it might mean for other aspects of the ways in which we live our lives or structure our societies.

Along similar lines, it is by no means a coincidence that a long lineage of fantasy and science-fiction writers – whose work is not only of literary value or worthwhile in terms of storytelling, but has inspired a wide range of situations and things we know today – were philologists or in any case profoundly aware of the generative power of language. They would not merely use it to describe existing things but also to evoke new realities through the creation of new words, notions or meanings. Quite literally, they used new words to create new worlds, a notion I recently explored further in a performance entitled 'The Neological Institute', inspired – among others – by the work of Polish science-fiction writer Stanislaw Lem[8].

Words to question our world

When asked to look ahead towards new realities for and of design in the coming decades, I decided to approach this challenge through the role of language as addressed earlier, i.e. through the creation of new words and notions in order to speculate and raise questions about different realities ahead. Rather than address this from a singular point of view, i.e. my own, I asked a handful of friends and colleagues from a variety of disciplines to each craft one new word or notion which they deemed capable of inspiring a discussion around the changes ahead for design and designers.

Some recognisable, others seemingly absurd, yet all meaningful and telling in their own way, each of the words and short fictional stories in the following pages will shift your sense of place, time and context. They will push and pull at your perspective on today's world as much as inspire you to think about the future reality they evoke. Most of all they will raise questions, every now and then perhaps shed light on directions for answers. Rather than design itself, they will address some of the changes within the context in which design does its thing. After all, design is not an island. It is always at the crossroads of developments in the societies surrounding us. When their constellations change, new challenges emerge, also for design, no matter how remote they might appear.

8. The workshop/performance took place during the 50th anniversary conference of the Design Research Society "Future-focused thinking" in Brighton (UK) on June 30th, 2016. The atmosphere and aesthetics of linguistic research, laboratory experimentation and archival bureaucracy, evoked in "napkin future" NF036 (see http://napkinfutures.tumblr.com/post/120761896680/nf036-the-neological-institute) was brought to life in a four-hour-long, fictional on-boarding experience for new employees of a fictional institute. The whole institute revolved around the creation of new words, neologisms, in order to inspire new worlds. Step by step, participants were initiated in the art of *logo-genesis, praxis, semiosis* and *constellography*. (see http://pantopicon.be/2016/07/06/the-neological-institute/)

This handful of words and stories will invite us to pause for a moment and question the current and possible future states of design. What it is that we will design and what it is that design will deliver in the future? What if the facilitatory, storytelling and meaning-making dimensions of design grow in importance and increasingly become valued as such? What if they become more so than the aesthetic and technical know-how of the designer? What if intercultural understanding, human relationships and empathy become key design challenges? What if the methodological frameworks of design become enriched by more playful, generative and emergent modi operandi in the years to come, as a way of counterbalancing the drive for rationality and efficiency and nurture a symbiosis with artificially intelligent entities?

How will we design with time in mind? What if we were to design for longevity rather than for the imminent now? Would we then design for perpetual endurance in its current form, or would we design for flux, for an almost Darwinian, continuous adjustment to our surrounding context?

The questions raised by the often playfully serious words in the following pages touch upon many dimensions of design, some abstract or even philosophical, but also some very tangible. For instance: which materials will designers use, how will they get them and shape them in a world of depleting resources? How will they position themselves vis-à-vis such challenges for society and humanity?

There is also the question of 'who?' ... Who is it that will design, for whom will they design and how will they relate to others? Will the democratisation of technologies and skills demystify existing design talents or grow new ones? What if instead of blueprinted solutions, design were to increasingly focus on the creations of recipes of open design, the creation of conditions for solutions to emerge, to design in, with and for a logic of commons?

At an even more profound level – and clearly influenced by today's challenges – we are provoked to think about the ways in which we design our societies and the systems it needs to function. For example, what if we were to engage in redesigning politics and democracy? What about identity and citizenship in a world of disappearing borders, a decline of nation states and migrating flows of people? What if design – forever heralded in a context of solutions and solutionism – were to shift part of its attention to new problems it itself creates? What does the changing landscape of design mean for the skillsets and ways of learning we employ in education and learning contexts?

The new words suggested here escape the categories of the wishful or the avoidable, as their sole purpose is to provoke the reader, to raise new questions in a non-structural but adventurous way.
And as with each speculation on times to come, the resulting images or narratives – although they speak about the future – are at the same time a future relic of the present. How we view the future says a lot about how we experience today. What we fear and what we long for, what we find worthless or important. Then again, Sigizmund Krzhizhanovsky was also right when he noted: "In a certain present there is more of the future than in the future itself."

01 CITIZANIA

Richard Eisermann, Customer Experience, Service Design and Innovation Executive, California, USA

`citizania (noun): a mental affliction characterised by the conflict between an individual's legal requirement to declare allegiance to a nation/state and their personal drive for belonging based in borderless religious, ethnic, cultural or even brand constructs.`

"Phongsali, Laos, 25 August 2046

Nguyen had never seen a worse case of citizania until he encountered the Khmu. As head designer for the United Nations Refugee Empowerment Organization, he had been dispatched to Phongsali to help the Khmu (who had been waging a fierce but futile battle for autonomy, against the Laotian government) articulate and assert their ethnic and cultural identities through peaceful means. Nguyen had been thoroughly immersed in Khmu ways and had even conducted several successful co-creation sessions with them, but the Khmu were still resistant. The trauma they had sustained, over centuries of subjugation, had etched their citizania so deeply into their collective psyche that after 6 months of trying, Nguyen could still not come up with a method to address it."

02 HEAVY MATERIALISM

Simone Farresin & Andrea Trimarchi, Studio Formafantasma, Amsterdam, The Netherlands

heavy materialism (noun): a branch of design activism that rejects the idea of the disposable. The durability of products is not calculated according to human lifespan or a fashion dictate, but the geological or natural growth of raw materials.

03 SENSEABLE

Prof. Carlo Ratti, founding partner international design and innovation office Carlo Ratti Associati, Turin, Italy - Director of MIT Senseable City Lab, Boston, USA

`senseable (adj): simultaneously able to sense and be sensible.`

"The 'Smart City' definition was coined at the turn of the 20th century to characterise Western societies' optimism about how new digital technologies would improve living conditions in the world's major metropolis. However, since the late 2010s, the term's reputation steadily declined, as it became closely associated with the viewpoint – typical of the late Web 2.0 period – that the Internet had turned from an instrument of bottom-up empowerment to a tool for technocratic political control. As the 'Smart' label lost its reputation, the 'Senseable' neologism started to emerge. By the 2050s, the new adjective had become mainstream, particularly in the distich 'Senseable city'. With its double meaning – 'able to sense' and 'sensible' – the term was used to define and support some of the most progressive digital policies of the time, not in the least, thanks to the efforts of the coordinated campaigns of 'Digital Humanists' in San Francisco, Boston, Abuja, Berlin, Ho Chi Minh City, and other leading cultural centres mid-21st century."

Excerpt from "2001-2088. A short history of the WWW-era", China-Germany Border press, 2122

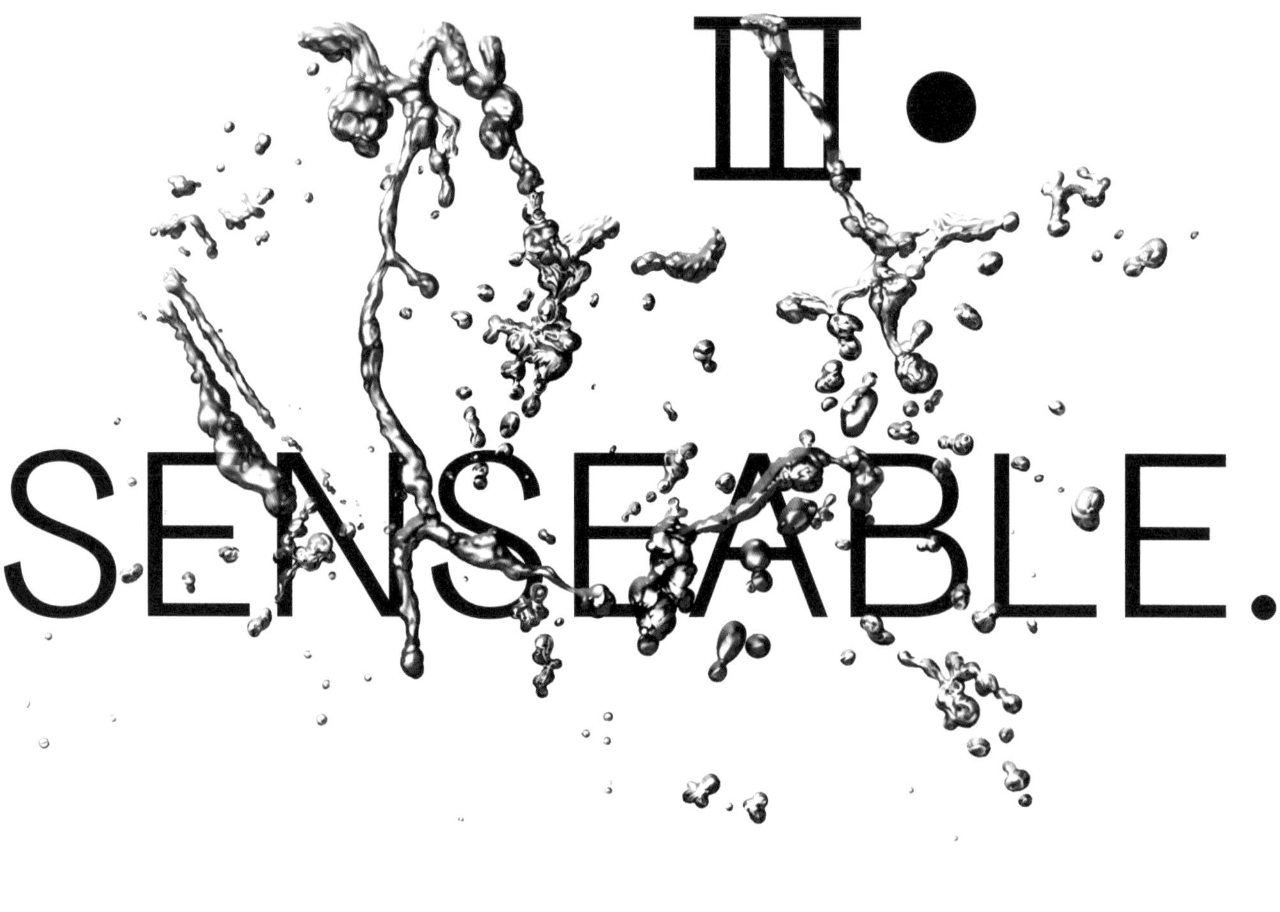

04 COLLABOPANSION

Aleksi Neuvonen, founding partner DEMOS Helsinki, Helsinki, Finland

collabopansion (noun): new educational paradigm aimed at liberating people from cognitive limitations created by working culture and professional identities of the industrial era. Its basic idea is that people need to grow greater trust in collaboration with others and thus expand their own capabilities. The paradigm emphasises the creation of new routines that gradually bring about changes in attitudes and beliefs. It is targeted towards people who are in the process of making a transition from traditional working life to a new working culture in the age of digital abundance and collaboration.

"It was neither one of the easiest nor most rewarding days of my life. Yet looking at it all from a distance, I could see myself moving forward. Changing oneself is never easy. Yet I am lucky to have a good programme and instructors that help me in a growing awareness of my own cognitive change, and to maintain commitment to action. Collabopansion is about dismantling your own internal boundaries towards growth and leaping towards extreme, collaboration-based productivity and impact. It entails maintaining a routine of doing things with other people and trusting them more than you would have in the past. It is shocking and frustrating during the first half a dozen assignments of your training, when collaboration with strangers falters. Yet with continuous reflections, repetitions and hints from instructors, one finds a path of learning. Now I see myself in transition towards a new sense of purpose and capabilities that I could not see myself possessing while still working in a traditional workplace."

V.
ORIGAMY.

05 ORIGAMY

Prof. Rachel Armstrong, Professor of Experimental Architecture at Newcastle University School of Architecture, Newcastle, UK

origamy (noun): the circus art of space-time travel.

origamy (verb): a compulsion to relentlessly explore and push at the limits of existence. The artful and athletic practice of weaving space-time fabrics, which create the conditions for new spaces and events.

Origamy threads are harvested using a copper condenser from spacetime dew. They may also be individually plucked from the Implicate Order, the interconnected matrix of the cosmos, using special chopsticks. Spacetime distillate is then spun out of this liquid as fibres, which are then woven into geometrically shaped trajectories using a variety of weaving technologies that include sticks and looms.

Spacetime fibres can be cast out into the universe by origamers as a transportation network, like artfully launched fishing nets, which enables acrobatically gifted weavers and explorers to slip through spacetime using the woven threads and fabric they produce. Origamy therefore provides spacetime explorers with access to apparatuses that enable them to travel to other worlds and parallel realities where they can experience alien landscapes and alternative forms of existence. These are not bound by terrestrial notions of space and time but are frequently far stranger, diverse and contrary.

Semantically, origamy is a condensation of three ideas.

Orig(ins). This root refers to the origins of life. It is concerned with the art and science of making life and the craft of living itself.

(G)amy. This stem indicates the game-like qualities of spacetime fabric folding. Conway's Game of Life is invoked, not merely as a form of pattern making, but the physical expressions of the relations, materials and exchanges within the ebb and flow of being. Origamers use art, science, music, acrobatics and the synthesis of folds to orchestrate life's processes within the many niches that comprise the universe.

(Gamy) also refers to the 'gametes', the seeds of life whose fusion gives rise to new and varied bodies.

Origamer (noun). One who travels through spacetime to explore alternative lifeforms and dimensions of existence as a synthesis of many different practices, in which players are required to continually adapt to ever-changing circumstances, instigate breathtaking spectacles and to bring back stories from parallel worlds throughout the cosmos.

06 PERENNIAL
Juha van 't Zelfde, Artistic Director, Lighthouse, Brighton, UK

`perennial (noun): networked product that will auto-upgrade both its software and its hardware.`

"Since Nokia single-handed created the perennials market, the Helsinki-based smart-materials company has flourished. Within a matter of four seasons, Nokia has brought the dominating disposable-media producers, such as Apple, OnePlus and Samsung, to the verge of extinction."

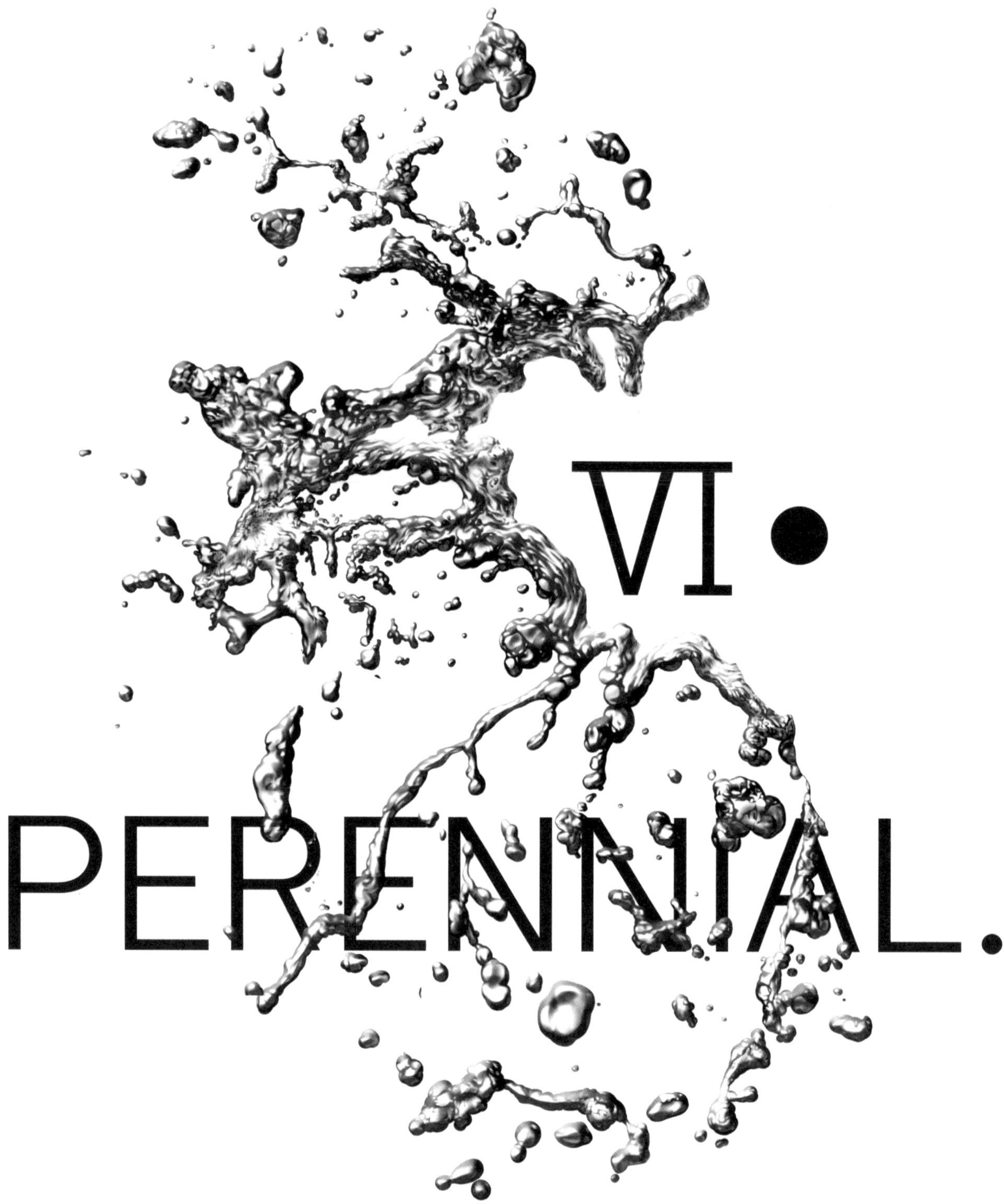

07 AIRMINING

Thomas Pausz, critical designer, Icelandic Academy of the Arts, Reykjavik, Iceland

`airmining (noun): chemical filtration method allowing the capturing and separation of precious substances from air (see also watermining & soilmining).`

"It had taken the local community – all descendants from former mining immigrants – and a team of biochemists nearly five years to finetune the aerograbber. Now, three years later the devices – most of them equipped with a so-called vapar or vapor-radar – can be seen all across the country, sieving the air as if hunting for butterflies. Everything from precious metals to biobricks for use in the popular synthetic biology design communities were being pulled out of thin air. Although the aerograbbing craze had generated entirely new value chains, not everybody was happy with the breakthrough. Some industries were actually claiming that any valuable substances in their exhaust fumes – which had polluted the air for decades – were their property, slowly pushing some aerograbbers to take their efforts into international airspace using microdrones."

08 FARMOFORMER

Nik Baerten, co-founder of foresight & design studio Pantopicon, Antwerp, Belgium

farmoformer (noun) (from farmoforming (verb)): hybrid strand of agricultural entrepreneurship and design employing the principles of living organisms to craft and cultivate innovative materials and solutions. Its methodological frameworks stem from arts, crafts and science movements of the mid 21st century.

"Arthur was a Limbo veteran. Trained throughout his multi-career as an engineer, social historian, biotech entrepreneur and landscape architect, he had grown up amongst the relics of the industrial era and witnessed the sprawling terror of what he considered visionless Belgian urban planning scar the rural landscapes of his beloved Limburg. He watched how monocultures in agriculture impoverished the landscape and drained biodiversity, how his farming friends struggling to survive, switched to organic farming and later permaculture, or shifted their focus altogether to the mind-numbing nostalgia tourism. Many of the young hands and brains had left. But then came a period in which the worlds of technology and biology fell in love with one another. This had been not only a turning point in his personal career and life, but a renaissance for a whole region. Agricultural lands diversified once again, complex new materials and solutions were grown in, and derived from, a wide range of crops. The building bricks of life itself in all their material and immaterial manifestations, yet ever unpredictable patterns of growth, became the matter of design in this area. Young, original minds from across the world flocked to the flourishing rurban communities, giving rise to a new blend of what Arthur liked to call designo-scientist-craftsmanship. In his opinion, their ways saved the region from 'big city envy', and shaped its new identity. They grew a lung allowing the whole eutropolis to breathe new air."

09 RECOMPLEXUALISATION

Nik Baerten, co-founder of foresight & design studio Pantopicon, Antwerp, Belgium

`recomplexualisation (noun): the act of recomplexualising. A branch of democratic systems design, originated in the early 2020s as an antidote to the rise of populism and the oversimplification of complex problems, rendering complex societal issues insightful in a manner respectful of their inherent complexity.`

"Genk, June 25, 2042

As I entered the building of the municipal services, I was referred to the office of the Chief Recomplexualisation Officer. Her room was right next to the mayor's. After years of denial, politicians, policymakers and civil servants had finally recognised the need to invest more directly into the design of instruments and systems enabling citizens to understand and engage with the ever increasing complexity of societal challenges, stimulating them to take on a broader and more active political role in their local neighbourhood assemblies. The move had been long overdue, 'complicated' and 'complex' had been mixed up for ages, 'simple' solutions had all too often proven 'simplistic' or 'simply disastrous'."

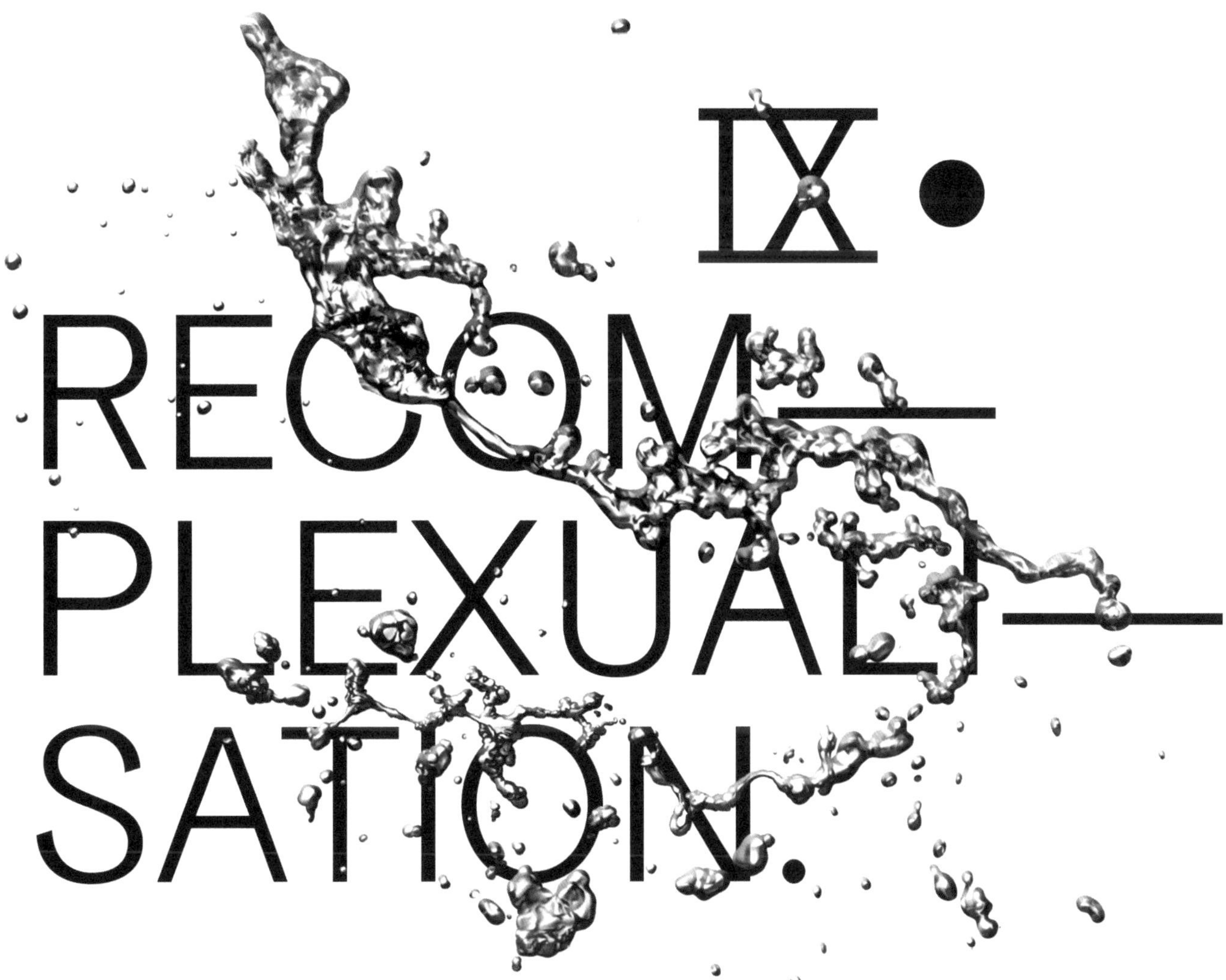

Virginia Tassinari (°1974, Conegliano Veneto (IT)) has a background in philosophy. She is researcher & educator in design and philosophy at LUCA School of Arts (Belgium), where she also founded the DESIS Lab. Virginia is a member of the International Coordination Committee of DESIS (Design for Social Innovation & Sustainability), an international network within which she is also co-initiator of the DESIS Philosophy Talks, a series of discussions in which design for social innovation and philosophy are brought into dialogue with one another.

Benjamin Sporken (°1988) is a multidisciplinary designer living and working in Rotterdam. His practice is defined by collaborative, commissioned, and self-initiated projects within the expanding field of graphic, type and spatial design. In addition, he is working on a digital type foundry under the moniker ONMIN, alongside Wout Trippas.

Nik Baerten (°1976, Tongeren) was trained as a knowledge engineer. For several years he was active as a multidisciplinary researcher at the Digital Culture department of the Maastricht McLuhan Institute (NL), where he blended insights across disciplines such as artificial intelligence, design, architecture, new media, biology, philosophy, etc. In 2004 he co-founded Pantopicon, a studio for foresight and design based in Antwerp (Belgium).

Wout Trippas (°1989) works as a graphic and typeface designer from Berlin. He defines his work through the endless search for different methods to construct rhythmic textures. Together with Benjamin Sporken he's building up digital type foundry ONMIN.

THE WAYS
SARAH HERMANS

ALBERTKANAAL
ZUID-WILLEMSVAART

Dit boek werd uitgegeven in opdracht van:

de deputatie van de provincieraad van Limburg,
Herman Reynders, gouverneur-voorzitter,
Frank Smeets, Ludwig Vandenhove, Igor Philtjens,
Erik Gerits, Jean-Paul Peuskens, Inge Moors, gedeputeerden,
en Renata Camps, provinciegriffier.

This book is published on behalf of:

the executive of the provincial council of Limburg
Herman Reynders, governor and chairman,
Frank Smeets, Ludwig Vandenhove, Igor Philtjens,
Erik Gerits, Jean-Paul Peuskens, Inge Moors, members of the executive council,
and Renata Camps, registrar of the province of Limburg.

Als u opmerkingen of vragen heeft,
dan kunt u contact nemen met onze redactie:
redactiestijl@lannoo.com.

If you have any questions or comments about the material in this book,
please do not hesitate to contact our editorial team:
redactiestijl@lannoo.com.

We hebben ons uiterste best gedaan om alle copyrighthouders te traceren.
Indien we daar toch niet helemaal in geslaagd zouden zijn,
kunt u contact met ons opnemen:
Lannoo Uitgeverij, Kasteelstraat 97, 8700 Tielt, België.

Every effort has been made to trace copyright holders. If, however,
you feel that the have inadvertently been overlooked, please contact
Lannoo Publishing, Kasteelstraat 97, 8700 Tielt, Belgium.

www.limburg.be
design.cultuurplatform.be
www.lannoo.com

D/2016/45/539 – NUR 656/450
ISBN: 978 94 014 4059 2

Een initiatief van – An initiative of

Uitgegeven door - Published by